중학수학

총정리 실전 필수 400제

고중숙 지음

궁리
KungRee

수학의 경우 문제의 '해결력'보다

진정한 문제의 '제시력'이 더 높이 평가되어야 한다.

— 칸토어(Georg Cantor)

일러두기

- 필요상 지은이가 새로 고안한 용어는 '◇'를 덧붙여서 나타냈다.
  자세한 사항은 『중학수학 바로 보기』를 참고하길 바란다.

1 · 집합의 의미를 간단히 설명하라.

2 · 다음에서 옳은 것을 모두 골라라.

① $\{3, 4, 5\} \supset 5$ ② $\{0\} = \varnothing$ ③ $\varnothing \subset \{0\}$

④ $\varnothing \subset \varnothing$ ⑤ $\{1\} \in \{1, 2\}$

3 · 전체집합 U 안에 A와 B의 두 집합이 있을 때 $A-B$와 같은 내용을 나타내는 식을 5개 써보아라.

4 · 다음 중 옳지 않은 것은?

① $(A\cap B) \subset (A\cup B)$ ② $B-A = A^c\cap \mathrm{B}$

③ $(A^c\cap B^c)^{\mathrm{c}} = A\cup B$ ④ $A-(A\cap B) = A^c\cap B$

⑤ $(A-B)\cup(B-A) = (A\cup B)-(A\cap B)$

5 · 100 이하의 자연수 가운데 4로 나눠 떨어지는 수의 집합을 A, 5로 나눠 떨어지는 수의 집합을 B라고 할 때 $n(A\cup B)$의 값은 얼마인가?

6 · 어느 반 학생 35명 가운데 축구를 좋아하는 학생은 20명, 농구를 좋아하는 학생은 25명, 모두 좋아하지 않는 학생은 3명이다. 농구만 좋아하는 학생은 몇 명인가?

7 · 두 집합 A와 B에서

$n(A) = 20,\ n(B) = 30,\ n((A\cup B)-A) = 15$

이다. $(A\cap B)^c\cap(A\cup B)$에 속하는 원소의 개수는 얼마인가?

8 · 공집합의 부분집합은 몇 개인가?

9 · B는 집합 A의 모든 부분집합을 원소로 하는 집합이다. B의 부분집합의 개수가 256이라고 할 때 A의 원소의 개수는 얼마인가?

10 · $A = \{1, 3, 5, 7, 9, 11\}$이고 $B = \{7, 9, 11, 13, 15, 17\}$일 때

$A \cap C = C, \ (A-B) \cup C = C$

를 만족하는 집합 C의 개수는 얼마인가?

11 · $A = \{1, 3, 5, 7, 9\}$이고 $B = \{1, 3\}$일 때 $n(B \cap C) = 1$이 되는 A의 부분집합 C의 개수는 얼마인가?

12 · 도내 수학경시대회에 참가하는 인원수에는 제한이 없다. 그런데 경시대회준비반 학생 가운데 철수와 영희는 실력이 뛰어나 어떻게든 참가시키기로 결정된 반면, 나머지 학생들 가운데 3사람은 여행 때문에 참가하지 못하게 되었다. 이 상황에서 참가팀을 구성하는 방법을 조사해보니 모두 512가지 나왔다면 본래 경시대회준비반 학생의 인원은 모두 몇 명인가?

13 · $B = \{3, 4, 5, 6, 10\}$이고 $A \cup B = \{3, 4, 5, 6, 7, 8, 9, 10\}$이며 $(A-B)\cup(B-A) = \{3, 4, 5, 7, 8, 9\}$일 때, A 집합 원소들의 총합은 얼마인가?

14 · 전체집합 $U = \{5, 6, 7, 8, 9\}$의 부분집합 A와 B 사이에

$A\cup B = U,\ \ A\cap B = \{7, 8\}$

의 관계가 있을 때, A와 B에 속하는 원소들 총합은 얼마인가?

15 · $(A \cap B^c)\cup(A^c \cap B) = \varnothing$이면 A와 B는 어떤 관계에 있는가?

16 · 두 집합 사이의 어떤 연산 '$A\circ B$'를 $A\circ B = (A\cap B^c)\cup(A^c\cap B)$라고 정의했을 때, $A\circ(B\circ C)$를 벤 다이어그램으로 나타내라.

17 · $A = \{a, b, c\}$인데 $A\supset B\supset C$라고 한다. 이를 만족하는 B와 C의 쌍은 모두 몇 개일까?

18 · $A = \{1, 2, 3, 4, 5, 6\}$, $B = \{2, 4, 6, 8, 10\}$이며, $A \cup C = A$이고 $(A \cap B) \cup C = C$일 때, 이런 조건을 충족하는 집합 C는 몇 가지가 가능한가?

19 · 전체집합 U와 집합 A, B의 원소수가 각각 50, 35, 30이고 A 또는 B에 속하는 원소수가 40일 때, $B \cup A^c$의 원소수는 얼마인가?

20 · 100명의 학생이 3시간 동안 자습을 했는데 영어를 공부한 학생이 50명이고 수학을 공부한 학생이 58명이며 다른 과목을 공부한 학생은 15명이었다. 3시간 내내 수학만 공부한 학생은 몇 명인가?

21 · 100명의 학생이 3시간 동안 자습을 했는데 영어를 공부한 학생이 50명이고 수학을 공부한 학생이 58명이었다. 두 과목 모두 공부한 학생을 x명이라 할 때 x의 범위를 구하라.

22 · 전체집합 U는 20 이하의 소수이고 $A\cap B^c$은 13보다 크고 20보다 작은 소수이며 $B\cap A^c$은 5 이하의 소수일 때, $A^c\cap B^c$의 부분집합은 몇 개인가? 단 A 와 B는 7과 11을 공유한다.

23 · $A=\{n\mid n$은 10 이하의 자연수$\}$일 때 그 부분집합 가운데 적어도 한 개의 짝수를 포함하는 부분집합의 개수는 얼마인가?

24 · 방학 중에 여행한 곳을 조사했더니 경주에 간 학생과 가지 않은 학생의 비가 $3:2$이고, 부여에 대해서는 $1:3$이며, 두 곳 모두 간 학생은 전체 학생의 8%였다. 두 곳 모두 가지 않은 학생은 전체 학생의 몇 %인가?

25 · 어떤 아파트의 36세대가 A, B, C의 세 신문 가운데 하나는 모두 구독하고 있다. 그런데 A와 B의 두 신문만 보는 가구수는 B신문만 보는 가구수와 같고, A나 C신문만 보는 가구는 없다. 한편 B와 C신문만 보는 가구수는 8이고, A와 C신문만 보는 가구수는 세 신문을 모두 보는 가구수의 7배이다. 세 신문을 모두 보는 가구수는 0보다 큰 짝수라면 A와 B의 두 신문만 보는 가구수는 얼마인가?

26 · 자연수에는 왜 0이 없는가? 자연수는 왜 자연수라고 부르는가?

27 · 소수에는 왜 1이 없는가?

28 · 다음 중 옳지 않은 것을 모두 골라라.

① 모든 소수는 홀수이다.

② 소수의 약수는 둘뿐이다.

③ 2의 배수는 소수가 아니다.

④ 1은 약수가 1과 자신뿐이므로 소수이다.

⑤ "소수+소수"는 홀수일 수도 있다.

29 · 다음 중 옳은 것은?

① $5\times5\times5 = 3^5$

② $\left(\frac{1}{3}\right)^4 = \frac{1}{3}+\frac{1}{3}+\frac{1}{3}+\frac{1}{3}$

③ $2\times3\times2\div5\div5\div5\times3 = 2^2\times3^2\times\left(\frac{1}{5}\right)^3$

④ 4의 3 거듭제곱은 3^4이다.

⑤ 지수가 3이고 밑이 2인 거듭제곱은 3^2이다.

30 · 60의 약수의 개수와 모든 약수를 구하라.

31 · 어떤 수를 소인수분해했더니 $2^3\times a^n$이 되었고, 약수가 20개인 가장 작은 자연수였다. a^n의 값을 구하라.

32 · 60^5의 약수 가운데 정수의 제곱수는 모두 몇 개인가?

33 · 80^{10}의 약수 가운데 정수의 제곱수는 모두 몇 개인가?

34 · $A=2^3\times5^2\times7^3$이고 $B=2^4\times5^3\times7^2$일 때 다음 중 이 두 수의 공약수가 아닌 것을 모두 골라라.

① 2^3 ② $2^3\times7^3$ ③ $2^2\times5^2\times7^2$ ④ 3^3 ⑤ $2\times5\times7$

35 · 합성수 n을 소인수분해하면 $n=a\times b$가 되는데 $a\neq b$이다. $600<nab<700$이라고 할 때 $n+a+b$의 값은 얼마인가?

36 · $5^{19}\times2^{15}$은 몇 자리의 수인가?

37 · 가로 154미터, 세로 98미터인 직사각형 모양의 땅 가장자리에 나무를 일정한 간격으로 심어 경계선으로 삼고자 한다. 네 모서리에는 반드시 나무를 심고 또 되도록 적은 수의 나무를 심고자 한다면 필요한 나무는 모두 몇 그루인가?

38 · $\frac{9}{20}$와 $8\frac{1}{10}$의 어느 것에 곱해도 결과가 자연수가 되는 분수 가운데 가장 작은 것은 무엇인가?

39 · 어떤 두 자연수의 최대공약수는 3이고 최소공배수는 45이며 그 차이는 6이다. 두 수의 합은 얼마인가?

40 · 세 자리인 두 자연수의 최대공약수는 20이고 최소공배수는 840이다. 이 두 수를 구하라.

41 · 9로 나누면 나머지가 8, 8로 나누면 나머지가 7, …, 3으로 나누면 나머지가 2, 2로 나누면 나머지가 1인 자연수 가운데 가장 작은 자연수는 얼마인가?

42 · 남한 사람 225명과 북한 사람 180명을 섞어서 혼성팀을 만들려고 한다. 각 팀에 속한 남한과 북한 사람들의 수가 각각 같도록 할 때 각 팀의 최소 인원수는 얼마인가?

43 · 독일의 천재 수학자 가우스는 10세 때 선생님이 내준 "1부터 100까지의 자연수를 모두 더한 값은 얼마인가?"라는 문제를 독특한 방법을 사용해서 순식간에 5050이란 답을 내놓았으며, 그 방법은 제2장의 '수학 이야기'에 설명되어 있다. 그런데 이는 문제를 단순화해서 널리 퍼뜨리기에 쉽도록 한 것일 뿐, 역사적 자료에 따르면 이때 선생님이 실제로 내준 문제는 좀더 복잡한 숫자가 쓰인 것으로 "81297+81495+81693+ ⋯ +100503+100701+100899는 얼마인가?"라는 문제였다고 한다. 가우스의 방법을 이용하여 이에 대한 답을 구하라.

44 · 음악을 들을 때 흔히 사용하는 CD(compact disk)는 16-bit sound를 담고 있다. 이 말의 의미를 설명하라(이 문제는 일상생활의 상식에 관한 것으로 교과과정과는 간접적으로만 관련된다).

45 · 우리가 보통 보는 컴퓨터의 모니터(monitor)는 24-bit color를 만들어낸다고 말한다. 이 말의 의미를 설명하라(이 문제는 일상생활의 상식에 관한 것으로 교과과정과는 간접적으로만 관련된다).

46 · 이진법으로 썼을 때 6자리가 되는 소수를 모두 구하라.

47 · 1부터 10까지의 자연수를 모두 곱한 수를 십진수로 쓰면 끝자리로부터 0이 a개 계속되고 이진수로 쓰면 b개 계속된다. a와 b를 구하라.

48 · 어떤 접시저울에 사용하는 추가 2^0g, 2^1g, $\cdots$, 2^9g, 2^{10}g의 것들로 구성되어 있다. 될 수 있는 한 적은 수의 추를 이용해서 700g의 무게를 달려고 할 때 필요한 추들은 어떤 것들일까?

49 · 여섯 자리의 이진수 $abc101$을 8로 나누었을 때의 나머지를 십진수로 나타내라.

50 · 0의 3대 의미를 간단히 설명하라.

51 · 크기의 3대 의미를 간단히 설명하라.

52 · 다음 물음에 답하라.

① -7로부터 거리가 5인 수를 모두 구하라.

② 날짜변경선을 기준으로 할 때 우리나라의 표준시는 -3시간이라는 의미를 설명하라.

③ 가게 주인이 "오늘은 -10만 원이나 손해보았다"고 농담했을 경우의 의미를 설명하라.

④ 8로부터 -7까지의 거리는 얼마인가?

53 · -2.5와 $4\frac{7}{5}$ 사이에 있는 정수는 모두 몇 개인가?

54 · 다음 두 수의 **중점**(中點, midpoint, middle point), 곧 한 가운데에 있는 수는 얼마인가?

① 5와 10 ② 4와 -5 ③ -2.5와 $4\frac{7}{5}$

55 · 수직선 위의 두 정수 m과 n의 중점이 3이고 m의 절대값은 4라고 한다. 이를 충족하는 n의 위치를 모두 구하라.

56 · 98×39를 바로 계산하기는 곤란하지만 분배법칙을 이용하면 쉽게 구할 수 있다. 그 요령을 설명하라.

57 · 분배법칙을 이용하여 9^{25}과 $9^{26}-9^{25}$의 두 수 가운데 어느 것이 더 큰가 판정하라.

58 · A는 B보다 9만큼 크지만 절대값은 같다. A와 B는 각각 얼마인가?

59 · A와 B의 절대값이 각각 4와 5일 때 $A-B$의 값이 가장 클 때와 가장 작을 때의 차를 구하라.

60 · $\frac{1}{2^3\times5^2\times a}$을 소수로 나타낼 때 순환소수가 되도록 하는 가장 작은 짝수로서의 a는 얼마인가?

61 · $\frac{89}{77}$를 소수로 고쳤을 때 맨 앞자리 수부터 100번째의 수는 얼마인가?

62 · $\frac{3}{22}$과 $\frac{8}{35}$에 어떤 수를 곱하여 모두 유한소수를 만들려고 한다. 이를 충족하는 수 가운데 가장 작은 수를 구하라.

63 · $3.1\dot{7}$에 가장 작은 자연수를 곱해서 어떤 자연수의 제곱이 되게 하려고 한다. 얼마를 곱하면 되는가?

64 · $\frac{x}{110}$는 유한소수이고 이를 기약분수로 고치면 $\frac{3}{y}$이라고 한다. x가 60에서 70 사이의 정수라고 할 때 $x-y$의 값은 얼마인가?

65 · $\frac{m}{630}$을 기약분수로 나타내면 $\frac{1}{n}$이고 소수로 나타내면 유한소수가 된다고 할 때 $m+n$의 값은 얼마인가? 단 $100 < m < 150$이라고 한다.

66 · 다음 중 틀린 것을 모두 골라라.

① $\sqrt{81}$의 제곱근은 ±3이다. ② 36의 제곱근은 6이다.

③ 음수의 제곱근은 음수이다. ④ $\sqrt{30}+\sqrt{6}=6$

⑤ 자연수의 제곱근을 두 번 제곱하면 양수가 된다.

67 · 다음을 계산하라.

① $(-\sqrt{17})^2+\{\sqrt{(-7)^2}\}^2$　　② $\sqrt{\left(-\frac{1}{3}\right)^2}-\sqrt{\left(-\frac{1}{4}\right)^2}$

③ $\sqrt{0.49}-\sqrt{\frac{9}{16}}$　　④ $\frac{\sqrt{144}}{7}\times\frac{\sqrt{(-49)^2}}{12}$

68 · $0<a<4$일 때 $\sqrt{(a-4)^2}+\sqrt{(4-a)^2}$의 값을 구하라.

69 · p가 실수일 때 $\sqrt{(p+\sqrt{p^2})^2}-\sqrt{(p-\sqrt{p^2})^2}$을 간단히 하라.

70 · 다음 수들이 자연수가 되도록 하는 가장 작은 자연수 a의 값을 구하라.

① $\sqrt{72a}$　　② $\sqrt{94-a}$

71 · $\sqrt{10}$의 소수 부분을 p라고 할 때 $\sqrt{40}$의 소수 부분을 p의 식으로 써라.

72 · 다음 분수의 분모를 유리화하라.

① $\frac{2\sqrt{3}}{5\sqrt{2}}$　　② $\frac{3\sqrt{3}}{\sqrt{6}}$　　③ $\frac{24}{\sqrt{18}}$　　④ $\frac{\sqrt{11}}{\sqrt{3}\sqrt{5}}$

73 · 다음 식을 간단히 하라.

① $3\sqrt{48}-3\sqrt{18}+4\sqrt{32}-2\sqrt{27}$　② $\dfrac{4\sqrt{7}}{8}-\dfrac{6\sqrt{7}}{4}$

③ $(\sqrt{48}-2\sqrt{15})\div\sqrt{3}$　④ $\dfrac{15}{\sqrt{8}}+\dfrac{3}{\sqrt{2}}$

74 · $\sqrt{\dfrac{16^{12}+8^{8}}{16^{3}+8^{12}}}$ 을 간단히 하라.

75 · 제곱근표를 이용하여 다음을 구하라.

① 99.7의 제곱근　② $\sqrt{1230}$　③ $\sqrt{12300}$

④ 0.123의 제곱근　⑤ $\sqrt{0.000123}$

76 · $\dfrac{1}{100} < \dfrac{1}{\sqrt{3a}} < \dfrac{1}{50}$ 을 만족하는 자연수 a의 개수를 구하라.

77 · 자연수부터 실수에 이르는 여러 가지 수를 분류하는 방법에는 여러 가지가 있다. 그 가운데 두 가지의 분류를 써보아라. 그리고 수의 분류와 관련하여 1의 중요성을 간단히 기술하라.

78 · 어림값의 종류와 3대 원천을 간단히 설명하라.

79 · $\frac{1}{3}$을 0.333으로 삼았을 경우 참값, 어림값, 오차, 오차의 한계에 대하여 이야기하라.

80 · 다음 문장에 나오는 숫자를 참값과 어림값으로 구별하라.

① 나의 몸무게는 55.5kg이다.

② 쇠고기 한 근의 무게는 600g이다.

③ 가로와 세로가 5m와 65m인 직사각형의 넓이는 325m^2이다.

④ 뒷마당의 가로와 세로가 5m와 65m이므로 넓이는 325m^2이다.

⑤ 22명의 선수가 뛰는 축구 경기를 5만 명의 관중이 관람했다.

81 · 다음 측정값들 가운데 참값에 가장 가까운 것은?

① $3.45\times10^2\text{cm}$ ② $3.451\times10^3\text{mm}$ ③ 3.4510m

④ $345\times\frac{1}{10^5}\text{km}$ ⑤ $0.00345\times10^2\text{km}$

82 · 어림값 4.50×10^5과 $4.50\times\frac{1}{10^5}$은 각각 어느 자리에서 반올림해서 얻은 값인가?

83 · 최소눈금이 10g인 저울로 실제 무게가 $p$kg과 $q$kg인 두 물건을 반올림으로 달았더니 3.56kg과 4.67kg이라는 값이 얻어졌다. $p+q$의 참값의 범위를 구하라.

84 · 삼각형 모양의 땅이 있는데 세 학생이 서로 다른 자를 사용하여 23.4m, 12.34m, 19.201m란 값을 얻어냈다. 이 땅의 둘레는 얼마인가?

85 · 마라톤 코스의 공식 길이는 42.195km인데, 어떤 도시에서 마라톤 경기를 주최하기 위하여 42.1934km의 코스를 만들었다. 오차를 계산하고 유효숫자 표기법으로 써라.

86 · 어떤 지역의 쓰레기 15.54톤에 재생 가능한 자원이 123.45kg이 섞여 있다. 이것을 제외한 쓰레기의 무게는 얼마인가?

87 · $\sqrt{3} \fallingdotseq 1.732$, $\sqrt{5} \fallingdotseq 2.236$이라 할 때 $\frac{5}{\sqrt{48}}+\frac{2}{\sqrt{45}}$의 어림값을 구하라.

88 · 넓이가 25m^2인 정사각형의 모양의 땅이 있다. 그 한 변의 길이를 반지름으로 하는 원의 넓이를 어림셈으로 구하라. 원주율은 3.1416 정도라고 한다.

89 · $\frac{3p+8q}{3p+2q}=2$일 때 $\sqrt{\frac{5p+2q}{5p-2q}}$에 가장 가까운 정수는 무엇인가?

90 · 분수의 형태를 여러 층 겹쳐서 쓴 것을 **번분수**(繁分數, complex fraction)라고 부른다. 그런데 모습만 복잡할 뿐 계산의 원리에 새로운 것은 없으므로 하나씩 차분히 풀어가면 된다. 아래의 두 문제를 통해 이를 익혀보기로 한다.

① $\dfrac{1}{\sqrt{5}-\dfrac{1}{\sqrt{5}-\dfrac{1}{\sqrt{5}-\dfrac{1}{\sqrt{5}}}}}$

② $\dfrac{1}{1-\dfrac{1}{1-\dfrac{1}{x}}}\times\dfrac{1}{1-\dfrac{1}{1+\dfrac{1}{x}}}$

91 · 수식의 2대 의의를 간단히 설명하라.

92 · 수식의 분류를 써라.

93 · $\frac{4x-5y}{3}-\left\{\frac{2x+7y}{2}-(x+5y)\right\}$를 간단히 하라.

94 · 다음 식을 전개하고 간단히 하라. n은 자연수이다.

① $\left(\frac{1}{4}a-\frac{5}{2}b\right)-\left(\frac{3}{5}a-\frac{5}{3}b\right)$

② $(ab^3)^3\times(a^3b)^2$

③ $(xy^2z^3)^4\times(x^3y^2z)^2$

④ $(-1)^n+(-1)^{n+1}+(-1)^{n+2}+(-1)^{n+3}$

⑤ $a^n+(-a)^{n+1}-a^{n+1}+(-a)^n$

⑥ $(-4x)^3\div(x^2)^5\div\left(\frac{1}{x^3}\right)^2$

⑦ $\frac{3}{5}x^4y^3\times\left(-\frac{2}{3}x^2y\right)^2\times(-6xy^2)$

⑧ $\frac{5}{4}xy^2\times(-0.8xy^2)^2$

⑨ $(4x^2-4xy+8y^2)\left(-\frac{5}{2}xy^2\right)^2$

⑩ $\frac{1}{2}x^3y^2\left(\frac{1}{3}x^2+\frac{1}{5}xy-\frac{1}{2}y^2\right)-\frac{2}{3}x^2y^3\left(-\frac{2}{5}x^2+\frac{1}{4}xy-\frac{1}{6}y^2\right)$

95 · 십의 자리와 일의 자리가 각각 a와 b인 정수가 있다. 이 수를 7배한 것과 자리수를 바꾼 수를 더했더니 어떤 정수 x의 3배보다 10이 큰 수가 되었다. 정수 x를 a와 b의 식으로 나타내라.

96 · 어떤 일의 총량을 T라고 하자. 이 일을 하는 데 선생님과 철수와 영희가 따로 하면 각각 x, y, z시간이 걸린다. 이 일을 세 사람이 함께 할 경우 시간당 이루어지는 일의 양을 x, y, z, T로 나타내라

97 · 그림책과 CD의 정가는 각각 a원과 b원이다. 그런데 세일 기간이라서 그림책은 10% 그리고 CD는 25%를 할인해주었다. 3만 원을 냈을 때 받을 거스름돈을 a와 b의 식으로 나타내라.

98 · 10명의 학생이 활을 쏘았는데 10점, 9점, 8점, 7점을 맞춘 학생이 각각 a, b, c, d명이었고 나머지는 6점을 맞추었다. 평균은 얼마인가?

99 · 가로가 a, 세로가 b, 높이가 c인 직육면체가 있다. 겉넓이를 A라고 할 때 다음에 답하라.

① A를 a, b, c의 식으로 표현하라.

② 위에서 구한 식을 b에 대하여 풀어라.

100 · 두 수 a와 b에서 $a > b$이며, $(a+b) : (a-b) = 7 : 3$이라고 할 때, b를 a의 식으로 나타내라.

101 · 농도가 a%인 소금물 xg과 농도가 b%인 소금물 yg이 있다. 두 소금물을 섞었을 때의 %농도를 이 문자들로 표현하라.

102 · 박테리아는 온도, 수분, 양분 등의 조건이 충족되는 한 세포분열을 계속한다. 박테리아가 한 번 분열할 때마다 a분이 걸리고 1마리가 병을 가득 채우는 데 b시간이 걸린다면 처음에 2마리를 넣었을 때 병이 가득차는 데는 얼마의 시간이 걸릴까?

103 · $x : y = 2 : 5$일 때, $\frac{x^2}{x^2-y^2} - \frac{y^2}{x^2+y^2}$의 값을 구하라.

104 · $\frac{2x-y}{2x-5y} = \frac{2}{3}$이면 $\frac{3x+4y}{3x-y}$의 값은 얼마인가?

105 · $2a=5b$일 때 $\dfrac{\frac{5}{3}a-2b}{\frac{a}{3}+\frac{2}{3}b}$의 값을 구하라.

106 · $\dfrac{1}{x}+\dfrac{1}{y}=3$일 때 $\dfrac{x+y+xy}{x+y}$의 값은 얼마인가?

107 · $x+y=z$이고 $x+3y=6z$일 때, $\dfrac{x^2+y^2+z^2}{xy+yz+xz}$의 값은 얼마인가? 단 $xyz\neq 0$이다.

108 · $2^{10}=1024$이지만 편의상 $2^{10}\fallingdotseq 1000$으로 쓰는 경우가 많다. 둘째 식을 이용하여 6.4^{10}을 10의 거듭제곱으로 고쳐라.

109 · 다음 식을 전개하라.

① $(x^2-\sqrt{3})(x^2+\sqrt{3})$ ② $(a+3b)^2(a-3b)^2$

③ $x(x+2)(x+4)(x+6)$ ④ $(a+b+c)^2$

⑤ $(x+1)(x+2)(x-5)(x-6)$

⑥ $(x-1)(x+1)(x^2+1)(x^4+1)(x^8+1)$

110 · 다음 분수를 유리화하라.

① $\dfrac{\sqrt{3}+3}{\sqrt{3}-2}$ ② $\dfrac{2\sqrt{3}-3\sqrt{2}}{3\sqrt{3}-2\sqrt{2}}$

111 · $a=3-\sqrt{2}$ 이고 $b=3+\sqrt{2}$ 일 때 $\dfrac{1}{a^2}-\dfrac{1}{b^2}$ 의 값을 구하라.

112 · $102\times103-101\times101-98\times102+99\times99$의 값을 구하라.

113 · $k = x+\frac{1}{x}$일 때 $x^4+x^2+x+\frac{1}{x}+\frac{1}{x^2}+\frac{1}{x^4}$을 k의 식으로 써라.

114 · $k=\sqrt{5}$일 때 $\sqrt{\frac{k+1}{k-1}}-\sqrt{\frac{k-1}{k+1}}$의 값을 구하라.

115 · $k=\sqrt{5}$일 때 $\frac{\sqrt{k+1}+\sqrt{k-1}}{\sqrt{k+1}-\sqrt{k-1}}$의 값을 구하라.

116 · $a = 3+\sqrt{5}$이고 $b = 3-\sqrt{5}$일 때 $a\sqrt{b}+b\sqrt{a}$의 값을 구하라.

117 · $x^2-7x+1 = 0$일 때 $\sqrt{x}+\frac{1}{\sqrt{x}}$의 값을 구하라.

118 · 다음 식을 인수분해하라.

① $(x-2)(x+2)+(x+4)(x-2)$

② $a^2+2ab+b^2-c^2-2cd-d^2$

③ $6a^2+11ab-10b^2$

④ $(3x^2+x-3)(3x^2+x+2)+4$

⑤ $(x+1)(x+2)(x+3)(x+4)-24$

⑥ $a^2+5a+b^2+5b+2ab+6$

⑦ $xy(2x-z)+2(2w^2x-x)-z(2w^2-1)$

⑧ $(2x-y)^2-2(2x-y-3)-9$

⑨ $(a+3)^2-7a-29$

⑩ $\dfrac{a}{b}+\dfrac{b}{a}+2$

119 · $5x^2+ax+3$이 인수분해되어 1차항의 계수가 정수가 된다고 할 때 a의 값은 얼마인가?

120 · 2차식 a^2+ab+8이 두 1차식의 곱으로 인수분해될 때 정수 b의 최소값과 최대값은 얼마인가?

121 · 인수분해 공식을 이용하여 다음을 계산하라.

① $(\sqrt{3}+\sqrt{5})^2-(\sqrt{3}-\sqrt{5})^2$ ② $25\times3.9^2-25\times4.1^2$

122 · $x^2+10x+k$가 $(x+4)$로 나누어 떨어진다면 k의 값은 얼마인가?

123 · $a>1$일 때 $\sqrt{\left(a+\frac{1}{a}\right)^2-4}-\sqrt{\left(a-\frac{1}{a}\right)^2+4}$를 간단히 하라.

124 · $2<a<3$일 때 $\sqrt{9-6a+a^2}-\sqrt{4+4a+a^2}$을 간단히 하라.

125 · $x-y<0$이고 $xy<0$일때 $\sqrt{x^2-2xy+y^2}+\sqrt{x^2}-y$를 간단히 하라.

126 · $x+y=8$이고 $xy=6$이며 $x>y$일 때 $\dfrac{\sqrt{x}-\sqrt{y}}{\sqrt{x}+\sqrt{y}}$의 값은 얼마인가?

127 · $(-16)^3\div(-2)^p=-(-2)^{q-8}$인데 q는 짝수라고 한다. $p+q$의 값은 얼마인가?

128 · $2^{80}-1$은 30보다 크고 40보다 작은 2개의 자연수로 나누어 떨어진다. 이 자연수들을 구하라.

129 · 연속되는 4개의 자연수를 x, $x+1$, $x+2$, $x+3$으로 나타낼 때 다음 물음에 답하라.

① 이것들의 곱에 1을 더한 수는 어떤 자연수의 제곱이 됨을 보여라.

② 11부터 14까지의 곱에 1을 더한 수는 어떤 자연수의 제곱인가?

130 · $(x+2)(x+4)(x+6)(x+8)+k$가 완전제곱식이라면 상수 k의 값은 얼마인가?

131 · 등식 $\frac{1}{x}+\frac{1}{y}=\frac{1}{2}$을 만족하는 x와 y의 정수 짝을 모두 구하라.

132 · 두 집합

$A=\{x \mid 0.4x+4=2.5+0.7x\}$

$B=\{x \mid kx-5=-0.49\}$

가 있는데 $A \cap B \neq \varnothing$라고 한다. k의 값은 얼마인가?

133 · 8%의 소금물 400g을 가열했더니 얼마 후에 20%의 소금물이 되었다. 증발된 물의 양을 구하라.

134 · 둘레 6km인 연못가의 길이 있다. 철수와 영희가 한 지점에서 동시에 반대 방향으로 달렸더니 30분 뒤에 만나게 되었다. 두 사람이 각각 시속 $x$km와 $y$km로 달렸다고 할 때 x와 y 사이의 관계식을 세우고 이를 x에 대하여 풀어라.

135 · 둘레 600m인 연못가의 길이 있다. 철수와 영희가 한 지점에서 동시에 반대방향으로 출발했는데, 철수는 분속 80m 그리고 영희는 철수의 80%의 속도로 걷는다. 출발 시각이 오전 11시라면 이들이 12번째로 만나는 때는 언제일까?

136 · 농도가 p%인 설탕물 pg이 있는데, 물을 xg 더 넣었더니 농도가 $(p-10)$%로 낮아졌다. x를 p의 식으로 나타내라. 단 $p>10$이다.

137 · $(2x+y)a+(3x-5)b=cx-6y-4$라는 등식이 x와 y의 모든 실수값에 대하여 성립할 때 $a-b-c$의 값을 구하라.

138 · x에 대한 아래의 방정식 ①은 해가 없고 ②는 모든 수에 대하여 성립한다. 이때 $a+b+c$의 값을 구하라.

① $ax=5-2x$ ② $7-bx=c$

139 · $\frac{2x-3}{3}=\frac{y+4}{2}$를 만족하는 모든 x와 y에 대하여 $ax+by=15$가 성립할 때 $a+b$의 값을 구하라.

140 · 다음의 등식을 [ ] 안의 문자에 대하여 풀어라.

① $\frac{1}{R}=\frac{1}{R_1}+\frac{1}{R_2}$ $[R_2]$ ② $V=\left(1+\frac{T}{273}\right)V_0$ $[T]$

141 · 다음의 □ 안에 알맞은 식을 구하라.

① $\frac{7}{3}x^4y^2\times\square\div\left(-\frac{2}{7}xy^3\right)=\left(-\frac{x^5}{y^4}\right)^3$

② $(-48x^2y^3)\div24x^2y\times\square=-\frac{9x^3}{y^3}$

142 · 어떤 수영장에 A, B, C의 세 호스가 연결되어 있는데, 급수와 배수에 모두 쓰이며, 효율은 15 : 9 : 24라고 한다. 처음에 빈 상태에서 A와 B를 이용하여 30분간 물을 공급한 후 A만 끄고 C로 배수하기 시작했다. 이때부터 다시 빈 상태가 되는 데는 몇 분이나 걸릴까?

143 · 10%의 설탕물 300g과 15%의 설탕물 500g이 있는데, 똑같은 양만큼 덜어내어 서로 바꿔 넣었더니 두 설탕물의 농도가 같아졌다. 덜어낸 양은 얼마인가?

144 · 미국의 프로야구에서 활약하고 있는 김현수 선수와 강정호 선수의 2016년 타율을 합하면 5할5푼7리인데 김현수 선수가 강정호 선수의 타율에 비하여 18.43% 더 좋은 활약을 보였다. 두 선수의 타율은 각각 몇 할 몇 푼 몇 리인가? 참고로 **소수 첫째, 둘째, 셋째, 넷째 자리를 한자로는 각각 할**(割), **푼**('分'인데 발음은 '푼'으로 한다), **리**(厘 또는 釐), **모**(毛)라고 부른다. 특히 야구에서 타율을 나타낼 때 이 말을 많이 사용한다.

145 · 수학시험에서 1번과 2번에 정답을 쓴 학생은 각각 전체의 30%와 60%였다. 두 문제 모두 정답을 쓴 학생은 둘 중 하나에 정답을 쓴 학생의 20%라고 할 때 1번에 대해서만 정답을 쓴 학생은 전체의 몇 %인가?

146 · 섭씨온도와 화씨온도 사이에는 $c = \frac{5}{9}(f-32)$의 관계가 있다. 다음 질문에 답하라.

① 어떤 온도계에 두 눈금이 함께 표시되어 있는데 기온을 쟀더니 화씨 눈금이 섭씨 눈금보다 50만큼 높았다. 기온은 얼마인가?

② 섭씨온도와 화씨온도가 같은 숫자를 나타내는 온도는 얼마인가?

147 · 건물의 벽면에 타일 공사를 하는데 A와 B가 따로 한다면 각각 4시간과 6시간이 걸린다. 그런데 둘이 함께 한다면 서로 조금씩 일을 미루어 시간당 14장씩 늦어지는 바람에 2시간 45분이 걸린다고 한다. 이 공사에 사용된 타일은 모두 몇 장인가?

148 · x에 대한 다음 방정식의 해가 양의 정수일 때 자연수 n이 취할 수 있는 값을 모두 더하면 얼마인가?

$$x-\frac{1}{4}(x-3n) = 15$$

149 · 철수네 반 학생은 모두 30명인데 매일 8명 또는 9명이 청소당번을 맡는다. 이런 식으로 진행할 때 최소 며칠이 지나면 모두 똑같은 횟수를 맡아서 공평하게 될까?

150 · 다음 연립방정식을 풀어라.

① $\begin{cases} 0.7x-0.8y=-1.3 \\ 0.2x+0.9y=6.4 \end{cases}$

② $\begin{cases} 0.1x-0.2y=-0.4 \\ \dfrac{x}{2}+\dfrac{y}{3}=2 \end{cases}$

③ $\begin{cases} \dfrac{4}{3}(x-2)+\dfrac{3}{2}(y+3)=13 \\ 4x-\dfrac{5}{2}(3y-3)=5 \end{cases}$

④ $\begin{cases} \dfrac{x+y}{2}=\dfrac{x}{3} \\ \dfrac{x-y+10}{2}=x+2 \end{cases}$

⑤ $\begin{cases} x+y+z=3 \\ 3x-2y+z=-5 \\ 2x+3y-5z=31 \end{cases}$

⑥ $\begin{cases} \dfrac{1}{x}+\dfrac{1}{y}+\dfrac{1}{z}=\dfrac{11}{6} \\ \dfrac{2}{x}-\dfrac{3}{y}+\dfrac{4}{z}=\dfrac{11}{6} \\ \dfrac{3}{x}+\dfrac{4}{y}-\dfrac{5}{z}=\dfrac{10}{3} \end{cases}$

151 · 다음 연립방정식이 $x=3$을 해로 가질 때 a의 값을 구하라.

$$\begin{cases} 0.2x+0.4y = 0.2a \\ 15x-\frac{1}{2}y = 3a-3 \end{cases}$$

152 · 다음 두 쌍의 연립방정식이 같은 해집합을 가진다고 한다. $a-b$의 값을 구하라.

$$\begin{cases} 4x+3y+1 = 0 \\ 2x-4y+a = 0 \end{cases} \qquad \begin{cases} by+3x = 0 \\ 5x-7y = 31 \end{cases}$$

153 · $x=-3$이 다음 연립방정식의 한 해일 때 a의 값을 구하라.

$$\begin{cases} (3x+13):(4y-5) = 4:3 \\ 3x+10 = 4y+a \end{cases}$$

154 · x와 y가 다음 연립방정식을 만족할 때 $\frac{1}{x}+\frac{1}{y}$의 값을 구하라.

$$\begin{cases} \sqrt{5}x+\sqrt{7}y = 1 \\ \sqrt{7}x-\sqrt{5}y = -1 \end{cases}$$

155 · 다음 연립방정식 ㉮와 ㉯를 풀었더니 x와 y의 값이 서로 바뀌는 관계에 있다고 한다. 상수 a와 b의 값은 얼마인가?

㉮ $\begin{cases} 4x+3y=6 \\ ax+by=7 \end{cases}$　　㉯ $\begin{cases} 2x-5y=-19 \\ ax-by=-22 \end{cases}$

156 · 10km 떨어진 곳으로 소풍을 가는데 처음에는 시속 4km로 걷다가 중간에 너무 늦을 것 같아 시속 6km로 빨리 걸었더니 모두 2시간 걸렸다. 시속 4km로 걸은 거리를 구하라.

157 · 무거운 돌도 물속에서 들면 가벼워짐을 느끼는데, 이는 물이 물체를 띄워주는 힘, 곧 부력(浮力) 때문이다. 만일 금을 물속에 넣으면 1/19만큼 가벼워지며 은은 2/21만큼 가벼워진다. 무게가 555g인 금과 은의 합금을 용수철 저울에 매달아 물속에서의 무게를 잿더니 520g이었다면 합금에 포함된 금의 무게는 몇 g인지 소수 둘째 자리까지 구하라.

158 · x^2+4x+7이 어떤 정수의 제곱이라고 한다. 이런 조건을 만족하는 정수 x의 값을 모두 구하라.

159 · $(x^2+3x-2)(x^2+ax+b)$를 전개했더니 2차항의 계수는 3이고 1차항의 계수는 -2였다. 3차항의 계수는 얼마인가?

160 · 어떤 연필과 볼펜의 원가는 각각 400원과 600원이다. 이 원가에 대하여 연필은 5할, 볼펜은 4할의 이익을 덧붙여 모두 120개를 팔았더니 26000원의 이익이 생겼다. 볼펜은 몇 개나 팔렸는가?

161 · 청동기시대를 낳은 청동은 구리와 주석의 합금이다. 구리와 주석의 비가 7 : 3인 청동과 9 : 1인 청동을 섞어 주석이 18%인 청동 450g을 만들 때 구리와 주석의 비가 9 : 1인 청동은 몇 g 사용해야 할까?

162 · 어떤 열차가 일정한 속도로 달릴 때 길이 2000m인 다리는 1분, 3200m인 다리는 1분 30초에 완전히 통과한다. 열차의 길이는 몇 m일까?

163 · ㉮와 ㉯라는 라벨(label)이 붙은 병에 설탕물이 있다. ㉮와 ㉯에 들어 있는 설탕 무게의 비는 3 : 4이고, 물 무게의 비는 5 : 9이며, 병의 무게를 제외한 설탕물 무게의 비는 43 : 76일 때, 설탕물 ㉮의 농도를 소수 둘째 자리까지 구하라.

164 · 농도가 다른 설탕물 A와 B가 600g씩 있다. 먼저 A 450g과 B 300g을 섞었더니 8%의 설탕물이 되었다. 그리고 남은 설탕물을 서로 섞고 물 100g을 더 넣었더니 6%의 설탕물이 되었다. A와 B의 농도를 구하라.

165 · 물 54g과 설탕 6g을 섞은 설탕물이 있다. 여기에 4%와 12%의 설탕물을 섞어서 8%의 설탕물 400g을 만들었다. 이때 12%의 설탕물은 얼마나 들어갔을까?

166 · 호수 주위를 따라 길이가 4.8km인 산책로가 있다. 철수와 영희가 사람이 어느 한 지점에서 동시에 출발하여 같은 방향으로 돌면 5시간 후에 만나고 반대 방향으로 돌면 30분 후에 만난다. 철수가 영희보다 빨리 걷는다면 철수의 속도는 시속 얼마인가?

167 · 꽃가게에서 장미 3, 국화 7, 튤립 1송이를 사면 7500원, 장미 4, 국화 10, 튤립 1송이를 사면 10000원이 든다고 한다. 세 가지 꽃을 1송이씩 산다면 얼마가 들까?

168 · 70명의 학생을 대상으로 공 던지기 시험을 치렀는데 40명은 합격이고 30명은 불합격이었다. 그런데 합격자가 던진 최저 거리는 합격자 평균보다 15m가 모자라지만 전체 평균보다는 3m, 불합격자 평균의 2배보다는 4m만 모자란다고 한다. 합격자가 던진 최저 거리는 얼마인가?

169 · 인터넷에서 파일을 내려받는 것을 다운로드(download), 인터넷으로 파일을 올리는 것을 업로드(upload)라고 하는데, 이 두 속도는 서로 다른 경우가 많다. 크기가 6MB(megabyte)인 파일을 철수가 올리고 영희가 받는 데에 모두 32초가 걸렸으며, 업로드 속도는 다운로드 속도의 60%라고 한다. 각각의 속도를 구하라.

170 · 다음 2차방정식을 풀어라.

① $6x^2+5x-21=0$

② $0.2x^2=0.1x+1.5$

③ $\dfrac{x^2-2x}{3}+\dfrac{x^2-x+2}{3}=x^2-2x+\dfrac{5}{3}$

④ $3(2x-1)^2=12$

⑤ $(x^2+2x)^2-11(x^2+2x)+24=0$

⑥ $2(x-3)^2-(x+1)^2=-10x+18$

⑦ $(\sqrt{3}-1)x^2-(\sqrt{3}+1)x+2=0$

⑧ $kx^2+(k^2-4)x-4k=0$

⑨ $(x+3)^2+(x+1)(2x-1)=x(x-4)$

⑩ $\dfrac{2x^2-3x}{2}-\dfrac{x+x^2}{4}=x^2-4$

171 · 어떤 수를 6배한 다음에 제곱해야 하는데, 잘못 알고 제곱한 다음에 6배를 했더니 150이 나왔다. 이 수와 본래의 답을 구하라.

172 · x에 관한 다음의 2차방정식이 중근을 가진다고 한다. 그러기 위한 k의 값과 그 중근을 구하라.

$x^2+3x+3k-2=0$

173 · 원가가 50000원인 물건에 p%의 이익을 덧붙여 판매를 했는데 팔리지 않아 정가의 p%를 할인해서 팔았더니 2000원의 손해가 났다. 이익률은 얼마인가?

174 · 어떤 강의 상류와 하류에 나루터가 있는데 거리는 18km이다. 그리고 물결 때문에 배의 올라갈 때 속도는 내려올 때의 속도보다 시속 2km 더 느리다. 배가 두 나루터를 왕복하는 데 7시간 반 걸렸다면 올라갈 때의 속도는 얼마인가?

175 · $2x^2-3x-2=0$의 큰 근과 작은 근을 각각 α와 β라고 할 때 $\alpha-\beta$의 값을 구하라.

176 · 두 집합 $\{(x, y) \mid y=5x+k\}$와 $\{(x, y) \mid y=x^2+mx+n\}$의 교집합은 $\{(1, 3), (2, 8)\}$이다. 다음 2차방정식의 두 근을 α와 β라고 할 때 $\alpha\beta$의 값을 구하라.

$$kmx^2+(2k+3n)x+4m-2=0$$

177 · $x^2+(a+3)x+15=0$으로 주어지는 2차방정식의 한 근은 다른 근보다 2만큼 크다고 할 때 a의 값을 구하라.

178 · x에 대한 다음의 2차방정식 2개가 공통의 근을 가진다고 할 때 a의 값은 얼마인가?

$x^2+ax-x+a-2=0$ — ①

$x^2+ax-4x-4a=0$ — ②

179 · 2차항의 계수가 3인 2차방정식의 두 근을 p와 q라고 할 때 $\frac{1}{p+1}$과 $\frac{1}{q+1}$을 두 근으로 하는 2차방정식을 만들었더니 $15x^2-x+1=0$이 되었다. 본래의 방정식을 구하라.

180 · p와 q 사이에 $p(p+1)+q(q+1)+2(pq+1)=4$의 관계가 있을 때 $p+q$의 값을 구하라.

181 · x에 대한 2차방정식 $px^2+(3-q)x+(p-4)r=0$은 실수 p의 값에 상관없이 항상 $x=2$라는 해를 가진다. q와 r의 값은 얼마인가?

182 · 자연수를 n으로 나타낼 때 1부터 n까지의 합은 $\frac{1}{2}n(n+1)$로 주어진다. 어떤 자연수에 대하여 이 합이 그 자연수의 10배보다 10만큼 크다면 그 자연수는 얼마인가?

183 · 가로 150m, 세로 90m인 땅이 있다. 영희는 가로의 끝점에서 가로를 따라 초당 1m의 속도로 줄어드는 방향으로 걷는 반면 철수는 세로의 끝점에서 세로를 따라 초당 1.5m의 속도로 늘어나는 방향으로 걷고 있다. 두 사람의 위치를 기준으로 땅의 넓이를 계산할 때 얼마의 시간이 지나면 처음의 넓이와 같아지는가?

184 · 1000g의 물이 있는 그릇에서 얼마만큼의 물을 덜어내고 같은 양의 설탕을 넣어서 완전히 녹였다. 이 설탕물에서 처음보다 200g만큼 더 많이 덜어내고 다시 같은 양의 설탕을 넣어 완전히 녹였더니 설탕물의 최종농도는 65%가 되었다. 처음 덜어낸 물의 양은 얼마인가?

185 · $a > b$일 때 다음의 □에 적당한 부등호를 넣어라.

① $4a+2$ □ $4b+2$ ② $-\frac{a}{4}-2$ □ $-\frac{b}{5}-2$

186 · $1 < m < 4$이고 $5 < n < 6$이라면 다음 식들이 가질 값의 범위는 얼마인가?

① $3m+2n$ ② $\frac{4}{m}-4n$

187 · x에 대한 부등식 $\frac{3k-7}{4} > x$를 만족하는 x의 정수값이 2라면 k의 범위는 얼마인가?

188 · $q^2=4$인데 부등식 $(p-3)x > q$의 해가 $x < \frac{1}{2}$이라고 할 때, $p-q$의 값은 얼마인가?

189 · x는 정수인데 $A=\{x \mid 3x-2<x+10\}$과 $B=\{x \mid x+k<3x\}$의 교집합이 $\{2, 3, 4\}$라고 한다. k의 값을 구하라.

190 · x에 관한 1차부등식 $kx<1$이 모든 x에 대해 성립하기 위한 k의 조건을 구하라.

191 · $\frac{1}{3}<0.\dot{a}<\frac{5}{6}$를 만족하는 자연수 a의 값은 얼마인가?

192 · x에 대한 부등식 $(a+b)x+3a-2b<0$의 해가 $x>-2$일 때 $(a+3b)x+a-9b>0$의 해를 구하라.

193 · 다음의 연립부등식을 풀어라.

① $\begin{cases} \frac{1}{3}(x+1) < 5-\frac{1}{5}(x+2) \\ \frac{1}{2}(x-3) < \frac{2}{3}(x+2) \end{cases}$

② $\begin{cases} 2x+13 \leqq 4x-1 \\ -\frac{x-5}{8} < 2-\frac{x+1}{3} \end{cases}$

③ $7x-8 < x+4 \leqq 5x+8$

④ $\frac{2x-5}{5} < \frac{x-1}{5} < \frac{x+3}{4}$

194 · $x+p > 3x > -x+q$로 주어지는 연립부등식의 해가 $2 < x < 3$일 때 p와 q의 값은 얼마인가? 단 $q < 2p$이다.

195 · 연속되는 3개의 짝수를 더했더니 35보다 크고 44보다 작았다고 한다. 세 짝수들을 구하라.

196 · 8%의 설탕물 400g에 물을 더 넣어서 2% 이상 5% 미만으로 농도를 맞추려고 한다. 넣어야 할 물의 양은 얼마인가?

197 · 야유회에서 사과를 나누어주는데 3개씩 주면 6개 이상이 남고 4개씩 주면 두 사람이 하나도 받지 못한다. 어느 경우든 사과의 개수는 원칙대로 채워서 주려고 했다면, 이런 상황이 벌어질 수 있는 사람의 수와 사과의 개수는 얼마인가?

198 · $12 < p < 36$이고 $4 < q < 6$일 때 pq와 $\frac{p}{q}$의 범위를 구하라.

199 · 다음의 두 집합이 상등이라고 할 때 k의 값을 구하라.

$$A = \{x \mid \frac{2x+3}{3} \leqq x-1\},\quad B = \{x \mid \frac{2-k}{3} \leqq \frac{3x+4}{3}\}$$

200 · 다음과 같은 세 집합으로 만들어지는 $A \cap B \cap C$라는 집합의 정수 원소를 모두 구하라.

$A = \{x \mid 5x-2 \leqq 2x+1\}$

$B = \{x \mid 2x+16 \geqq 4-14x\}$

$C = \{x \mid x+8 > 4(x-3)\}$

201 · 다음 연립부등식의 해가 $-3 < x < 3$이라면 상수 $p+q$의 값은 얼마인가? 단 $p \neq 3$이다.

$$\begin{cases} px+3 > 3x-7 \\ 5-4x > 5x+q \end{cases}$$

202 · 세 정수 a, b, c 사이에 $|a-c| < 6$, $|b-a| < 3$의 관계가 있을 때 $b-c$의 값을 구하라.

203 · $|x-4| \leqq 3$일 때 $0.85(x+9)$의 범위를 구하라.

204 · 어떤 일을 한 명이 한다면 남학생은 5시간, 여학생은 8시간이 걸린다고 한다. 이 일을 7명이 협동하여 1시간 안에 끝내려면 여학생은 몇 명까지 넣을 수 있을까?

205 · $\frac{5}{6}(2k+3)$을 소수 첫째 자리에서 반올림했더니 5가 되었다. k의 범위를 구하라.

206 · 어떤 기약분수가 있는데 분모와 분자의 합이 90이다. 이 분수를 소수로 나타내면서 소수 둘째 자리 이하를 버렸더니 0.8이 되었다. 이 기약분수는 얼마인가?

207 · 다음 두 집합 A와 B의 교집합이 $\{x \mid 1.2 \leqq x < 3\}$일 때 $A^c \cap B$를 구하라.

$A = \{x \mid -4 \leqq 5x+1 < p\}$, $B = \{x \mid 3(x+1) \geqq q-5x\}$

208 · 형이 준비물을 잊고 등교하자 동생이 자전거를 타고 쫓아갔다. 처음에 둘 사이의 거리는 2km이고 형은 시속 4km, 동생은 10km이다. 형과 동생 사이의 거리가 100m 이상 500m 이하가 되는 때는 동생이 출발한 후 언제쯤일까?

209 · 다음 연립부등식의 정수해가 1, 2, 3, 4일 때 k값의 범위를 구하라.

$$\begin{cases} \dfrac{2x}{3} + \dfrac{1}{2} \geqq x - \dfrac{k}{6} \\ 3x - 1 \geqq 0 \end{cases}$$

210 · 어떤 야구선수의 전주까지의 타율을 모(毛) 단위에서 반올림하면 3할1푼2리가 된다. 그런데 금주에 17타수 4안타를 쳐서 정확히 3할이 되었다. 이 선수가 이번 주까지 친 안타는 모두 몇 개인가?

211 · 다음의 관계를 $y = f(x)$의 방식으로 나타내고 정비례와 반비례 중 어느 것인지 밝혀라.

① 1L에 1300원인 휘발유 xL의 가격 y원.

② 넓이가 1000cm^2인 직사각형의 가로 $x$cm와 세로 $y$cm.

③ 8조각씩으로 만들어진 피자 3판을 x명에게 y조각씩 나누어준다.

④ 20km의 길을 시간당 5km씩 걸었더니 x시간 후 $y$km 남았다.

212 · 다음에서 x와 y 사이의 관계는 무엇인가?

① 한 자루에 2000원인 볼펜 x자루의 값 y원

② 자연수 x의 약수의 개수 y

③ 김밥 10인분을 x명이 나누어 먹었을 때 각자 먹은 양 y

④ 자연수 x보다 작은 소수의 개수 y

⑤ x초가 지났을 때 시계의 초침이 회전한 각도 y

213 · $x = t-2$인데 $y = 3t-6$이다. x와 y는 어떤 관계에 있는가?

214 · x와 y가 반비례 관계에 있고 $x=-4$일 때 $y=3$이라고 한다. x와 y 사이의 관계식 및 $y=\dfrac{1}{5}$일 때의 x의 값을 구하라.

215 · 함수의 3대 표현법을 간단히 설명하라.

216 · 함수를 영화에 비유할 때 서로 대응하는 요소를 표로 나타내보아라.

217 · 함수의 본질은 단가대응 관계이다. 이 관계의 2대 의미를 설명하라.

218 · 다음 가운데 y가 x의 함수인 것들을 골라라.

①
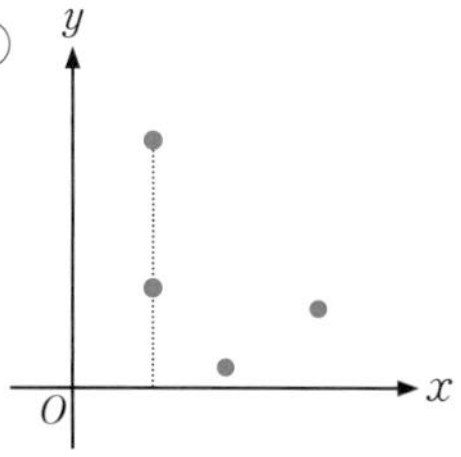

②
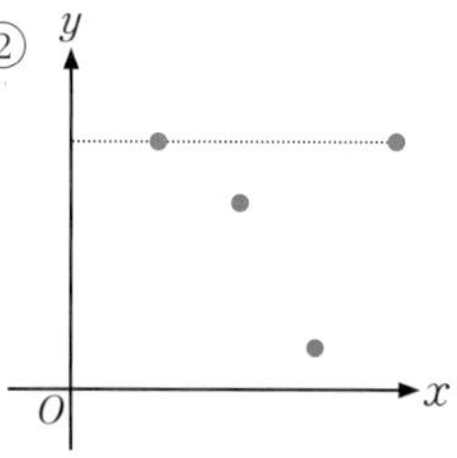

③
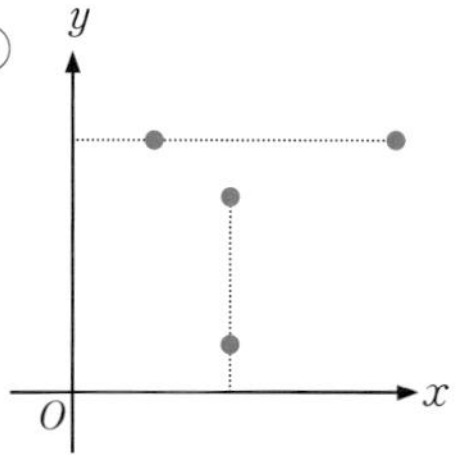

④
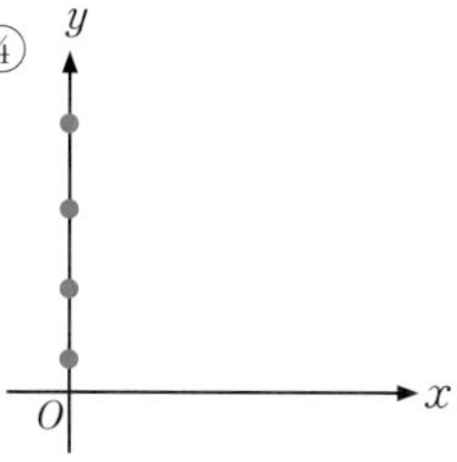

⑤
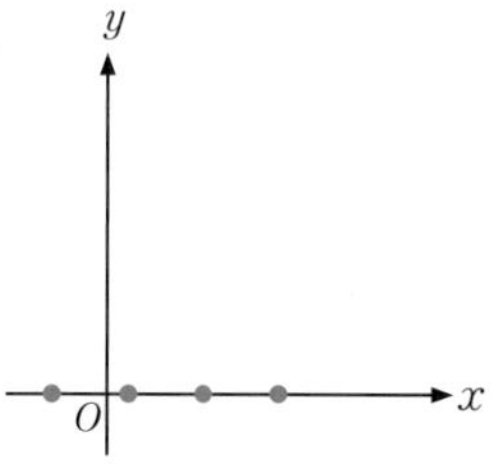

219 · 다음 가운데 y가 x의 함수인 것은 어느 것인가?

①
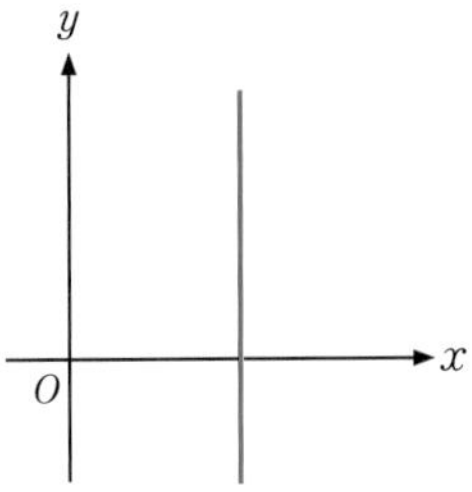

②
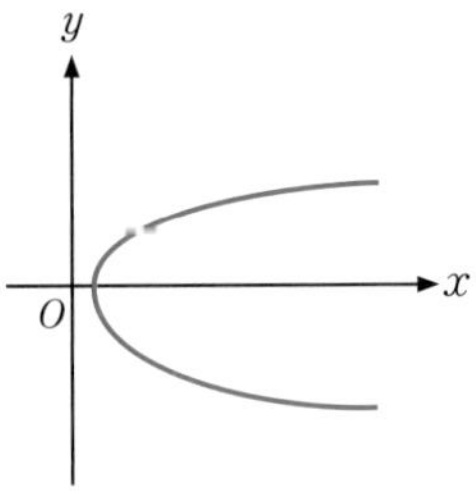

③
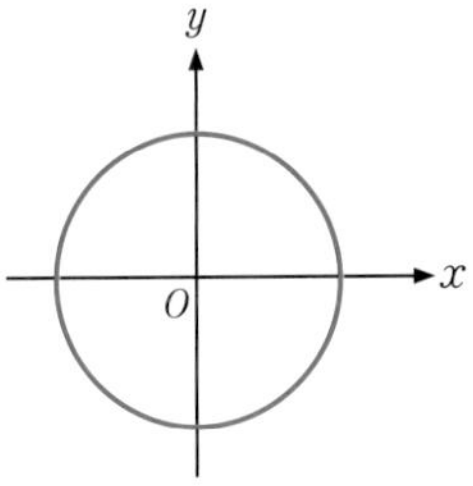

④
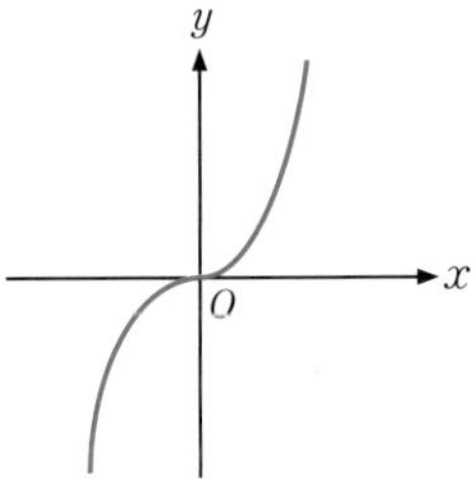

⑤
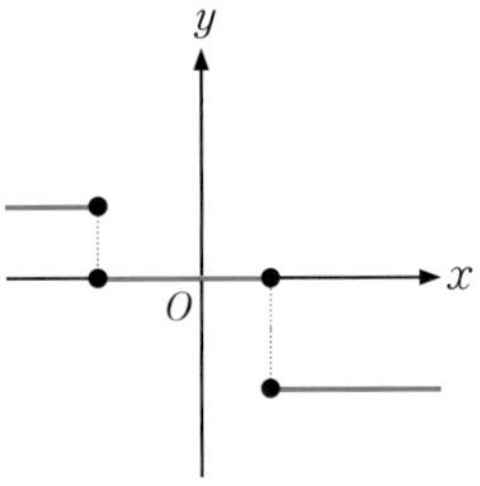

220 · 정의역이 $X = \{1, 2, 3, 4\}$이고 공역이 $Y = \{a, b\}$일 때 $y=f(x)$인 함수 가운데 공역과 치역이 일치하는 것은 몇 개인가?

221 · 섭씨온도는 1기압에서 물이 어는 온도와 끓는 온도를 0℃와 100℃, 화씨온도는 32°F와 212°F로 정해서 만들었다. 다음 물음에 답하라.

① 둘 사이의 관계식을 유도하라.

② 어떤 온도계에 두 온도의 눈금이 모두 표시되어 있다. 숫자의 차이가 40이 되는 온도를 구하라.

222 · 어떤 함수관계가 $f\left(\frac{1+2x}{3x-2}\right)=2x^2-3x+1$로 주어진다. 이때 $f\left(\frac{5}{4}\right)$의 값은 얼마인가?

223 · 물탱크에 1200L의 물이 들어 있는데 분당 30L씩 빼냈더니 x분 후에 yL의 물이 남았다. 함수식과 정의역을 구하라.

224 · 가로와 세로가 100cm와 80cm인 직사각형에서 아래 그림처럼 아랫변과 윗변에서 각각 $x$cm와 $x+20$cm를 잘라내고 넓이가 $y\text{cm}^2$인 사다리꼴을 만들었다. 이 상황의 함수식과 정의역 및 치역의 범위를 구하라.

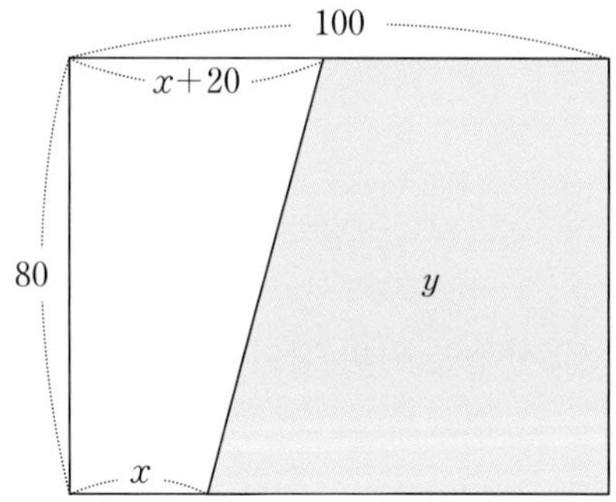

225 · 함수 $f(x)=\{x$의 약수의 개수$\}$의 정의역이 15 이하의 자연수이고 공역은 자연수 집합이라고 한다. 이 함수의 치역에 있는 원소들의 합을 구하라.

226 · $f(x)=3x-2$라는 함수에 대하여 어떤 연산 @를

$$f(a)@f(b)=5a-3b$$

로 정의했다. 이때 7@4의 값은 얼마인가?

227 · 다음 점들은 어느 사분면에 있는가?

① $(1,-1)$　② $(2,5)$　③ $(0,5)$

④ $(-4,3)$　⑤ $(0,0)$　⑥ $(-3,0)$

228 · (a,b)가 제2사분면의 점이라면 다음 점들은 몇 사분면의 점인가?

① $(-a,-b)$　② $(ab, b-a)$

229 · $P(b, ab)$가 제3사분면 위의 점이라면 $Q(b-a, \frac{a}{b})$는 어떤 사분면 위의 점인가?

230 · 좌표평면 위의 두 점 $P(a+2b, 5-3b)$와 $Q(4b-10a, 2b-a)$가 원점에 대하여 대칭의 위치에 있다. a와 b의 값을 구하라.

231 · $y=ax$와 $y=\dfrac{b}{x}$의 그래프가 두 점에서 만나는데 한 교점의 좌표가 $(5, -5)$일 때 다른 교점의 좌표와 ab의 값을 구하라.

232 · $f(x) = ax+b$라는 1차함수가 $(2, 3)$을 지나고 $p \neq q$인 x의 두 값에 대하여 $\dfrac{f(p)-f(q)}{p-q} = 5$인 관계를 가진다고 한다. 이 함수의 식을 구하라.

233 · 1차함수 $y = ax+b$의 그래프가 아래와 같다. 이 경우 다음 중 옳은 것을 모두 골라라.

① $a(a+b) > 0$ ② $a(a+b) = 0$ ③ $a(a+b) < 0$

④ $a(b-a) > 0$ ⑤ $a(b-a) < 0$

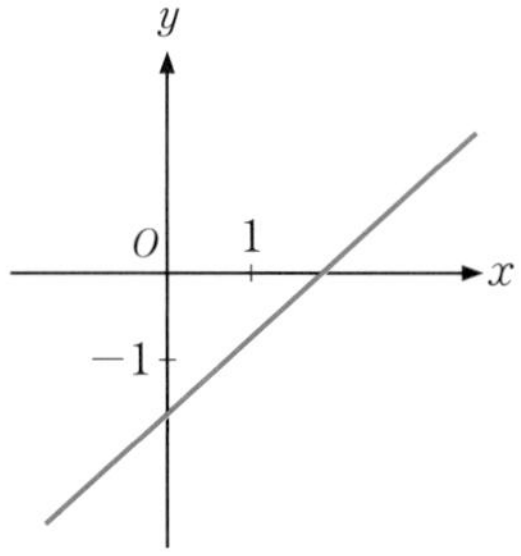

234 · 1차함수 $y = \frac{b}{a}x - \frac{c}{b}$의 그래프가 아래와 같다. ac의 부호는 양인가 음인가?

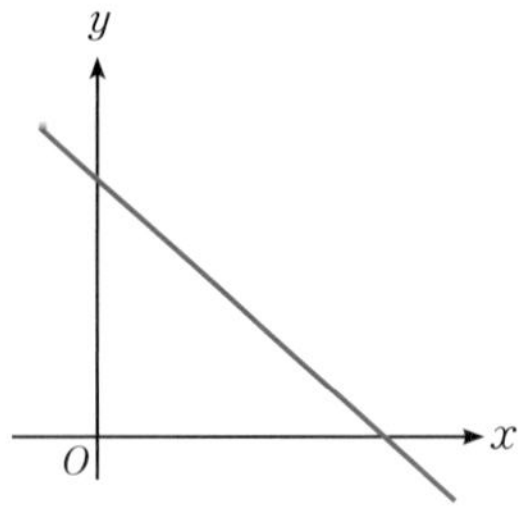

235 · $(a+2)x+y-2 = 0$과 $4x+3y-b-3 = 0$이 서로 일치할 때 a와 b의 값을 구하라.

236 · $y-4$가 $x+2$에 비례하는 관계를 가지는 모든 1차함수의 그래프가 지나는 점의 좌표를 구하라.

237 · 정의역이 $-2 \leqq x \leqq 4$인 1차함수 $y = (5-a)x+a-8$이 항상 양의 값을 가지려면 a는 어떤 범위에 있어야 할까?

238 · $\frac{b}{a}x+\frac{b}{c}y+\frac{a}{c}=0$의 그래프가 제1, 3, 4분면을 지난다. 그렇다면 $ax+by+c=0$의 그래프는 어떤 사분면을 지나겠는가?

239 · 점 $(3, 4)$를 지나고 직선 $3x-4y+5=0$과 평행인 직선의 방정식을 구하라.

240 · 어떤 1차함수의 그래프가 있는데, x축의 오른쪽 방향으로 2만큼 이동하면서 y값의 변화를 보았더니 4만큼 감소했으며, x절편은 7이었다. 이 그래프의 식을 구하라.

241 · $5x+by+c=0$인 직선은 $2y-8=0$에 수직이고 점 $(3, 4)$를 지난다. b, c의 값을 구하라.

242 · 2차함수 $y=3(x-4)^2+7$의 그래프를 x축 음의 방향으로 2, y축 방향으로 k만큼 평행이동한 그래프가 x축과 $(5, 0)$에서 만난다면 k의 값은 얼마인가?

243 · 다음 두 조건을 충족하는 p, q, r의 값을 구하라.

① $\{(x, y) \mid y = 2x^2\} \cap \{y = (3+a)x+b\} = \left\{(1, 2), \left(k, \frac{1}{2}\right)\right\}$

② $\{(x, y) \mid y = 2x^2-3b\} \cap \{y = (3+a)x\} = \left\{\left(\frac{3}{2}, p\right), (q, r)\right\}$

244 · 다음 포물선의 식을 구하라.

① 꼭지점의 좌표가 $(3, 5)$이고 y절편이 7인 포물선

② x절편이 3과 5이고 y절편은 -8인 포물선

245 · 포물선 $y = -2x^2+bx+c$의 x절편 가운데 하나는 -1이고 y절편은 5이다. 꼭지점의 좌표를 구하라.

246 · 철수는 지면으로부터의 높이가 35m인 학교의 옥상에서 초속 30m로 공을 하늘 높이 던졌다. 그런데 낙하법칙에 따르면 공기의 저항을 무시할 때 이 공의 높이 h는 시간 t에 따라 $h = -5t^2+30t+35$으로 주어진다. 이에 대하여 다음 물음에 답하라.

① 공이 도달하는 최고점의 높이와 그때까지 걸린 시간

② 공이 땅에 떨어질 때까지 걸린 시간

247 · 길이가 25cm인 선분을 $x$cm와 $(25-x)$cm의 두 조각으로 나누어 각각의 길이를 한 변으로 하는 정사각형을 만든다고 할 때, 이 두 정사각형의 넓이의 합이 최소가 되는 x의 값은 얼마인가?

248 · 포물선 $y=2x^2+bx+c$는 $(2,-3)$을 지나고 $y=2x^2+px+q$는 $(3, 22)$를 지나는데 서로 y축에 대해 대칭이다. $b+c-p-q$의 값을 구하라.

249 · 다음과 같은 2개의 2차함수가 있다.

① $y=ax^2+8x+6a$

② $y=x^2-2(b+4)x+b^2+10b+22$

그런데 ① 그래프를 x축 음의 방향으로 2만큼 이동한 그래프의 꼭지점은 ② 그래프의 꼭지점과 원점에 대하여 대칭이라고 한다. a와 b의 값을 구하라.

250 · 점(p, q)가 직선 $2x+y+3=0$을 따라갈 때 점 $(p+q, pq)$가 그리는 함수 $y=f(x)$의 최대값을 구하라.

251 · '기하'라는 말의 유래에 대하여 간단히 설명하라.

252 · 아래 그림에서 $\angle x = 110^\circ$이고 $\angle y = 60^\circ$일 때 다음 각의 크기는 얼마인가?

① $\angle x$의 동위각 ② $\angle y$의 엇각 ③ $\angle y$의 엇각의 동위각

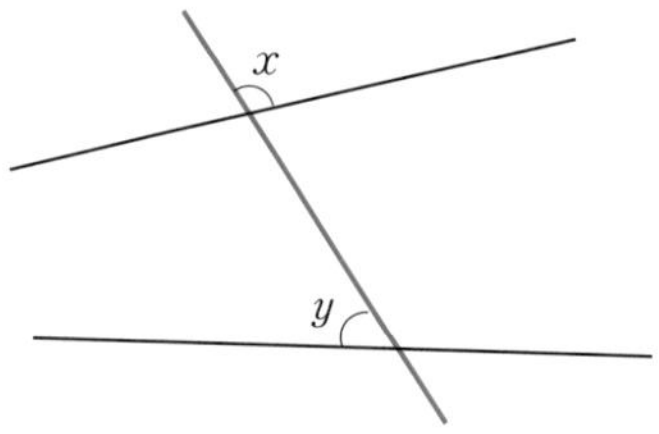

253 · 다음 문장 가운데 명제는 어느 것인가?

① 현세에 악한 짓을 하면 내세에 짐승으로 태어난다.

② 태초에 하나님이 세상을 창조했다.

③ 우주는 빅뱅(big bang)으로 탄생했다.

④ 티끌 모아 태산

⑤ 천릿길도 한 걸음부터

254 · 다음 용어들을 정의해보라.

① 꼬인 위치 ② 맞꼭지각 ③ 사다리꼴 ④ 평행사변형

255 · 다음 명제와 그 역에 대한 참과 거짓 여부를 말하라.

① ab가 짝수이면 a와 b는 짝수이다.

② 24의 배수는 6의 배수이다.

③ $\triangle ABC$가 예각삼각형이면 $\angle A$는 예각이다.

256 · 다음 중 명제와 그 역이 모두 참인 것은?

① 7보다 큰 자연수는 2보다 크다.

② $ab=0$이면 $a=0$이고 $b=0$이다.

③ 합동인 삼각형의 넓이는 모두 같다.

④ 9의 배수는 3의 배수이다.

⑤ ab가 짝수이면 a와 b 가운데 하나는 짝수이다.

257 · 아래 그림에서 $l /\!/ m$일 때 $\angle x$의 크기는 얼마인가?

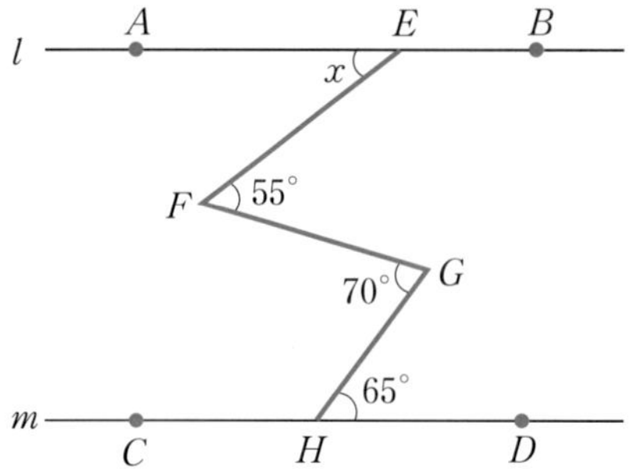

258 · 아래 그림에서 $l /\!/ m$일 때 $\angle a+\angle b-\angle c$의 크기는 얼마인가?

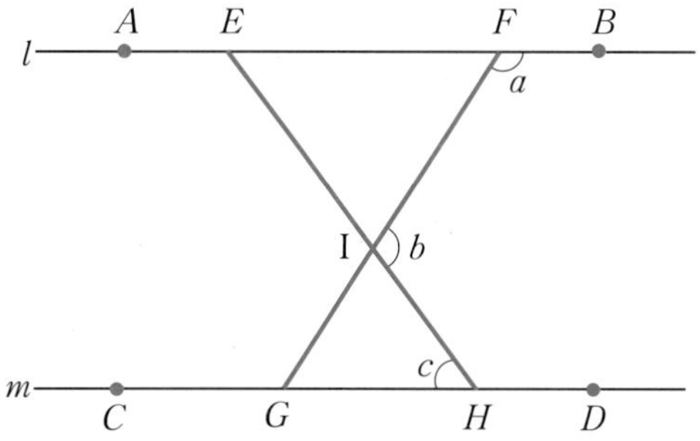

259 · 길다란 리본을 아래 그림처럼 접었을 때 다음 물음에 답하라.

① $\triangle EIH$는 무슨 삼각형인가?

② $\angle BEH$와 $\angle IEH$의 크기는 얼마인가?

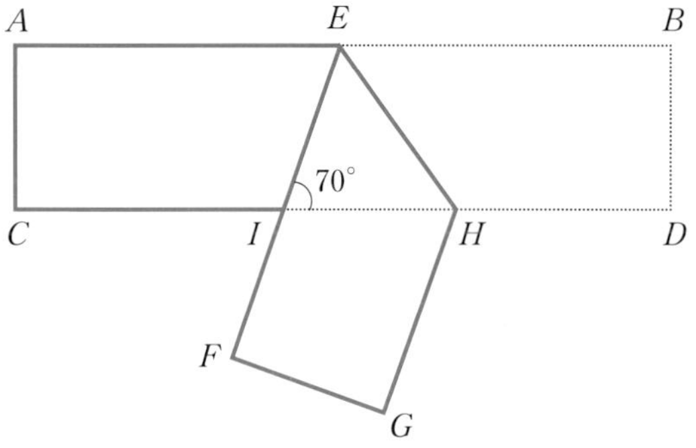

260 · 다음 설명 가운데 옳지 않은 것을 모두 골라라.

① 평행하지도 않고 교차하지도 않은 두 직선은 꼬인 위치에 있다.

② $l /\!/ m$이고 $m \perp n$이면 $l \perp n$이다.

③ 한 직선에 수직인 두 직선은 서로 평행이다.

④ 한 평면 위에서 만나지 않는 직선들은 모두 평행이다.

⑤ 서로 다른 세 직선이 모두 만나지 않으면 적어도 두 직선은 서로 평행이다.

261 · 어느 두 직선이나 평면도 서로 일치하지 않는다고 할 때 공간상에서의 위치관계에 관한 다음 표현 가운데 옳지 않은 것을 모두 골라라.

① 한 직선에 평행인 두 직선은 서로 평행이다.
② 한 직선에 평행인 두 평면은 서로 평행이다.
③ 한 직선에 수직인 두 직선은 서로 평행이다.
④ 한 직선에 수직인 두 평면은 서로 평행이다.
⑤ 한 평면에 평행인 두 직선은 서로 평행이다.
⑥ 한 평면에 평행인 두 평면은 서로 평행이다.
⑦ 한 평면에 수직인 두 직선은 서로 평행이다.
⑧ 한 평면에 수직인 두 평면은 서로 평행이다.

262 · 평면 또는 공간에서 $l \perp m$이고 $l \perp n$일 때 m과 n은 어떤 관계에 있는가?

263 · 다음 가운데 잘못된 것을 모두 골라라.

① 둔각은 직각보다 큰 각이다.
② 면이 움직이면 입체가 된다.
③ 두 평면이 만나는 자리에는 직선이 생긴다.
④ 엇각이나 동위각이 같으면 두 직선은 서로 평행이다.
⑤ 둔각의 반은 예각이다.

264 · 아래 그림에서 점 P는 점 A와 B 사이를 움직인다. 이때 $\overline{AP}$의 중점인 M과 $\overline{PB}$의 중점인 N을 연결한 $\overline{MN}$의 길이는 일정함을 증명하고, 그 길이를 구하라.

265 · 한 변의 길이가 7cm이고 두 각의 크기가 30°와 45°인 삼각형을 만들려고 한다. 이 조건을 충족하는 삼각형은 모두 몇 가지가 있을까?

266 · $\triangle ABC$에 대하여 다음을 작도하라.

① 세 꼭지점으로부터 같은 거리에 있는 점

② 세 변으로부터 같은 거리에 있는 점

267 · 아래의 삼각형을 접어서 꼭지점 A를 변 BC 위의 점 P로 가져간다고 할 때 접힌 선의 자취를 작도하라.

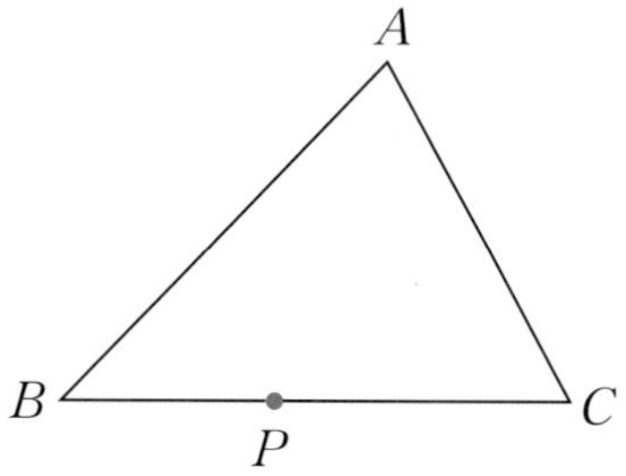

268 · 삼각형의 한 꼭지점과 대변의 중점을 연결하는 선분으로 삼각형을 나누면 그 넓이가 이등분된다. 이를 이용하여 $\triangle ABC$의 변 AB 위의 한 점 P를 지나면서 $\triangle ABC$의 넓이를 이등분하는 직선을 그려라.

269 · 아래 그림에서 $\triangle ABC$와 $\triangle CBD$는 이등변삼각형이고 $\angle DCE = 117°$이다. $\angle A$의 크기는 얼마인가?

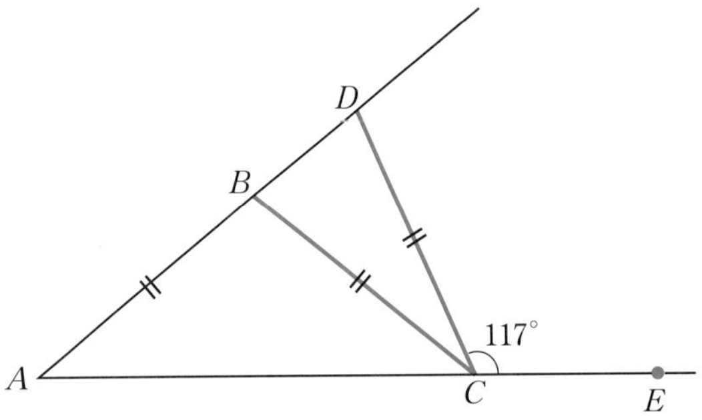

270 · 아래 그림에서 $\triangle ABC$는 꼭지각이 36°인 이등변삼각형이고 BD는 $\angle ABC$의 삼등분선이며 CD는$\angle ACE$의 이등분선이다. $\angle D$는 몇 도인가?

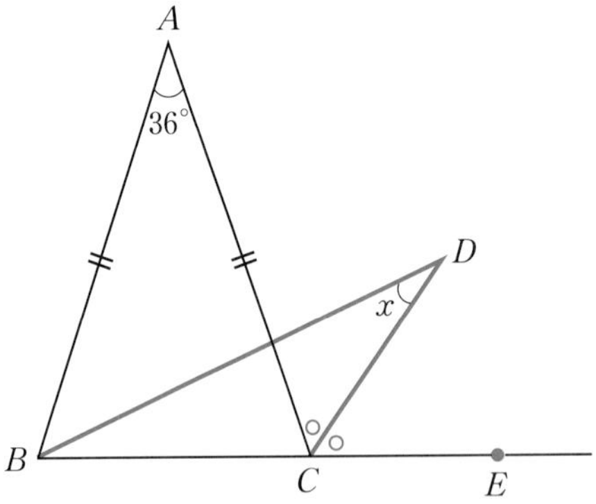

271 · 아래 그림에서 $\triangle ABC$와 $\triangle DCE$가 정삼각형일 때 $\angle DFG$의 크기는 얼마인가?

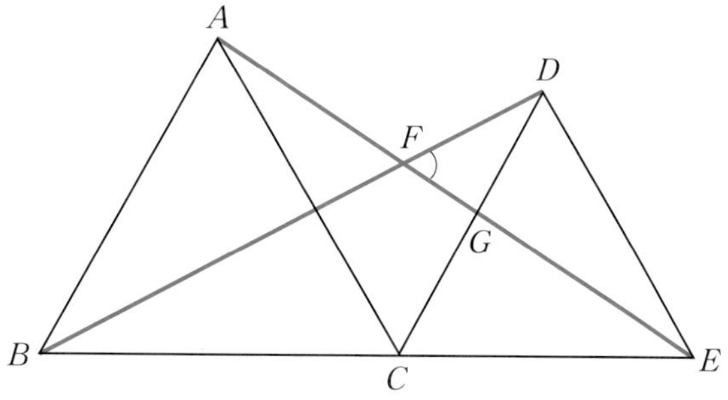

272 · 다음 그림의 $\triangle ABC$는 정삼각형이다. $\angle BFC$는 몇 도인가?

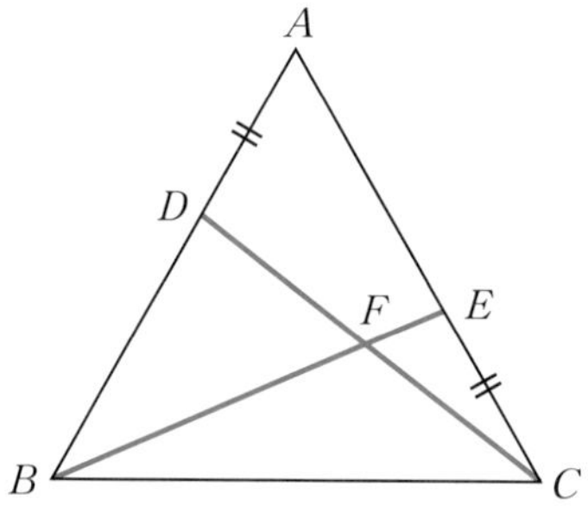

273 · 아래 그림과 같은 직각삼각형에서 선분 AD는 $\angle A$의 이등분선이다. $\triangle ABD$의 넓이는 얼마인가?

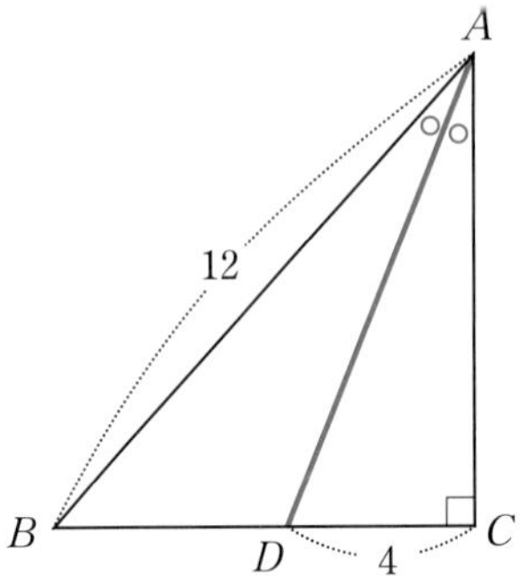

274 · 아래 그림에서 $\triangle ABC$와 $\triangle CDE$가 정삼각형일 때 $\angle AFE$의 크기는 얼마인가?

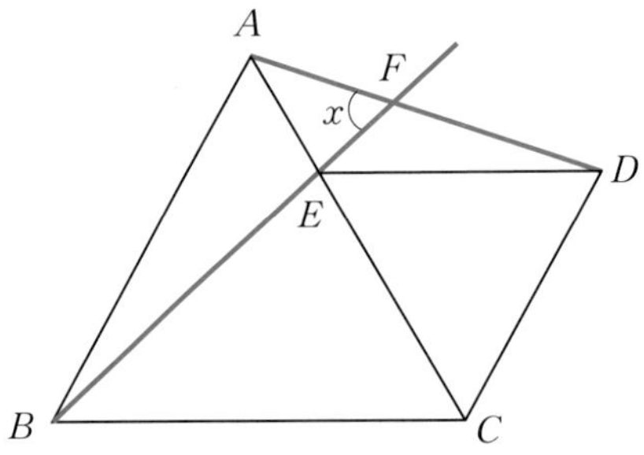

275 · 정사각형 안에 아래 그림과 같이 삼각형을 만들었을 때 $\angle AFD$의 크기는 얼마인가?

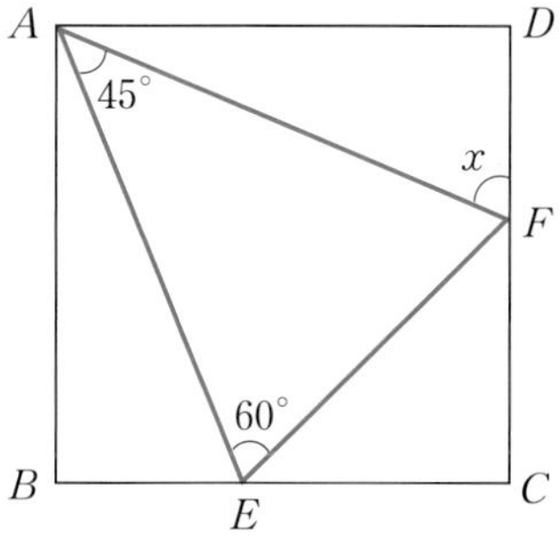

276 · 아래 그림에 대한 다음 물음에 답하라.

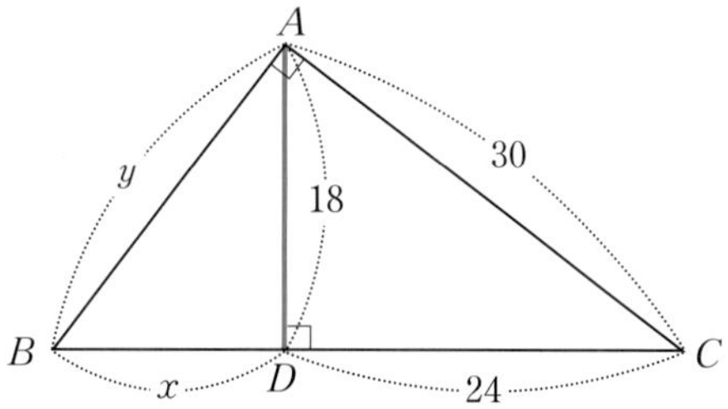

① $\triangle ABD$와 닮은 삼각형을 모두 들어라.

② x와 y의 값은 얼마인가?

277 · 아래 그림에서 G는 $\triangle ABC$의 무게중심이다. $\triangle AGC$의 넓이가 8일 때 $\triangle DBE$의 넓이는 얼마인가?

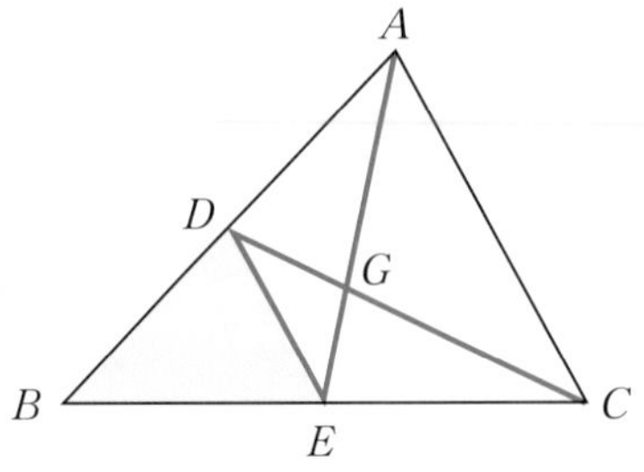

278 · 아래 그림에서 $\overline{AB}=15$이고 $\overline{AC}=12$이며 M은 변 BC의 중점이다. $\overline{DM}:\overline{MB}$를 구하라.

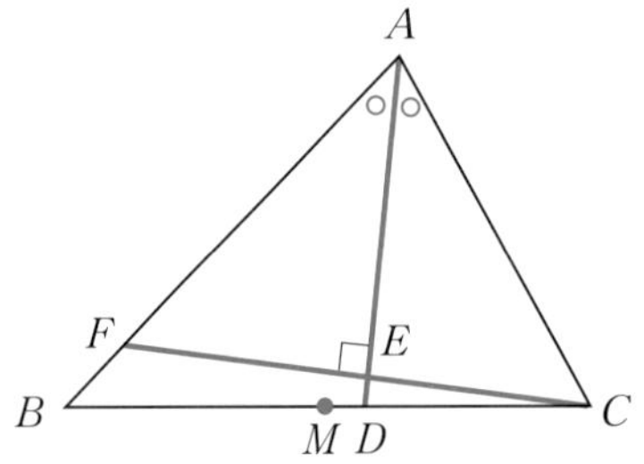

279 · 다음 그림에서 $\square ABCD$는 평행사변형이며 E, F, G는 변 AB, BC, DC를 $2:1$로 나누는 점이다. $\square ABCD$의 넓이를 54라고 할 때 $\square HFCG$의 넓이는 얼마인가?

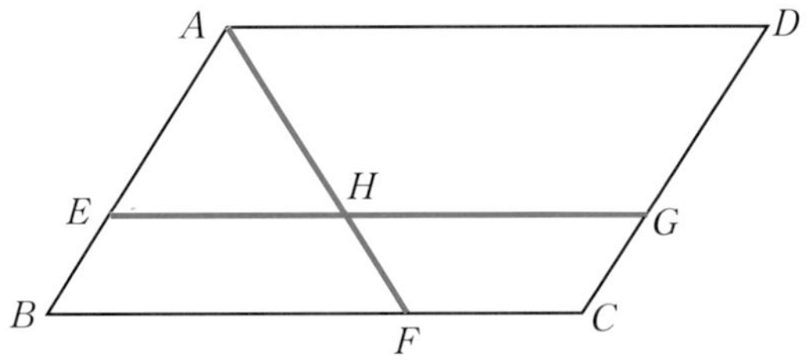

280 · 아래 그림에서 $\overline{BF}:\overline{FC}=\overline{DE}:\overline{EF}=2:1$이다. $\overline{BE}:\overline{EA}$와 $\triangle ABC:\triangle DFC$를 구하라.

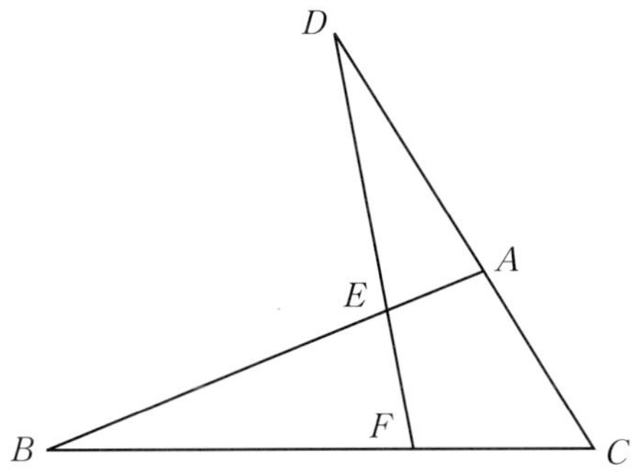

281 · 다음 그림의 음영 부분의 넓이는 삼각형 넓이의 몇 배인가? P, Q, R은 세 반원을 가리킨다.

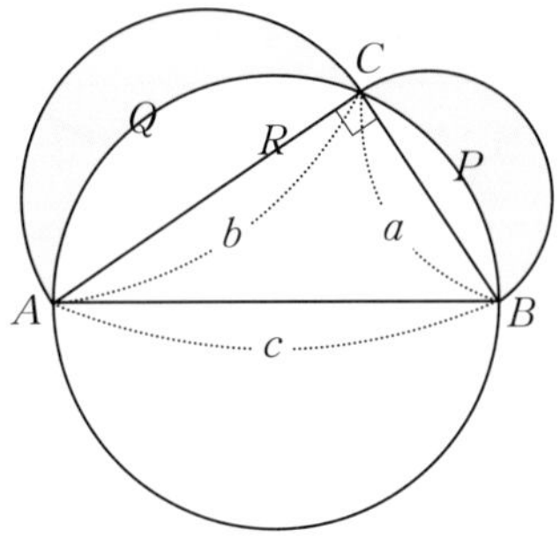

282 · 직각삼각형에 대하여 아래의 관계가 성립함을 보여라.

$$\overline{BE}^2+\overline{CD}^2 = \overline{DE}^2+\overline{BC}^2$$

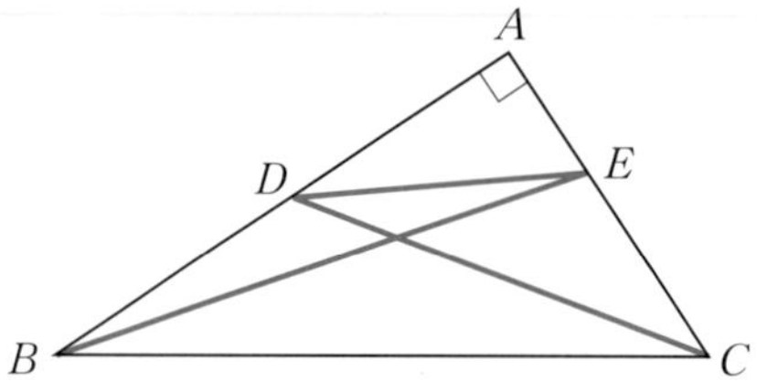

283 · 직사각형에 대하여 아래의 관계가 성립함을 보여라.

$$\overline{AP}^2+\overline{CP}^2 = \overline{BP}^2+\overline{DP}^2$$

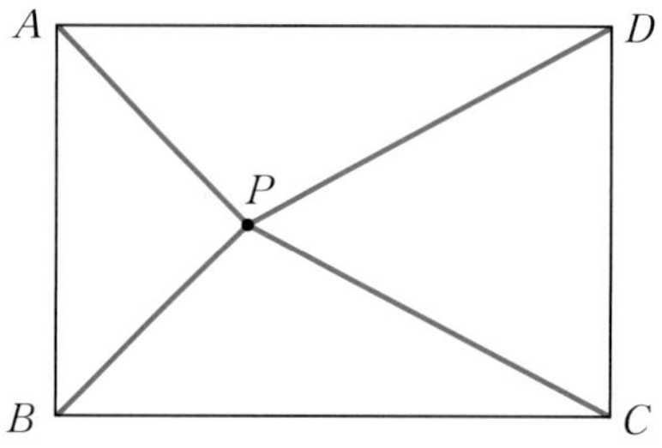

284 · 아래 그림의 □$ABCD$에서 두 대각선이 서로 직교하고 $\overline{AB}=10$ 이며 $\overline{CD}=8$이다. $\overline{AD}^2+\overline{BC}^2$의 값은 얼마인가?

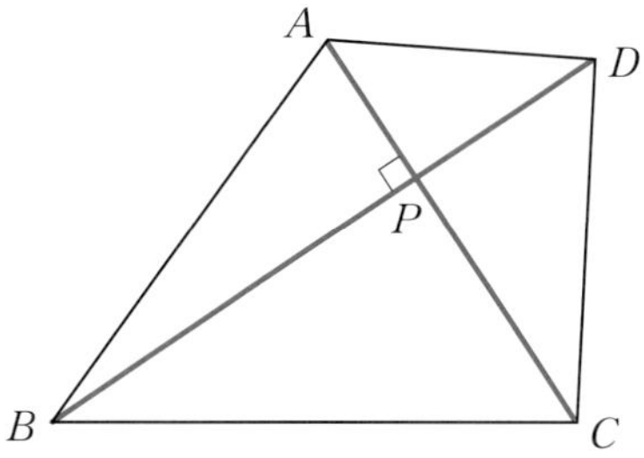

285 · 아래 그림은 $y=x^2$과 $y=x+2$의 그래프를 함께 그린 것이다. 두 함수의 교점 사이의 거리를 구하라.

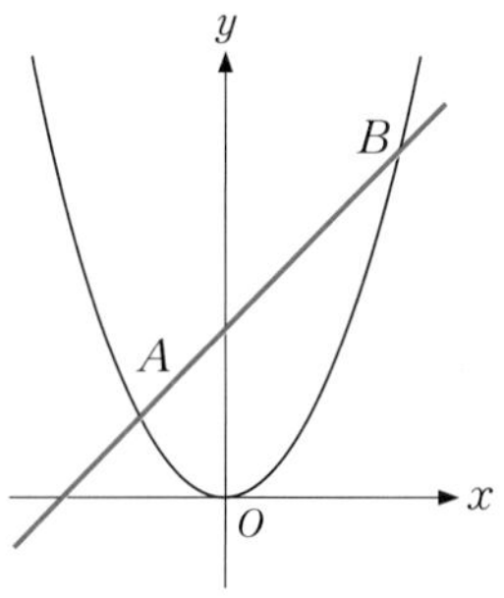

286 · 세 변의 길이가 12, 16, 20인 삼각형에 내접하는 원의 반지름은 얼마인가?

287 · 내접원의 반지름이 4인 삼각형의 넓이가 96이라면 세 변의 길이의 합은 얼마인가?

288 · 아래 그림의 상황에서 $\angle C$의 크기는 얼마인가?

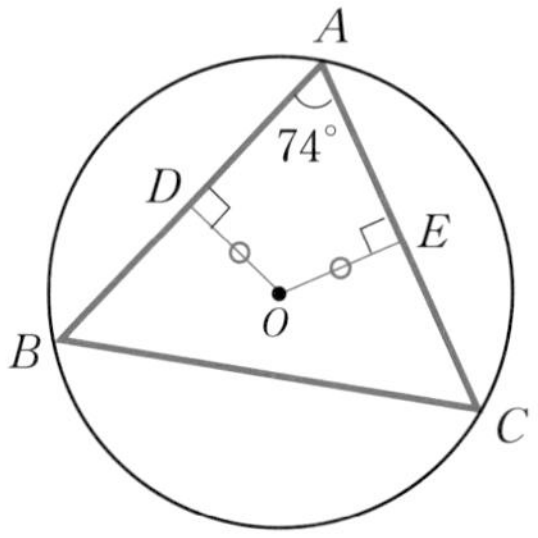

289 · 다음 그림의 상황에서 $\triangle GEF$의 넓이가 7이라면 $\triangle ABC$의 넓이는 얼마인가?

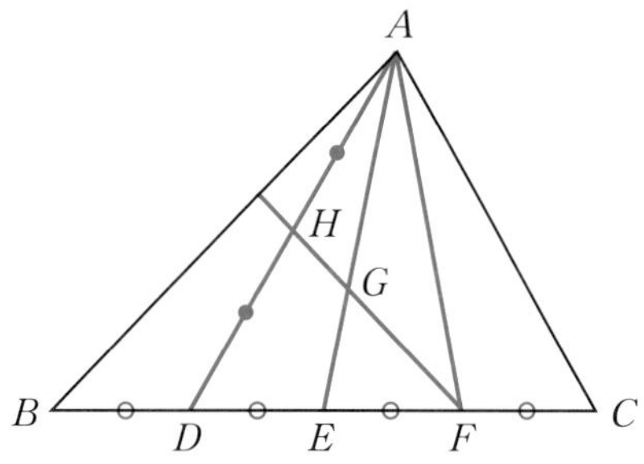

290 · 다음 그림의 상황에서 $\overline{BG} : \overline{GH} : \overline{HF}$ 를 구하라.

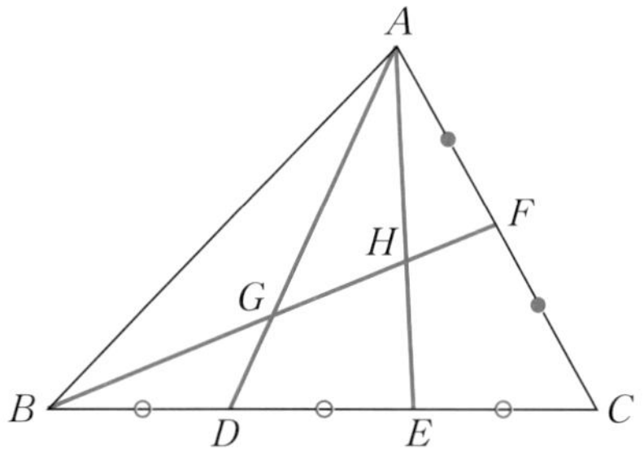

291 · $\triangle ABC$의 꼭지점의 좌표가 $A(3, 5)$, $B(-5, 1)$, $C(3, 1)$일 때 무게중심의 좌표를 구하라.

292 · 삼각형의 중점연결정리 1 "삼각형의 두 변의 중점을 연결한 선분은 다른 한 변과 평행하고 길이는 절반이다"의 역을 쓰고 증명하라.

293 · 아래 그림의 상황에서 $\overline{BC} = 24$ 라고 할 때 $\overline{CF}$ 의 길이는 얼마인가?

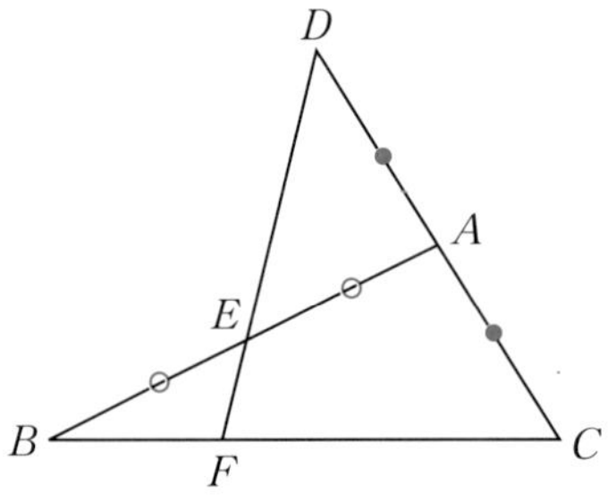

294 · 아래 그림에서 $AC /\!/ DF$이고 $CD /\!/ FE$이다. $\overline{BE} = 9$, $\overline{DE} = 6$일 때 $\overline{AD}$ 의 길이는 얼마인가?

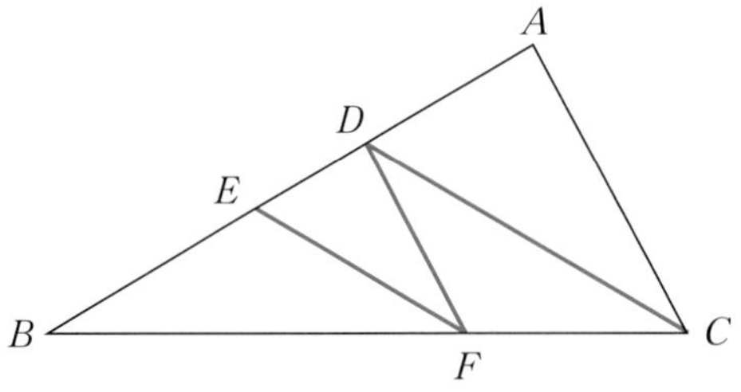

295 · 다음 그림에서 $DE /\!/ BC$이고, $\overline{AB}=18$, $\overline{DE}=4.5$, $\overline{BC}=9$일 때 $\overline{DF}$의 길이는 얼마인가?

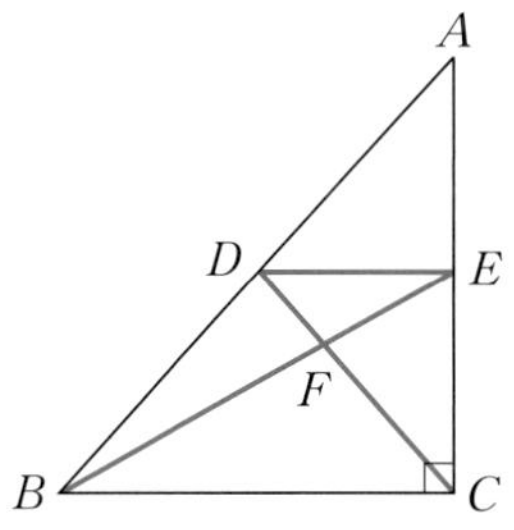

296 · 아래 그림처럼 직사각형의 대각선상에 있는 두 꼭지점을 서로 겹치게 접었더니 $\angle BAE=30^\circ$가 되었다. $\triangle AEF$는 어떤 삼각형일까?

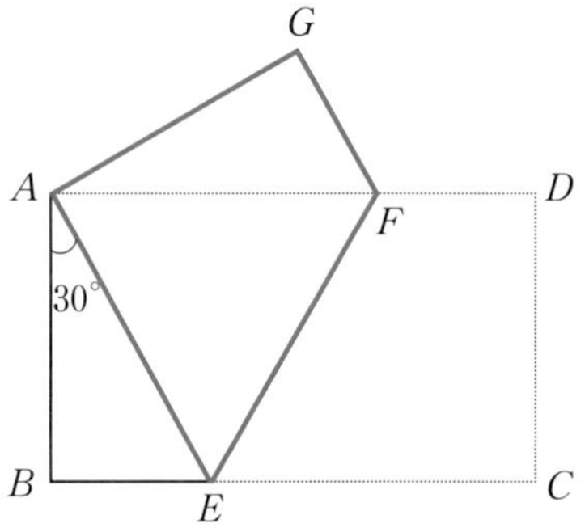

297 · 아래 그림의 평행사변형에서 $\overline{DE} : \overline{EC} = 1:3$ 인데, 변 AD와 BE의 연장선이 만나는 점을 F라고 할 때 $\triangle ADE + \triangle CEF$와 평행사변형 $ABCD$의 넓이의 비는 얼마인가?

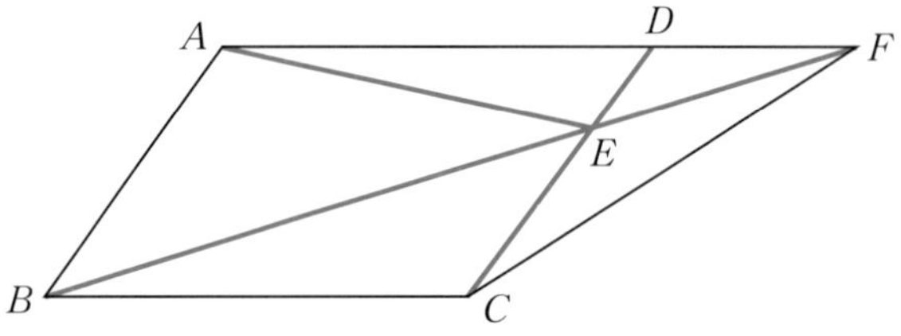

298 · 아래 그림처럼 사다리꼴 $ABCD$의 변 CD의 중점을 E라고 할 때, $\triangle ABE$와 사다리꼴 $ABCD$의 넓이의 비는 얼마인가?

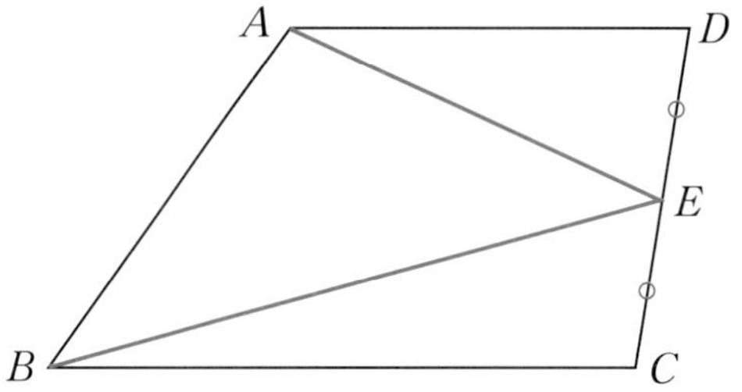

299 · 아래 그림에서 M은 정사각형 $ABCD$의 변 CD의 중점이다. $\triangle ECM$과 $\square ABCD$의 넓이의 비를 구하라.

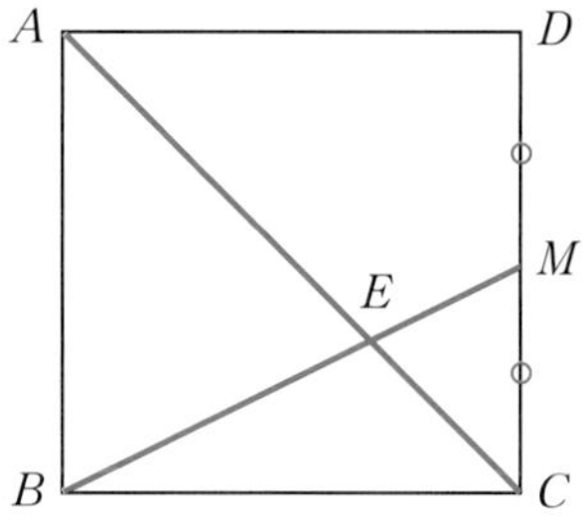

300 · 아래 그림의 평행사변형에서 $\overline{AB}=a$, $\overline{AD}=b$라고 할 때 $\overline{EF}$의 길이를 a와 b에 대한 식으로 써라.

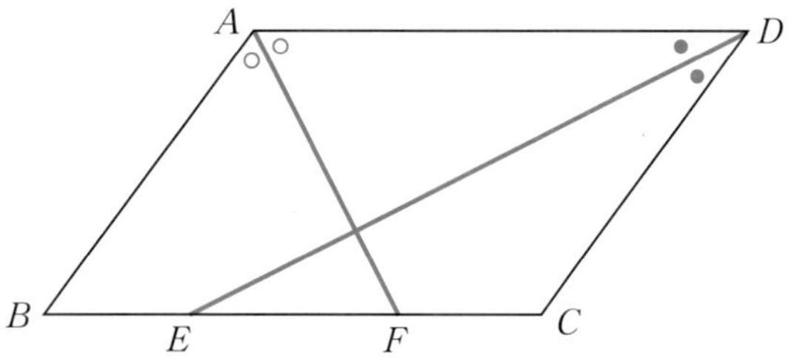

301 · 다음 그림에 표시된 각의 크기를 모두 합하면 몇 도인가?

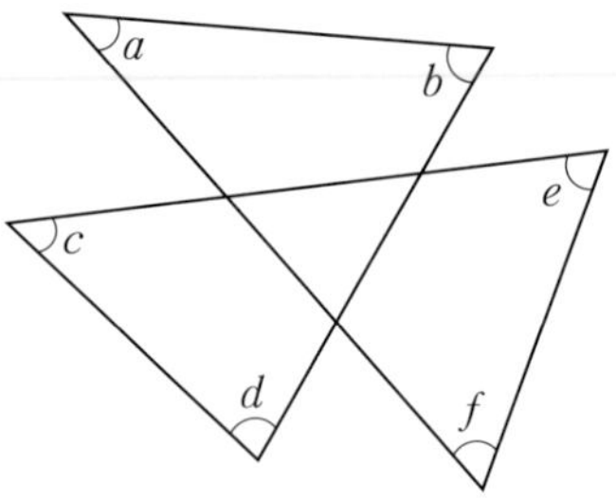

302 · 다음 그림에 표시된 각의 크기를 모두 합하면 몇 도인가?

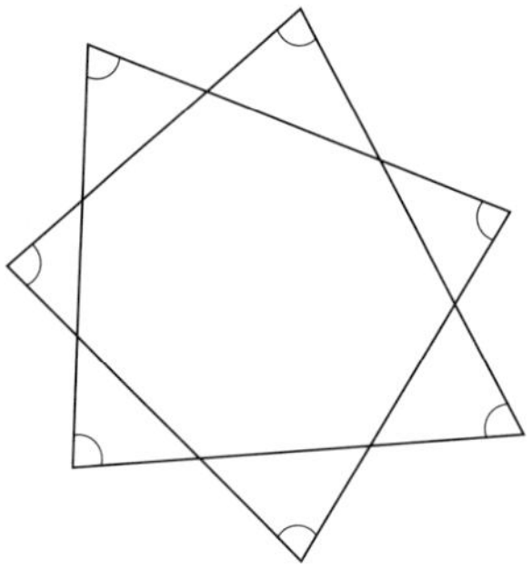

303 · 한 원이나 합동인 두 원에 대한 다음 이야기 가운데 틀린 것을 모두 찾아라.

① 현의 길이가 같으면 중심각의 크기도 같다.

② 중심각이 일정한 비율로 커지면 현의 길이도 일정한 비율로 커진다.

③ 부채꼴의 넓이는 호의 양 끝점을 잇는 현의 길이에 비례한다.

④ 현 가운데 가장 큰 것은 지름이다.

⑤ 활꼴의 넓이는 현의 길이에 비례한다.

304 · 호의 길이가 중심각의 크기에 비례한다는 점을 가장 극적으로 이용한 사람은 제2장에서 '에라토스테네스의 체'를 설명하면서 소개했던 그리스의 수학자 에라토스테네스(Eratosthenes, BC273?~192?)라고 할 것이다. 그는 고대인의 일반적 인식을 물리치고 지구가 둥글다는 믿음을 가졌다. 그리하여 같은 경도에 자리잡고 있다고 생각한 이집트의 두 도시 시에네(Syene)와 알렉산드리아(Alexandria)에서 하지에 햇빛에 의하여 생긴 막대기의 그림자를 동시에 측정함으로써 지구의 둘레를 계산해냈다. 지구를 비추는 햇빛이 모두 평행하다고 가정한 그의 측정에 따르면 925km 떨어졌다고 본 두 도시에서 햇빛이 비추는 각도는 아래 그림처럼 7°12′의 차이가 났다. 이를 토대로 지구의 둘레를 계산해보아라.

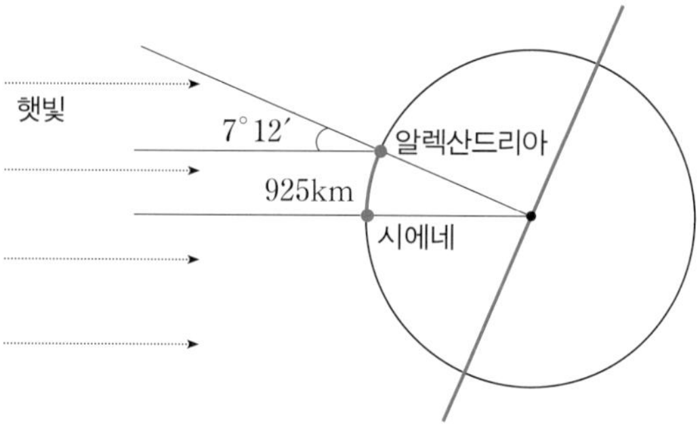

305 · 아래 그림에서 $\overset{\frown}{AB}=\overset{\frown}{AC}$ 이고 $\angle ABO=23°$라면 $\angle BOC$의 크기는 얼마인가?

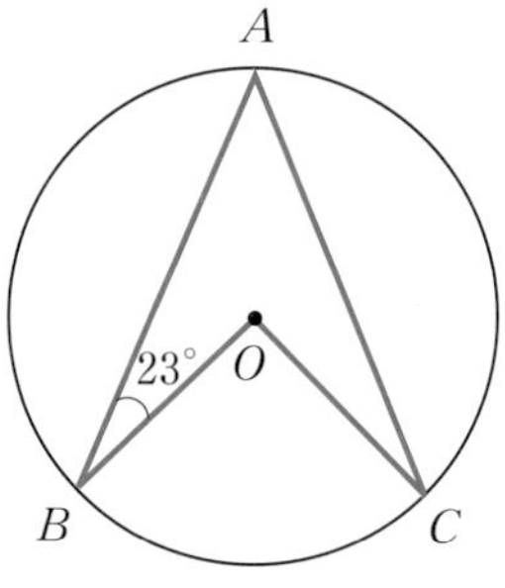

306 · 아래 그림에서 PT는 접선이고 $\overline{AT}=\overline{OT}$ 라면 $\angle P$의 크기는 얼마인가?

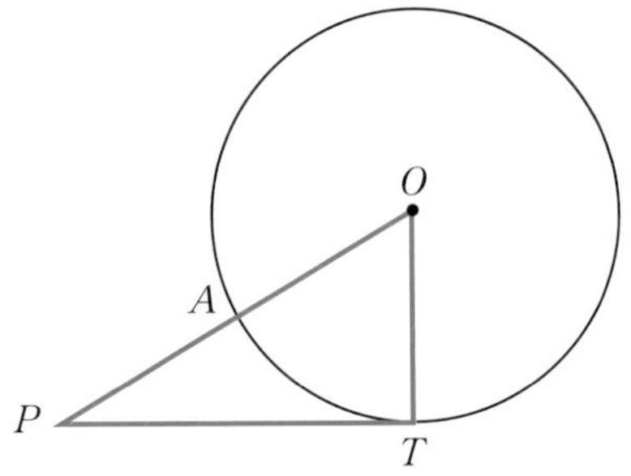

307 · 반지름이 20인 사분원(四分圓)과 반지름이 10인 반원 2개를 아래 그림과 배치했을 때, ㉮와 ㉯ 부분의 둘레의 합과 넓이의 합을 구하라. 참고로 '사분원'이라 함은 한 개의 원을 직교하는 두 지름으로 나눈 네 부분의 하나를 가리킨다.

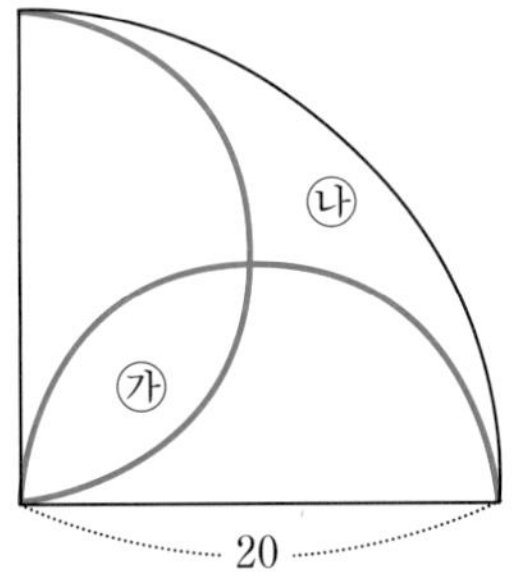

308 · 다음 그림에서 $\overset{\frown}{AB}=\overset{\frown}{BC}=\overset{\frown}{CD}$ 이고 $\angle CEA=30°$일 때 $\angle ACD$의 크기는 얼마인가?

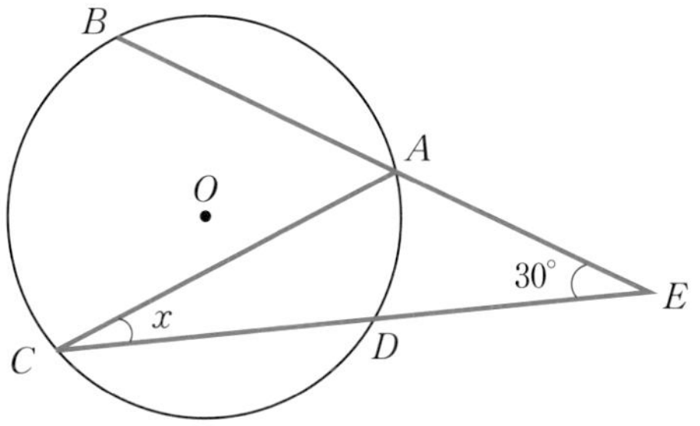

309 · 지름이 5mm인 원통형 대롱을 한 묶음 손에 잡아 아래 그림처럼 고무밴드로 묶었다. 대롱의 총 개수는 모르지만 맨 바깥쪽에서 고무밴드에 밀착된 20개의 대롱들은 그것들끼리도 서로 밀착되어 있다고 할 때, 이 상태에서의 고무밴드의 길이는 얼마인가?

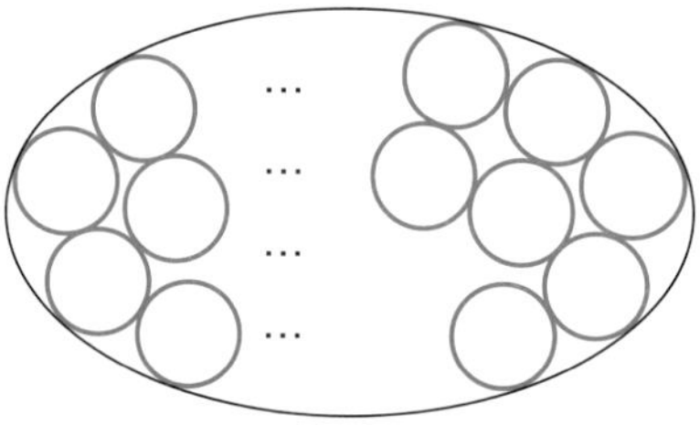

310 · 아래 그림처럼 반지름이 5cm인 사분원이 직선 l 위에서 한 바퀴 구를 때 중심 O가 지나간 자취의 길이는 얼마인가?

311 · 아래 그림에서 AB는 원의 지름이다. 이때 $\angle COD$의 크기를 구하라.

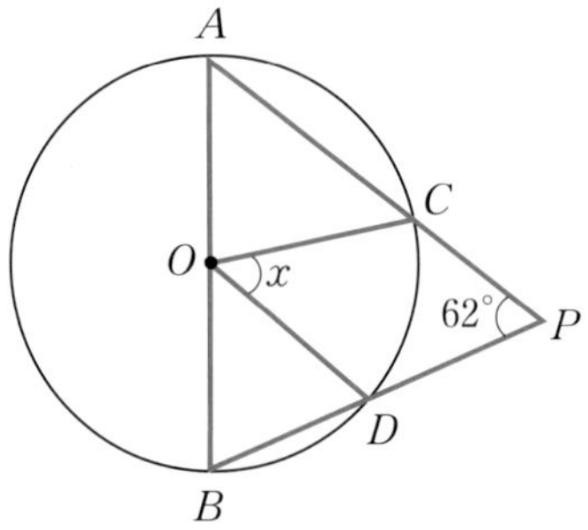

312 · 아래 그림에서 $\overline{AP}=10$이고 $\overline{PD}=4$일 때, $\overline{BD}$의 길이를 구하라.

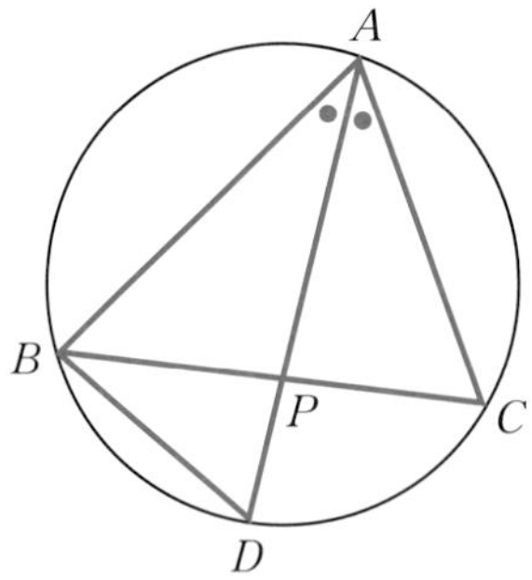

313 · 아래 그림을 참조하여 다음 각 경우에 대한 $\overline{AP}$의 길이를 구하라.

① $\overline{AB}=12$, $\overline{AC}=8$, $\overline{AD}=16$

② $\overline{AB}=12$, $\overline{AC}=8$, $\overline{BC}=10$

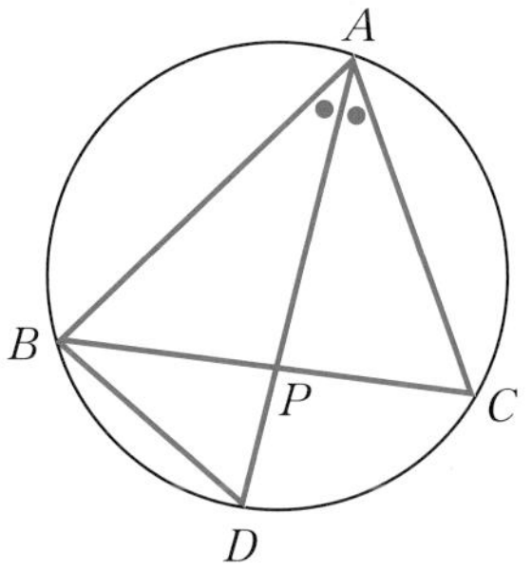

314 · 아래 그림의 상황에서 $\angle A$의 크기는 얼마인가?

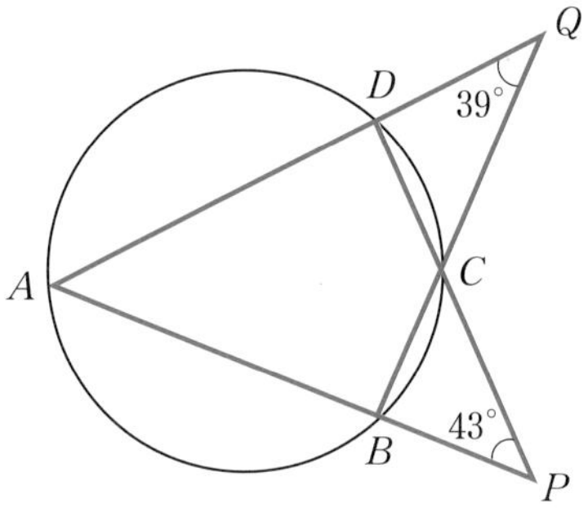

315 · 아래 그림에서 $\overset{\frown}{AC}=\overset{\frown}{CD}$ 이고 PC는 접선일 때 $\angle ACB$의 크기를 구하라.

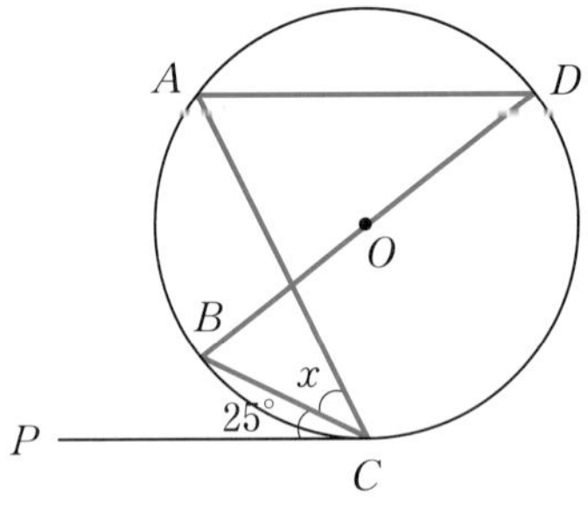

316 · 아래 그림에서 $\overline{AB}=10$, $\overline{CD}=8$이고, M은 $\overline{CD}$의 중점이다. A, B, C, D의 네 점이 한 원 위에 있다면 $\overline{AM}$의 길이는 얼마인가?

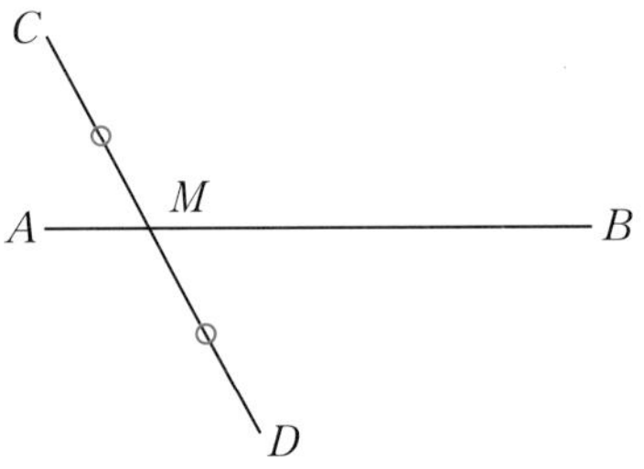

317 · 아래 그림에서 $\overline{OP}=5$, $\overline{PQ}=11$일 때 원의 반지름은 얼마인가?

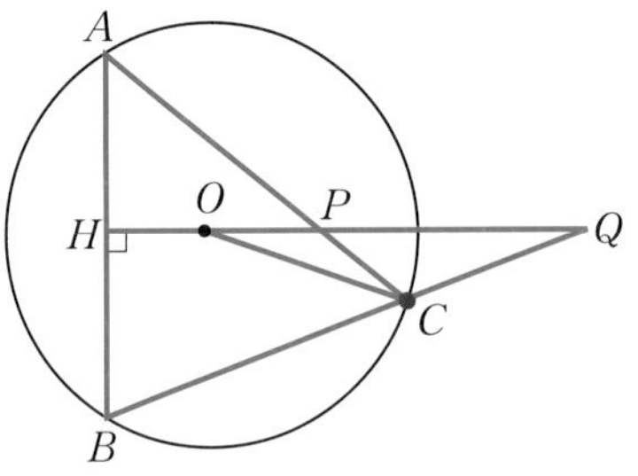

318 · 어떤 원에 같은 간격으로 3개의 현을 그었는데 각각의 길이가 4, 16, 20이라면 이 원의 반지름은 얼마인가?

319 · 아래 그림의 사각형은 정사각형이며 두 변은 원과 접하고 다른 두 변은 두 점에서 만난다. $\overline{BE}=4$이고 $\overline{CF}=14$라면 원의 반지름은 얼마인가?

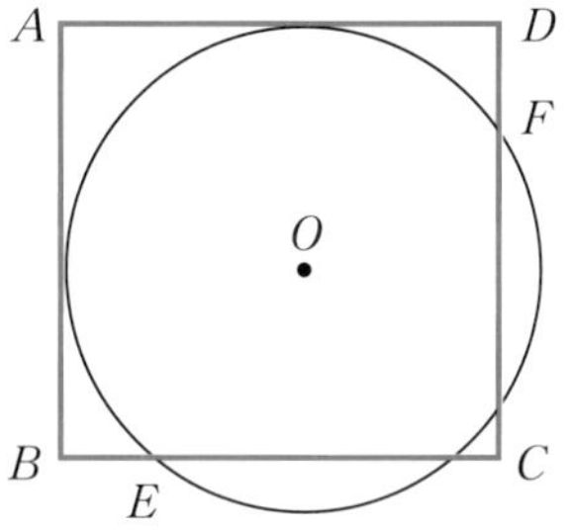

320 · 아래 그림에서 원의 지름은 16이고 $\overline{AB}=\overline{BC}=4$라면 $\overline{CD}$의 길이는 얼마인가?

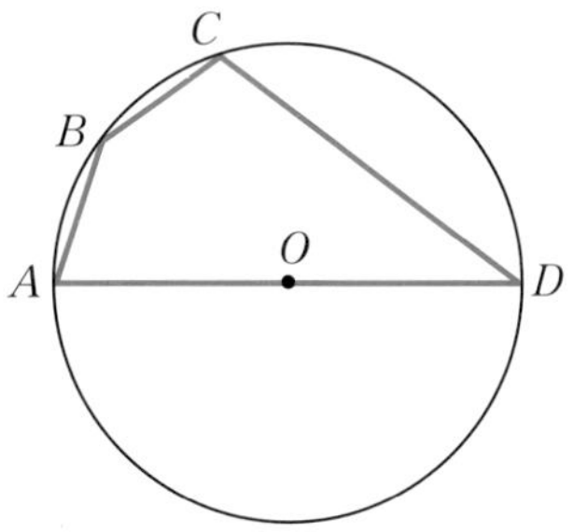

321 · 아래 그림에서 $\overline{AB}=9$이고 $\overline{CD}=3$이며 두 대각선은 직교한다. 원의 지름은 얼마인가?

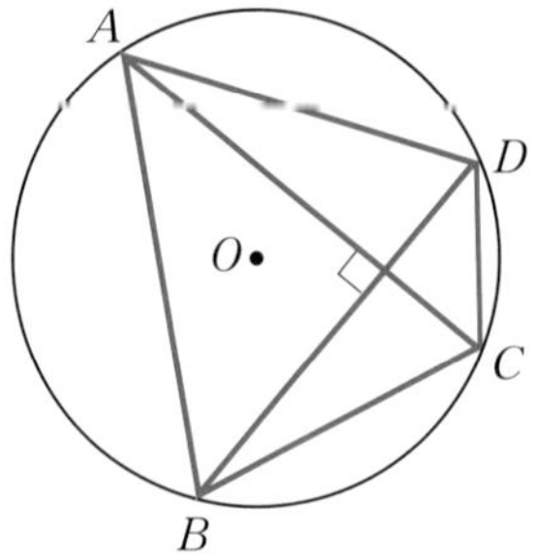

322 · 아래 그림에서 원의 지름은 10이고, CD는 접선이며, 지름 AB를 연장한 직선에서 $\overline{OC}=13$일 때, $\overline{DA}$와 $\overline{DB}$의 비를 구하라.

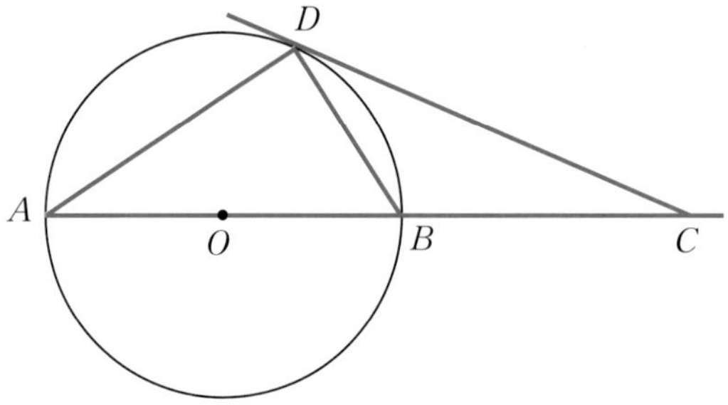

323 · 아래 그림에서 $\overline{OA}=12$이고, $\overset{\frown}{AB}=8\pi$, $\overset{\frown}{CD}=6\pi$일 때, $\overline{OC}$의 길이와 음영 부분의 넓이를 구하라.

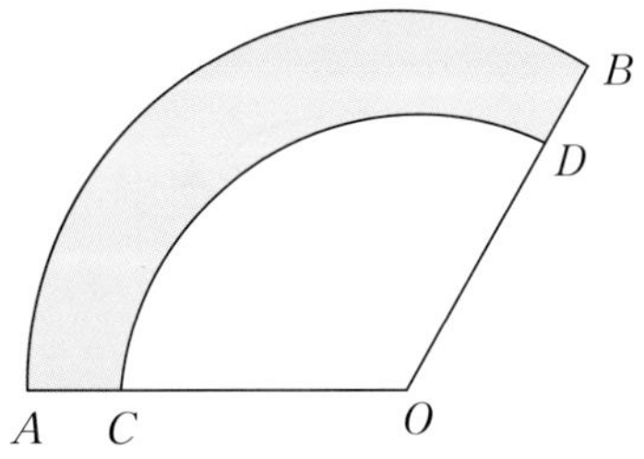

324 · 요즘 대부분의 축구공은 5각형과 6각형의 조각을 엮어서 만들어져 있다. 왜 이렇게 만들었는지, 그리고 어떻게 하면 이렇게 만들 수 있는지 설명해보아라.

325 · 아래의 전개도는 8개의 정삼각형으로 구성되어 있다. 이것으로 만들어지는 입체도형에 대한 다음 관계들에서 옳지 않은 것은?

① $\overline{DE}\perp\overline{EF}$ ② 꼭지점의 개수는 6이다.

③ $\triangle ABE \,/\!/\, \triangle CDJ$ ④ 모서리의 개수는 12이다.

⑤ $\overline{AD}$와 겹치는 모서리는 $\overline{IF}$이다.

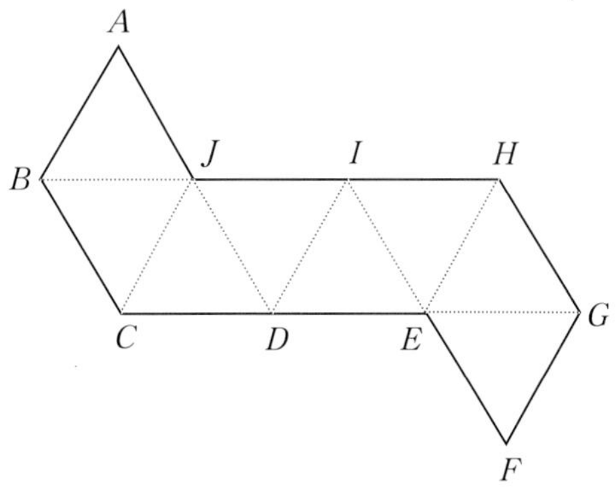

326 · 높이가 15cm인 원뿔 모양의 깔때기에 물을 채우는데, 물을 넣기 시작한 뒤 20초가 흐르자 물의 깊이가 5cm가 되었다. 그릇에 가득 채우려면 물을 얼마 동안 더 넣어야 하는가?

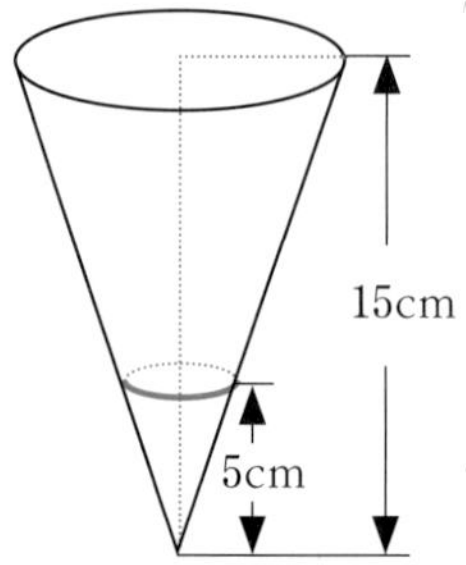

327 · 아래 그림의 정사면체 $BDEG$는 정육면체를 이용해서 만든 것이다. 정육면체의 모서리 길이를 10cm라고 할 때 이 정사면체의 부피는 얼마인가?

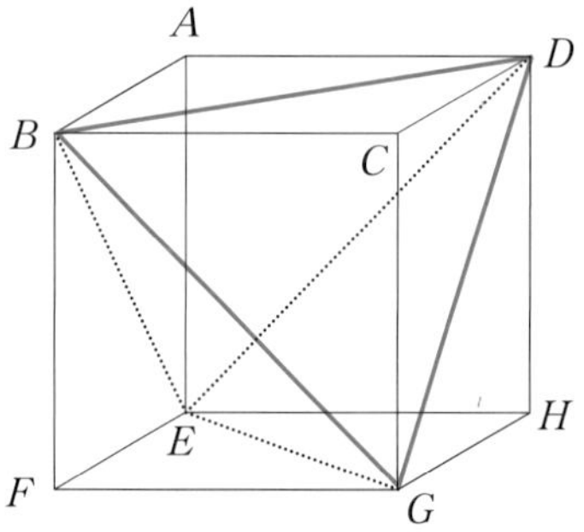

328 · 제5장에서 삼각비 가운데 '사인'을 정의하고 그 값을 표로 만든 최초의 사람은 그리스의 천문학자 히파르코스(Hipparchos, BC180?~125?)라고 이야기했다. 그러나 삼각비의 관념을 체계화하지는 않았지만 개별적으로는 이보다 먼저 활용한 사람이 있었으니 그는 바로 지동설의 창시자로 제4장에서 소개한 아리스타르코스(Aristarchos, BC310?~230?)이다. 아리스타르코스는 달이 햇빛을 반사해서 빛을 내며, 따라서 반달이 되는 순간 지구와 달과 태양은 직각삼각형을 이룰 것이라고 올바로 추리했고, 그때의 관측을 통하여 아래 그림과 같은 결과를 얻었다. 이에 의하면 지구-태양 사이의 거리는 지구-달 사이의 거리보다 몇 배나 더 먼가?

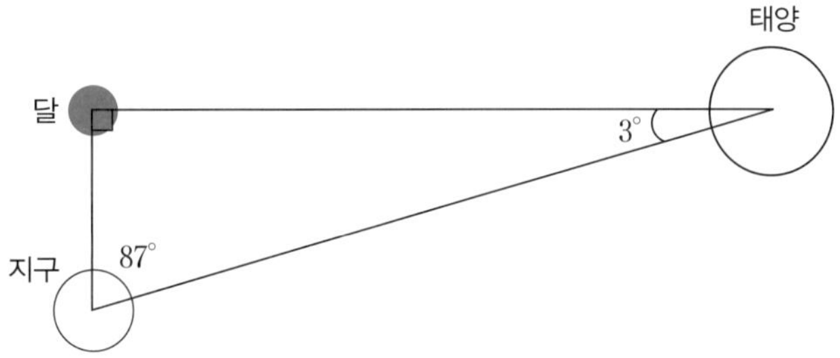

329 · 탈레스(Thales, BC624?~546?)에게는 여러 가지 유명한 일화가 있는데, 이집트를 여행하던 중 기자(Giza) 지방에 BC2589~2566 무렵에 건설된 것으로 여겨져서 그때 이미 2000년가량이나 되었기에 정확한 높이가 잊혀졌던 '쿠푸왕의 대피라미드(The Great Pyramid of Khufu)'의 높이를 알아낸 것도 그중 하나이다. 이 피라미드는 현존하는 최대의 것인데, 탈레스는 간단한 비례 관계를 이용해서 이를 알아냈지만, 당시 사람들의 찬탄을 불러 일으켜 널리 이름을 떨치게 되었다. 오늘날 탈레스의 정확한 측정값은 전해지지 않으나 여기서는 걸음걸이를 길이의 단위로 이용해서 그 상황을 재구성해보기로 한다. 탈레스는 자기 키가 약간 큰 걸음으로 두 걸음인데, 피라미드를 방문했을 때 햇빛에 의하여 만들어진 자기 그림자는 세 걸음임을 알았다. 이 시각에 피라미드의 그림자가 아래 그림처럼 만들어졌다면 그 높이는 얼마인가? 여기서 한 걸음은 90cm로 계산하며, 피라미드의 밑면은 정사각형이고 한 변의 길이는 256걸음이다.

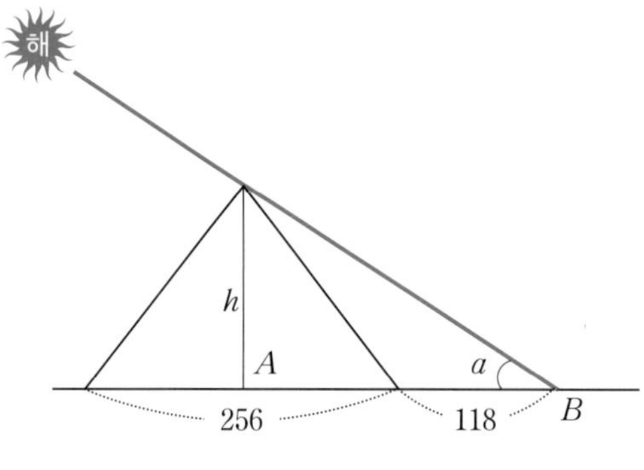

330 · 너비가 1인 리본을 아래 그림처럼 접었을 때 겹쳐진 부분의 넓이를 a의 삼각비로 나타내라.

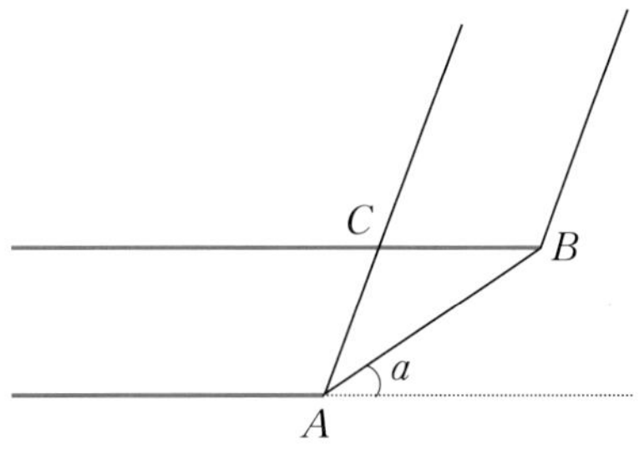

331 · 간단한 예를 들어 단순평균과 가중평균의 장단점을 비교하라.

332 · 다음 설명 가운데 옳은 것을 모두 골라라.

① 누적도수의 그래프는 오른쪽으로 갈수록 항상 증가한다.

② 상대도수의 분포다각형에서 도수의 총합을 알 수 있다.

③ 누적도수의 그래프로는 분포의 모습을 짐작할 수 없다.

④ 도수분포다각형과 상대도수분포다각형은 서로 닮은꼴이 될 수 있다.

⑤ 히스토그램에서 계급의 수와 직사각형 기둥의 수는 항상 같다.

333 · 아래의 도수분포다각형은 어떤 반의 영어 성적을 나타낸 것이다. 이에 대한 물음에 답하라.

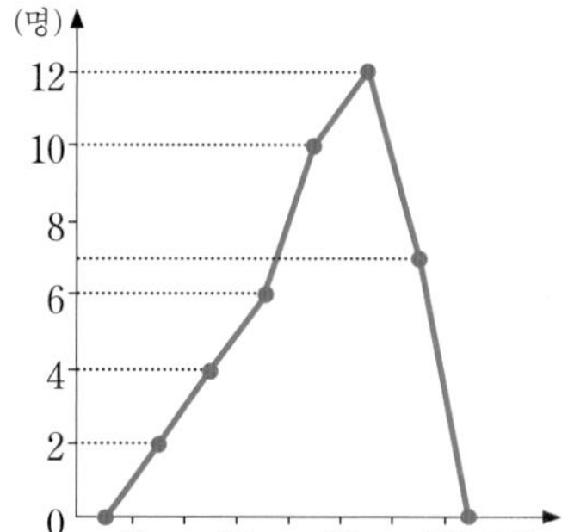

① 계급의 수는 얼마인가?

② 이 반의 학생은 모두 몇 명인가?

③ 이 반의 영어 평균성적을 소수 둘째 자리까지 구하라.

④ 이 다각형의 넓이는 어떤 의미를 가지는가?

334 · 아래 그림은 어떤 반의 수학 성적을 상대도수의 그래프로 나타낸 것인데 일부가 찢겨져서 보이지 않는다. 이에 대한 다음 물음에 답하라.

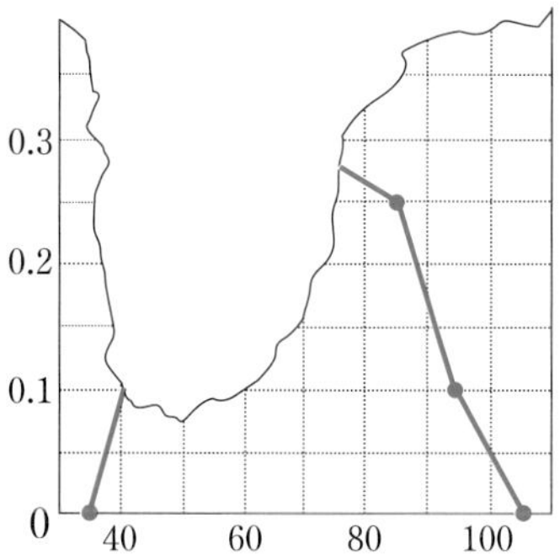

① 계급값이 75점인 계급까지의 누적상대도수는 얼마인가?

② 90점 이상 100점 이하의 학생 수가 4명이라면 계급값이 75점인 계급까지의 누적도수는 얼마인가?

335 · 다음에 대하여 간략히 대답하라.

① 함수관계와 상관관계의 비슷한 점과 차이점

② 상관관계와 인과관계의 비슷한 점과 차이점

③ 함수관계와 인과관계의 비슷한 점과 차이점

336 · 평면 위의 네 점 가운데 어느 세 점도 일직선 위에 있지 않다.

① 이들 가운데 두 점을 연결해서 하나의 선분을 만들면 모두 몇 개의 선분이 만들어지는가?

② 이들 가운데 두 점을 연결해서 하나의 반직선을 만들면 모두 몇 개의 반직선이 만들어지는가?

③ 이들 가운데 세 점을 연결해서 하나의 각을 만들면 모두 몇 개의 각이 만들어지는가?

337 · 아래 그림처럼 나누어진 5개의 부분을 이웃하는 부분은 다른 색으로 칠해서 구별하려고 한다. 칠할 색깔이 빨강, 노랑, 파랑, 분홍, 보라의 다섯 가지라고 할 때 서로 다르게 칠하는 방법의 수는 모두 얼마인가?

2학년			
1반	2반	3반	4반

338 · 어른 둘, 어린이 셋으로 이루어진 가족이 놀이공원에 가서 성인용 2장과 아동용 3장의 입장권을 끊었다. 입장권을 서로 다르게 가질 방법의 수는 얼마인가?

339 · 다음을 구하라.

① 남학생 3명과 여학생 3명을 일렬로 늘어 세우는데 여학생 3명이 항상 이웃이 되도록 하는 방법의 수

② 3장이 접착제 때문에 항상 붙어 다니는 6장의 카드를 섞을 때 서로 다른 배열이 되는 경우의 수

340 · 서로 다른 숫자로 만들어진 4자리의 자연수 가운데 4321보다 큰 자연수는 모두 몇 개인가?

341 · 500원, 100원, 10원짜리 동전이 각각 2, 8, 15개가 있다. 다음 물음에 답하라.

① 이 동전들로 지불할 수 있는 방법의 수는 얼마인가?

② 이 동전들로 지불할 수 있는 금액의 가짓수는 얼마인가?

342 · 월드컵 축구 본선에는 32개 팀이 출전하는데, 이들을 4개 팀씩 8조로 나누어 각 조 안에서 모든 팀들이 한 번씩 경기를 갖도록 하고 성적에 따라 각 조의 상위 2팀이 16강에 진출한다. 32팀으로부터 16강을 뽑는 과정에서 모두 몇 번의 경기가 이뤄지는가?

343 · 철수가 축구의 승부차기를 할 때 성공률은 90%라고 한다. 철수가 다섯 번 공을 차서 네 번 이상 성공할 확률을 구하고, 이 과정에서 확률의 합법칙과 곱법칙이 어떻게 쓰였는지 설명하라.

344 · 세 사람이 가위바위보를 한 번 해서 승부를 정한다고 할 때 두 사람이 이길 확률은 얼마인가?

345 · 쪽지 시험에서 철수가 통과할 확률은 2/3이며 영수가 통과할 확률은 3/5이었다. 이 확률을 토대로 다음 쪽지 시험에 ①둘 다 실패할 확률과 ②둘 중 한 사람이라도 통과할 확률을 구하라.

346 · 빨강과 파랑 주사위 2개를 동시에 던졌을 때 눈의 곱이 제곱수가 될 확률은 얼마인가?

347 · 명중률이 30%, 40%, 50%인 세 사냥꾼이 멧돼지를 발견하고 동시에 사격했을 때 멧돼지가 총에 맞을 확률은 얼마인가?

348 · 어느 계절의 날씨를 조사했더니 비가 온 다음날 또 비가 올 확률은 1/3이고 오지 않은 다음날 올 확률은 1/5이었다. 이 계절의 어느 목요일에 비가 왔다면 주말인 이틀 후의 토요일에 비가 올 확률은 얼마인가?

349 · 어느 반에 23명의 학생이 있다면 생일이 같은 사람이 있을 확률은 얼마인가? 이 문제는 이른바 **생일역설**(birthday paradox)이란 이름으로 널리 알려져 있는데, 1년은 365일로 보고 계산기를 사용하도록 한다.

350 · 로또복권(Lotto福券)은 45개의 숫자 가운데 6개를 맞추면 1등에 당첨된다. 계산기를 사용하여 1등에 당첨될 확률을 구하라.

351 · 다음 중 옳은 것은?

① 두 집합의 합집합과 교집합이 같으면 두 집합은 모두 공집합이다.

② $X=\{0, \varnothing\}$이라면 $\varnothing$은 X의 부분집합이라고 할 수 없다.

③ $n(A\cap B^c)=n(A)-n(B)$

④ $(A\cap B^c)\cup(A^c\cap B)=\varnothing$이면 $A=B$이다.

⑤ $\{(x, y)\mid 2x+3y=15,\ x$와 y는 자연수$\}$의 원소의 수는 3이다.

352 · 2005개의 서로 다른 정수를 가진 집합 X의 모든 원소를 더했더니 2006이 나왔다. 이 집합의 원소가 될 수 있는 홀수는 최대 몇 개인가?

353 · 세 모서리가 48, 60, 72cm인 직육면체 모양의 나무가 있다. 이것을 잘라 가능한 한 큰 주사위를 만든다고 할 때 얼마나 큰 주사위가 만들어지며 또 그 개수는 얼마인가?

354 · 집합 X는 "$x \in X$이면 $7-x \in X$이다"라는 조건을 충족하는 자연수의 집합이다. 집합 X의 개수는 얼마인가?

355 · $3\frac{4}{7}$의 역수를 a, $-3.\dot{6}$의 역수를 b라고 할 때, $\frac{a}{b}$의 값을 구하라.

356 · $\sqrt{2}=p$, $\sqrt{3}=q$라고 할 때, $\sqrt{0.3456}$을 p와 q를 써서 나타내라.

357 · $x=(\sqrt{14}-\sqrt{15})^{17}$이라 할 때 $(\sqrt{14}+\sqrt{15})^{17}$을 x의 식으로 나타내라.

358 · 어떤 수를 올림해서 10의 자리까지 나타냈더니 3450이 되었다. 이때 "오차의 절대값 $< a$"이 항상 성립하도록 하는 a의 최소값을 구하라.

359 · a, b, c는 모두 소수이며 $a+b=c$이고 $a<b$이다. a의 값은 얼마인가?

360 · 유리수의 정의에 따르면 양의 유리수는 두 자연수의 비로 나타낼 수 있다.

① $\sqrt{2}$가 유리수임을 가정하고 이 가정이 모순된 결론을 이끈다는 점을 보임으로써 $\sqrt{2}$가 무리수임을 증명하라.

② 같은 방법으로 $\sqrt{3}$이 무리수임을 증명하라.

361 · p와 q가 유리수일 때 $p\sqrt{3}+q=0$이면 $p=q=0$임을 증명하라.

362 · $\sqrt{5}$의 소수 부분을 p라 하고 p의 역수의 소수 부분을 q라 할 때, $(p-3)x+qy-7=0$을 충족하는 유리수 x와 y를 구하라.

363 · 우리가 일상적으로 사용하는 물건들에는 책, 가구, 상자 등, 직사각형의 모습을 한 것들이 많다. 그런데 이런 물건들 가운데 정사각형의 모습을 한 것들은 뜻밖에도 드물다. 그 이유는 사람의 눈에 가장 아름답게 보이는 직사각형은 가로와 세로가 똑같은 정사각형이 아니라, 이른바 **황금비**(黃金比, golden ratio)를 가진 직사각형이기 때문이다. 고대 그리스의 수학자 유클리드는 황금비를 "한 선분을 작은 부분과 큰 부분의 비율이 큰 부분과 전체의 비율이 되도록 잘랐을 때 얻어지는 비율"로 정의했다. 이를 토대로 황금비의 값을 구하라.

364 · 다음을 증명하라.

① 연속하는 두 자연수의 제곱의 차는 두 자연수의 합과 같다.

② 연속하는 두 홀수의 제곱의 차는 두 홀수의 합의 2배와 같다.

365 · 적도를 따라 달리는 가상의 고속철이 있다고 하자. 이 고속철의 전력선이 지상에서 5.08m 위로 가설된다면 그 길이와 적도의 길이와의 차는 얼마일까? 지구의 반지름은 6.38×10^3km, 원주율은 3.1416으로 하며 계산 결과는 1의 자리에서 반올림하여 cm로 나타내라.

366 · 철수는 a, b, c의 평균을 구하면서 별 생각 없이 먼저 a와 b의 평균 A를 구한 다음 A와 c의 평균 B를 구해서 이것을 답으로 삼았다. $a < b < c$이고, 올바른 평균을 C라고 할 때, B와 C의 대소관계를 밝혀라.

367 · $A = \{p + \sqrt{3}q \mid p, q$는 유리수$\}$일 때 A에 속하는 0이 아닌 임의의 x와 y에 대하여 $xy \in A$이고 $\frac{y}{x} \in A$임을 증명하라.

368 · $x \neq y$인데 $x^2 + \sqrt{3}y = y^2 + \sqrt{3}x = \sqrt{5}$의 관계가 있을 때 $x^2 + y^2$의 값은 얼마인가?

369 · 삼각형의 세 변의 길이가 $x,\ x+4,\ x+12$일 때 x의 범위를 구하라.

370 · 다음 방정식을 풀어라.

$$\frac{x-b-c}{a}+\frac{x-c-a}{b}+\frac{x-a-b}{c}=3$$

371 · A열차는 길이가 330m이고 B열차는 길이가 210m인데, 어떤 철교를 완전히 건너는 데에 같은 속도로 달리면 A열차는 54초, B열차는 48초가 걸린다. 열차의 시속과 철교의 길이를 구하라.

372 · 어느 국립공원의 입장료는 1인당 4000원인데 30명 이상의 단체에 대해서는 20%를 할인해준다고 한다. 30명은 안 되지만 차라리 단체할인을 받는 게 유리한 최소 인원은 얼마인가?

373 · 고속도로를 타고 시속 90km로 서울을 향해 가는데 150km를 남겨둔 지점에서 이대로 계속 가면 약속 시간보다 20분이 늦어질 것임을 알았다. 약속 시간보다 일찍 도착하지는 않더라도 10분 이상 늦어지지 않으려면 지금부터 시속 몇 km 이상 몇 km 이하로 가면 될까?

374 · 2차방정식의 근의 공식을 $x = \frac{b \pm \sqrt{b^2-4ac}}{a}$로 잘못 알고 어떤 2차방정식을 풀었더니 4와 -6이라는 두 근이 나왔다. 본래의 옳은 근을 p와 q라고 할 때 p^2+q^2의 값은 얼마인가?

375 · 다음 부등식을 풀어라.

$$12\left(\frac{1}{9}x-\frac{1}{4}\right) \geqq \frac{8x+3}{6}$$

376 · 다음 식을 인수분해하라.

① a^4+64　　　② a^3-3a+2

377 · 어떤 함수 $f(x)$는 모든 자연수에 대하여 $f(ab) = f(a)+f(b)$라는 관계를 보인다. $f(2)=7$이고 $f(5)=11$이라면 $f(1000)$의 값은 얼마인가?

378 · 어느 극장에서 평균적으로 볼 때 관람료를 x% 올리면 관람객은 $0.5x$% 줄어드는 것으로 나타났다. 이 비율이 유지된다고 가정할 때 수입이 8% 증가하게 하려면 관람료를 얼마나 올리면 될까?

379 · $f(x) = ax^5 - bx^3 + cx - 8$인데 $f(-8) = 8$일 경우 $f(8)$의 값은 얼마인가?

380 · $0 < a < b$인 두 상수에 대하여 $X = \{x \mid a \leqq x \leqq b\}$를 정의역으로 하는 함수 $y = \frac{2}{7}(x^2 + 3)$의 치역이 X와 같다. a와 b의 값을 구하라.

381 · 큰 원의 지름을 따라 여러 작은 원을 그리면 이 작은 원들의 원주 길이의 합은 큰 원의 원주 길이와 같음을 보여라.

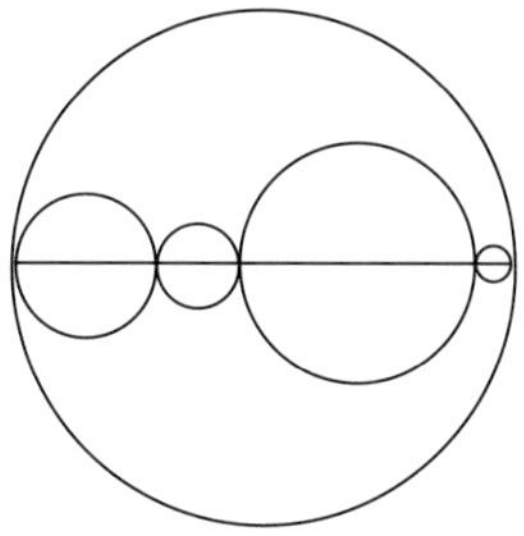

382 · 1부터 9 사이의 자연수 가운데 2개를 골라서 최대공약수와 최소공배수를 구해보니 m과 n이었다. 그리고 이것으로 $mx^2 - nx + 54 = 0$이라는 2차방정식을 만들었더니 해가 3과 9였다. 두 자연수는 무엇인가?

383 · 아래 왼쪽의 식과 오른쪽의 그래프를 올바르게 짝지어라.

$2x+ay-2b=0$ — ①

$ax+3y-b=0$ — ②

$4ax-y+3b-2=0$ — ③

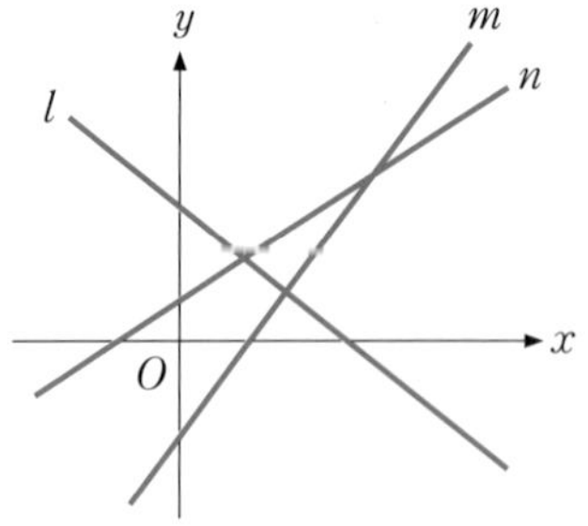

384 · $f(x)=2x^2-2x+1$이고 $g(x)=2x^2+2x+1$일 때 다음 식의 값을 구하라.

$$\frac{f(1)f(2)\cdots f(100)}{g(1)g(2)\cdots g(100)}$$

385 · 한 변의 길이가 5cm인 정육면체의 두 꼭지점 A와 C를 아래처럼 연결할 때, 그 가장 짧은 거리를 ①전개도를 이용하는 방법과 ②그림에 나타낸 x에 대한 2차함수를 이용하는 방법의 두 가지로 구하라.

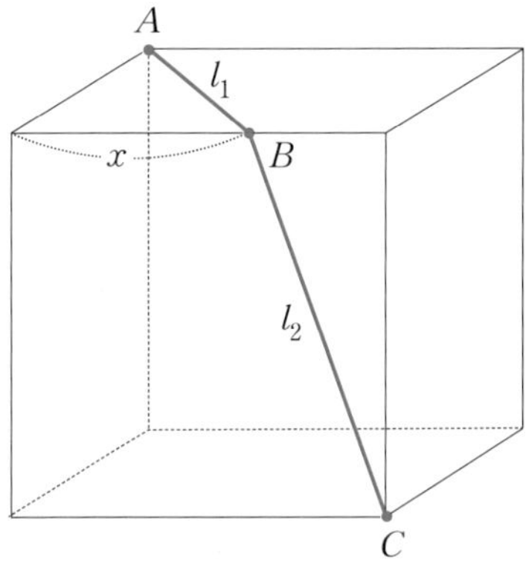

386 · 2차함수 $y = x^2-3x$와 1차함수 $y = 4x-10$의 두 교점을 P와 Q라고 할 때, 또 다른 1차함수 $y = 2x+b$가 $\overline{PQ}$와 마주치려면 b의 값은 어느 범위에 있어야 하는가?

387 · 2차식 $(x-k)(x-12)+1$이 계수가 정수인 두 1차식의 곱으로 인수분해된다. k의 최대값은 얼마인가?

388 · 2차식은 2차방정식의 근의 공식이 존재하므로 실제로는 언제나 인수분해가 된다. 따라서 원칙적으로는 인수분해를 정수, 유리수, 실수, 허수 가운데 어떤 수까지 사용할 것인지 정해줘야 한다. 그러나 특별한 말이 없으면 유리수까지 사용하는 게 관례이며, 허수까지 사용하는 경우는 고교과정에서 다룬다. 다음 식을 실수 범위에서 인수분해하라.

① $144x^2-\dfrac{1}{36}$ ② $16x^2-7$

389 · 두 자연수의 최소공배수가 60이고, 한 자연수의 4배와 다른 자연수의 5배의 차가 52일 때, 두 자연수의 합은 얼마인가?

390 · 원주를 따라 n개의 점을 찍고 이를 연결하여 n각형을 만들었다. 그런 다음 대각선을 모두 그려넣었더니 119개가 만들어졌다. n의 값은 얼마인가?

391 · 다이아몬드는 매우 높은 온도와 압력 아래서 만들어지는데 크게 자라기 어렵기 때문에 그 값은 대략 무게의 제곱에 비례한다고 한다. 어떤 기술자가 750만 원짜리 다이아몬드를 실수로 두 조각 내었는데 무게 비율이 3 : 2였다고 한다. 이 실수로 인한 손해액은 얼마인가?

392 · 삼각형의 합동조건은 SSS, SAS, ASA의 세 가지인데, 다른 도형들의 합동조건도 각 도형의 특징을 생각해봄으로써 얻어낼 수 있다. 다음 도형들의 합동조건을 제시해보라.

① 둔각삼각형 ② 평행사변형 ③ 직사각형
④ 마름모 ⑤ 정다각형 ⑥ 원
⑦ 원기둥 ⑧ 원뿔 ⑨ 정다면체 ⑩ 구

393 · 반지름이 10이고 높이가 h인 원기둥의 반지름을 x만큼 늘렸더니 부피가 196%로 늘어났다. x는 얼마인가?

394 · 아래 그림에서 $\angle AEF = \angle AFE$임을 보여라

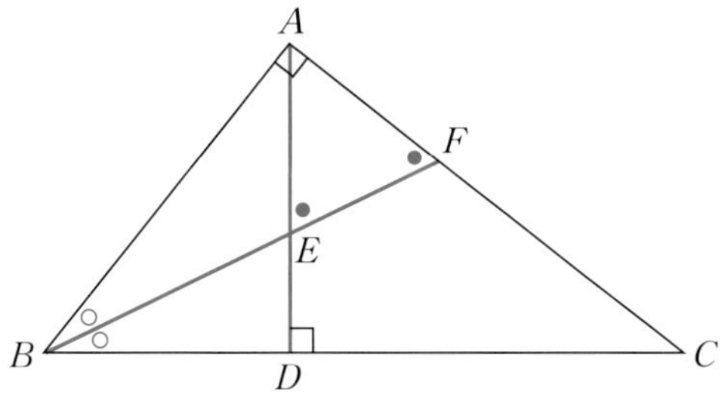

395 · 아래 그림에서 $\overline{AD} : \overline{DB} = 5:2$이고 $\overline{AE} : \overline{EC} = 3:2$라고 한다면 $\triangle ABC : \triangle CEF$의 비는 얼마인가?

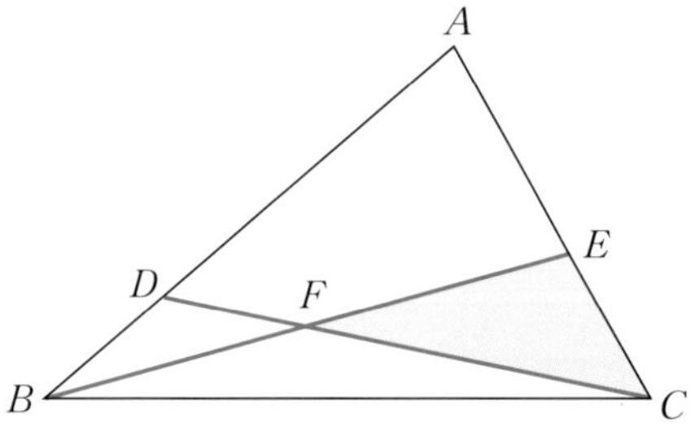

396 · 지름이 120cm인 구가 평평한 지면 위에 놓여 있다. 구의 중심을 지나는 수직선을 따라 지면으로부터 180cm 떨어진 곳에 점광원을 달아 구를 지면 쪽으로 비출 때 지면에 생기는 구 그림자의 넓이는 얼마인가?

397 · 밑변을 한 변의 길이가 4cm인 정삼각형의 밑변에 자리잡고 있으면서 이 정삼각형에 내접하는 정사각형의 한 변의 길이는 얼마인가?

398 · 아래 그림과 같이 어느 지역의 길들은 바둑판처럼 반듯반듯한데 가로끼리와 세로끼리의 길이는 같지만 가로와 세로의 길이는 조금 다르다. 그림의 A에서 B까지 최단거리로 간다고 할 때 서로 다르게 가는 방법의 수는 얼마인가?

399 · 한 야구선수가 상대팀의 주전투수와 대결할 때의 타율은 3할인데 구원투수와 대결할 때의 타율은 2할5푼이다. 어느 날의 경기에서 이 선수가 주전투수와 두 번 대결한 후 구원투수와 한 번 대결할 것으로 예상되는데 지금까지의 타율이 그대로 적용된다고 가정할 경우 이날 2개 이상의 안타를 칠 확률은 얼마인가? 단 타석에 들어서면 안타를 치거나 치지 못하거나 둘 중 하나이며 다른 경우는 일어나지 않는다고 가정한다.

400 · 오존층은 지표면 위 약 20~30km 사이의 성층권을 가리킨다. 그런데 지표면 위의 오존을 모두 1기압 0℃의 상황으로 옮겨놓으면 그 두께는 3mm라고 하며, 지구의 반지름은 대략 6400km이다. 다음에 답하라.

① 지표면 위의 모든 오존을 지표면 바로 위의 1기압 0℃ 상황으로 옮겨놓으면 그 부피는 얼마나 될까?

② 오존의 밀도는 1기압 0℃에서 2.14kg/m^3이다. 지표면 위에 있는 오존의 총 무게는 얼마나 될까?

정답 및 해설

1 · **집합은 수학(뿐 아니라 인간의 모든) 활동이 어떤 일정한 대상을 두고 이루어진다는 데에서 유래한 개념**이다. 이런 뜻에서 **집합은 잘 규정된 대상들의 모임**이라고 말할 수 있다. 그런데 수학에서는 이런 정도의 표현만으로는 오해나 혼란이 초래될 우려가 있다. 따라서 이를 막기 위하여 **"잘 규정되었다"라고 함은 소속성과 유일성이라는 두 가지 특성을 가리키는 것**으로 이해한다. **소속성은 어떤 대상의 집합에 대한 소속 여부를 명확히 가릴 수 있다는 점**을 뜻하고, **유일성은 어떤 대상을 집합에 넣을 경우 한 번씩만 넣는다는 점**을 뜻한다.

2 · 옳은 것은 ③과 ④이다. ②의 경우 $\{0\}$은 '0을 원소로 가진 집합'이므로 '공집합'이 아니다. 나머지는 '원소와 집합 사이의 소속관계'와 '집합과 집합 사이의 포함관계'를 서로 구별할 줄 아는지에 관한 것이다. ①은 $\{3, 4, 5\} \supset \{5\}$ 또는 $\{3, 4, 5\} \ni 5$, ⑤는 $1 \in \{1, 2\}$ 또는 $\{1\} \subset \{1, 2\}$로 써야 옳다.

3 · 그냥 머릿속으로만 생각하면 어려우므로 벤 다이어그램을 그려놓고 생각해본다.

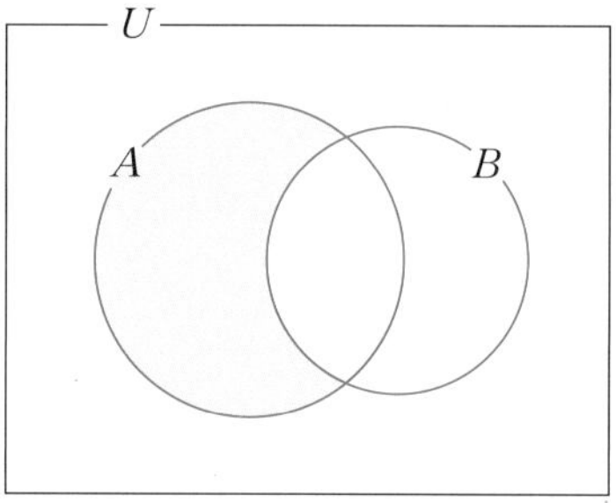

그러면 다음과 같은 관계식들을 떠올릴 수 있다.

$$A-B = A\cap B^c = A-(A\cap B) = (A\cup B)-B$$
$$= A\cap (A\cap B)^c = U-(B\cup A^c) = \cdots$$

4 · 집합의 연산법칙과 벤 다이어그램을 적절히 혼용하면서 각각 따져본다. 대략 말하자면 ②③은 연산법칙, ①④⑤는 벤 다이어그램이 편리하다. 답은 ④이며, 옳게 고치면 $A-(A\cap B) = A-B = A\cap B^c$이다.

5 · $n(A\cup B) = n(A)+n(B)-n(A\cap B)$를 써서 구하면 되는데 $n(A)$는 4의 배수의 개수이므로 25이고 $n(B)$는 5의 배수의 개수이므로 20이며, $n(A\cap B)$는 4와 5의 최소공배수인 20의 배수의 개수이므로 5이다. 따라서 구하는 답은 $25+20-5 = 40$이다.

6 · 전체집합을 U, 축구를 좋아하는 학생들의 집합을 A, 농구를 좋아하는 학생들의 집합을 B라고 하면 '농구만 좋아하는 학생들'의 집합은 $B-A$이다. 그런데 '축구나 농구를 좋아하는 학생들'$(A\cup B)$은 32명이므로 '축구와 농구를 좋아하는 학생들'$(A\cap B)$은

$$n(A\cap B) = n(A)+n(B)-n(A\cup B) = 20+25-32 = 13$$

으로 13명이다. 따라서 구하는 답은

$$n(B-A) = n(B)-n(A\cap B) = 12$$

로서 12명이다. 이 상황을 벤 다이어그램으로 그려보면 다음과 같다.

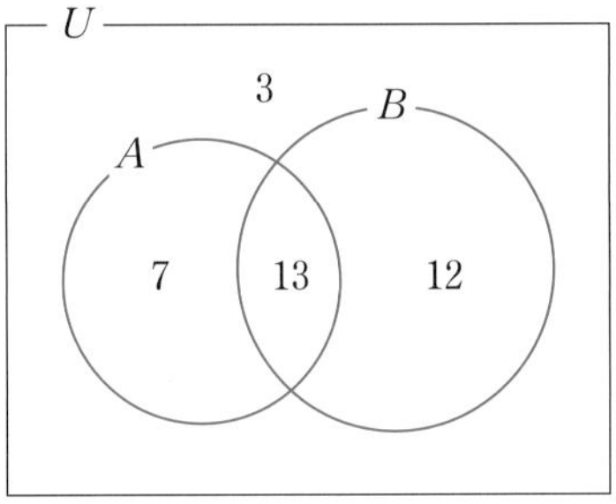

7 · 차여법칙에 따르면

$$n((A\cap B)^c\cap(A\cup B)) = n((A\cup B)-(A\cap B))$$

이다. 그런데 $n(B) = 30$이고 $n((A\cup B)-A) = 15$이므로

$$n(A\cap B) = 15$$

이다. 그리고

$$n(A\cup B) = n(A)+n(B)-n(A\cap B) = 20+30-15 = 35$$

이다. 따라서 구하는 답은 $35-15 = 20$이다.

8 · 공집합의 원소수는 0개이다. 그런데 원소가 n개인 집합은 2^n개의 부분집합을 가진다. 따라서 공집합의 부분집합의 수는 $2^0 = 1$이므로 1개이며, 그것은 바로 공집합 자신이다. 0을 제외한 모든 수의 0제곱은 1, 곧 "$x^0 = 1$ (단 $x \neq 0$)"이다.

9 · B의 원소의 개수를 n이라고 하면 B의 원소의 개수는 2^n이다. 그런데 이것이 256이라고 하므로 $n = 8$이다. 한편 A 의 원소의 개수를 m이라고 하면 A의 원소의 개수는 2^m이며,

$$2^m = n = 8$$

이다. 그러므로 $m = 3$, 곧 A의 원소의 개수는 3이다.

10 · $A \cap C = C \quad \rightarrow \quad C \subset A$

$(A-B) \cup C = C \quad \rightarrow \quad (A-B) \subset C$

그러므로 이를 종합하면

$$(A-B) \subset C \subset A$$

이다. 그런데 $A-B = \{1, 3, 5\}$이므로 C는 A의 부분집합 가운데 1, 3, 5를 모두 포함하는 것들이다. 그리고 이는 A에서 1, 3, 5를 아예 제쳐놓고 구한 부분집합의 수와 같다. 따라서 답은 $\{7, 9, 11\}$의 부분집합의 개수인 $2^3 = 8$이다.

11 · $B = \{1, 3\}$인데 $n(B \cap C) = 1$이므로 $B \cap C$는 $\{1\}$ 또는 $\{3\}$이어야 한다. 따라서 이 두 경우로 나누어 살펴본다.

먼저 $B \cap C = \{1\}$이면 $1 \in C$이지만 $3 \notin C$여야 한다. 따라서 A 의 원소들 가운데 5, 7, 9로만 이루어진 부분집합들을 구하고 그 각각에 1을 넣으면 되므로 이때 C의 개수는 $2^3 = 8$이다.

다음으로 $B \cap C = \{3\}$이면 $3 \in C$이지만 $1 \notin C$여야 한다. 따라서 A의 원소들 가운데 5, 7, 9로만 이루어진 부분집합들을 구하고 그 각각에 3을 넣으면 되므로 이때 C의 개수는 $2^3 = 8$이다.

그러므로 구하는 답은 16개이다.

12 · 문제의 상황은 "n개의 원소를 가진 집합에서 특정한 m개의 원소는 포함하되 특정한 l개의 원소는 포함하지 않는 부분집합의 개수"가 512라는 뜻이다. 따라서 n명의 학생 가운데 철수와 영희 그리고 여행 가는 학생 3명을 모두 제외한 학생들로 구성한 집합의 부분집합 개수가 512이므로,

$$2^{n-2-3} = 512 = 2^9$$

$$n-2-3 = 9$$

그러므로 경시대회준비반의 인원은 본래 14명이다.

13 · $(A-B)\cup(B-A)$는 $A\cup B$에서 $A\cap B$를 제외한 부분, 곧

$$(A-B)\cup(B-A) = (A\cup B)-(A\cap B)$$

이다. 따라서 $A\cap B = \{6, 10\}$이며, 이상의 상황을 벤 다이어그램으로 보면 아래와 같다. 그러므로 답은 $6+7+8+9+10 = 40$이다.

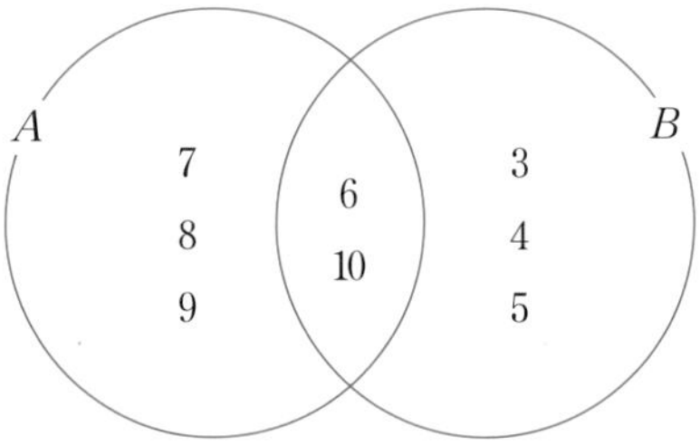

14 · 어떤 집합에 속한 원소들의 총합을 S로 나타내자. 그러면 원소들의 총합에 대해서도 원소들의 개수에 대한 것과 같은 형태의 다음 관계식이 성립한다.

$$S(A\cup B) = S(A)+S(B)-S(A\cap B)$$

여기에 문제에 주어진 정보를 넣으면 아래와 같다.

$$5+6+7+8+9 = S(A)+S(B)-(7+8)$$

그런데 우리가 구하는 것은 $S(A)+S(B)$이므로 답은 50이다.

15 · $(A\cap B^c)\cup(A^c\cap B) = (A-B)\cup(B-A)$이다. 한편

$$(A-B)\cup(B-A) = (A\cup B)-(A\cap B)$$

인데 $(A-B)\cup(B-A) = \varnothing$이라고 했으므로 $A\cup B$라는 전체집합에서 남는 부분은 $A\cap B$이다. 그런데 $A\cap B$에 있는 모든 원소는 A에도 속하고 B에도 속한다.

곧 $A \subset B$이고 $A \supset B$의 관계가 성립하며, 따라서 A와 B는 $A = B$의 관계에 있다.

16 · 정의를 풀어서 쓰면

$$A \circ B = (A \cap B^c) \cup (A^c \cap B)$$
$$= (A - B) \cup (B - A) = (A \cup B) - (A \cap B)$$

이다. 이 정의를 $A \circ (B \circ C)$에 적용하면

$$A \circ (B \circ C) = A \circ \{(B \cup C) - (B \cap C)\}$$
$$= A \cup \{(B \cup C) - (B \cap C)\} - A \cap \{(B \cup C) - (B \cap C)\}$$

이것을 벤 다이어그램으로 그리면 되는데,

① $\{(B \cup C) - (B \cap C)\}$를 그리고,

② $A \cup \{(B \cup C) - (B \cap C)\}$를 그린 후, 이것으로부터

③ $A \cap \{(B \cup C) - (B \cap C)\}$를 제외하면 되고, 결과는 아래와 같다.

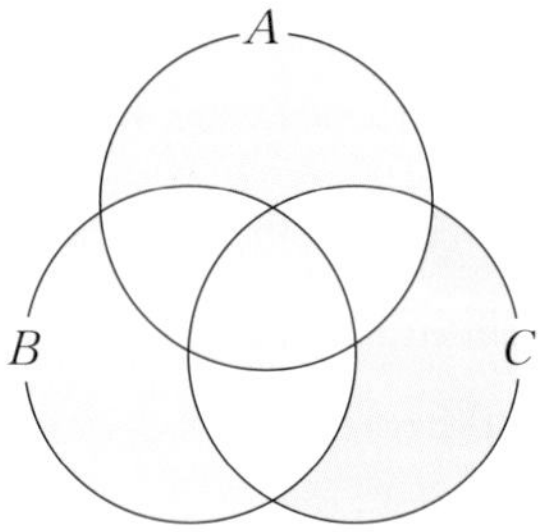

참고 위 문제는 문제 자체도 풀어볼 만하지만 그보다 '연산(演算, operation)'의 개념을 확실히 새겨두고자 하는 뜻에서 수록했다. 우선 **연산은 수학적 대상들을 어떻게 조작할 것인가를 정한 규칙**이라고 말할 수 있다. 그리고 그 예로는 사칙연산, 집합론에서의 합집합, 교집합, 차집합, 여집합 등의 중요한 것들도 있고, 위 문제에서 정한 것처럼 특수한 경우에만 쓰일 뿐 일반적 가치는 낮은 것들도 있는 등, 사실상 가능한 종류는 무한하다. 이 가운데 중요한 것들은 만국 공통의 수학적 정의에 따라 엄밀하게 규정되어 사용되고 있다. 따라서 앞으로도 이처럼 중요한 연산들이 나올 때는 그 정의를 명확히 이해하여 이를 이용한 여러 문제들을 해결할 때 아무런 혼란이 없도록 면밀한 주의를 기울이기 바란다.

17 · B는 A의 부분집합이므로 $2^3 = 8$가지가 있다. 그런데 C는 다시 B의 부분집합이므로 각각의 B에 대하여 몇 가지의 C가 있는지 조사한 다음, 이것들의 가짓수를 모두 더하면 된다.

① $B=\{a,b,c\}$일 경우 C는 $2^3=8$가지가 있으므로 이때 B와 C의 쌍은 모두 8개이다.

② $B=\{a,b\},\{b,c\},\{a,c\}$일 경우 C는 이 각각에 대하여 $2^2=4$가지가 있으므로 이때 B와 C의 쌍은 모두 12개이다.

③ $B=\{a\},\{b\},\{c\}$일 경우 C는 이 각각에 대하여 $2^1=2$가지가 있으므로 이때 B와 C의 쌍은 모두 6개이다.

④ $B=\varnothing$일 경우 C 또한 $\varnothing$이므로 이때 B와 C의 쌍은 1개이다.

따라서 답은 위의 모든 개수를 더한 27개이다.

18 · $A\cup C=A$이므로 $C\subset A$이다. 그리고 $(A\cap B)\cup C=C$이므로 $(A\cap B)\subset C$이다. 이 두 결론을 합치면

$$(A\cap B)\subset C\subset A$$

이므로

$$\{2,4,6\}\subset C\subset\{1,2,3,4,5,6\}$$

이다. 다시 말해서 C는 A의 원소로 만들어지는 부분집합으로 2, 4, 6을 반드시 포함하는 집합들이란 뜻이며, 이는 A의 6개 원소 중 3개를 아예 제쳐놓고 만들 수 있는 부분집합의 개수와 같다. 따라서 구하는
답은 $2^{6-3}=2^3=8$가지이다.

19 · 문제의 $B\cup A^c$는 아래 벤 다이어그램의 음영 부분에 해당한다.

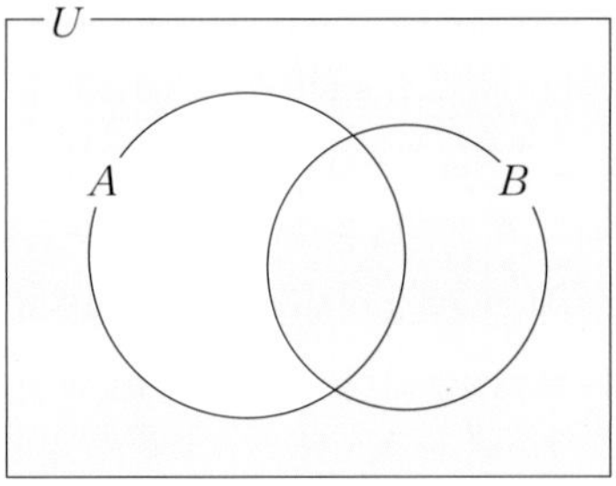

따라서 $n(B\cup A^c)=n(U)-n(A-B)$이다. 그리고

$$n(A\cap B)=n(A)+n(B)-n(A\cup B)$$
$$=35+30-40=25$$

이므로

$$n(A-B) = n(A)-n(A\cap B)$$
$$= 35-25 = 10$$

이다. 그러므로 구하는 답은 아래와 같다.

$$n(B\cup A^c) = n(U)-n(A-B) = 50-10 = 40$$

20 · 영어와 수학을 공부한 학생의 집합을 각각 A와 B라고 하면 $n((A\cup B)^c) = 15$이므로

$n(A\cup B) = 85$이다. 그리고

$$n(A\cap B) = n(A)+n(B)-n(A\cup B)$$

로부터

$$n(A\cap B) = 50+58-85 = 23$$

이다. 그러므로 3시간 내내 수학만 공부한 학생의 수는

$$n(B-A) = n(B)-n(A\cap B) = 58-23 = 35$$

로서 35명이다.

21 · 영어와 수학을 공부한 학생의 집합을 각각 A와 B라고 하면 x의 최소값은 다음의 왼쪽 그림, 최대값은 오른쪽 그림의 경우에 나온다.

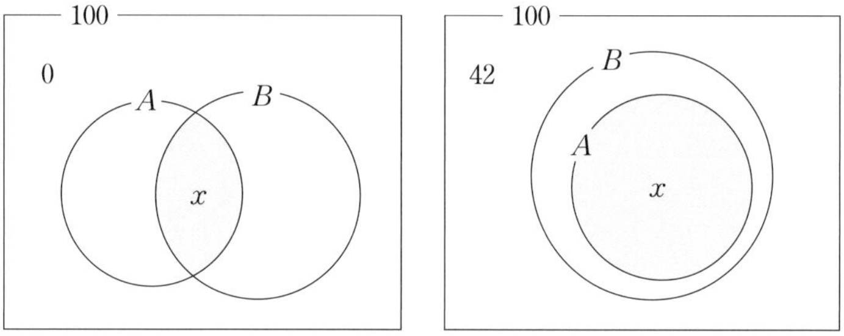

왼쪽의 경우 $x = 50+58-100 = 8$이고 오른쪽의 경우 $x = 50$이다. 그러므로 x의 범위는 $8 \leqq x \leqq 50$이다.

22 · 문제에 주어진 내용을 열거하면 다음과 같다.

$U=\{2, 3, 5, 7, 11, 13, 17, 19\}$

$A\cap B^c = A-B=\{17, 19\}$

$B\cap A^c = B-A=\{2, 3, 5\}$

$A\cap B=\{7, 11\}$

그리고 드 모르간의 법칙에 따라 다음을 얻는다.

$$A^c\cap B^c = (A\cup B)^c$$
$$= U-(A\cup B) = \{13\}$$

그러므로 구하는 부분집합의 수는 $2^1=2$, 곧 2개이다.

23 · A의 부분집합의 총 개수는 $2^{10}=1024$이다. 여기에서 2를 포함하는 부분집합, 4를 포함하는 부분집합, $\cdots$, 2와 4를 포함하는 부분집합, $\cdots$, 2와 4와 6과 8과 10을 포함하는 부분집합 등의 개수를 일일이 조사해서 뺀다는 것은 너무 귀찮은 일이다. 따라서 이때는 총 개수에서 '홀수만 포함하는 부분집합과 공집합의 개수'를 빼는 것이 좋다. 곧 짝수를 포함하는 집합에 대한 여집합을 생각하면 편하다. A에 홀수가 5개 있으므로 이것들만으로 구성되는 부분집합의 수는 2^5개이고 여기에는 공집합도 포함되어 있다. 그러므로 구하는 답은 $2^{10}-2^5=992$이다.

참고 **집합론의 문제에서 '적어도'라는 문구가 나올 때 여집합을 생각하면 대개의 경우 쉽게 풀린다**는 점을 새겨두도록 한다.

24 · 편의상 전체 학생 수 $n(U)$를 100이라고 하자. 그러면 각 집합에 속하는 학생들의 수가 바로 %가 된다.

다음으로 경주와 부여에 간 학생의 수를 각각 $n(A)$와 $n(B)$라고 하자. 그러면 경주에 간 학생과 가지않은 학생의 비가 $3:2$이고, 부여에 대해서는 $1:3$이란 것으로부터 $n(A)=60$이고 $n(B)=25$임을 알 수 있다. 여기에 두 곳 모두 간 학생 수 $n(A\cap B)$는 8명이란 점을 이용하면 적어도 두 곳 중 한 곳을 간 학생 수 $n(A\cup B)$가 다음과 같이 구해진다.

$$n(A\cup B) = n(A)+n(B)-n(A\cap B) = 60+25-8 = 77$$

구해야 할 '경주도 부여도 가지 않은 학생 수'는 $n(A^c \cap B^c)$이며, 이는 드 모르간의 법칙에 따르면

$n(A \cup B)^c$이다. 따라서 구하는 답은

$n(A^c \cap B^c) = n(A \cup B)^c = n(U) - n(A \cup B) = 23$

으로, 23%이다.

25 · 흔히 문제의 지문이 길어지거나 복잡해지면 마음의 평정을 잃고 당황하면서 어렵다고 느끼거나 어려울 것이라고 지레짐작하는 학생들이 많다. 그러나 실제로는 오히려 그 반대인 경우가 대부분이다. 지문이 길고 복잡할수록 문제를 푸는 실마리는 많이 담겨 있을 가능성이 높기 때문이다. 이런 경향은 수학 밖에서도 마찬가지이며, 예를 들어 "인생이란 무엇인가?"라든지 "우주란 무엇인가?" 등의 문제는 누구나 생각하되 아직 아무도 뚜렷한 답을 찾지 못한 반면, 언뜻 매우 복잡하게 보이는 다른 수많은 문제들(예를 들어 자동차나 비행기의 구조, 컴퓨터나 인터넷의 기능 등)에 대해서는 도리어 명확하게 파악하고 있는 경우가 많다.

이 문제도 겉모습만 복잡한 문제의 하나이다. 이를 통하여 긴 지문이라도 차분히 분석하는 기본 자세를 정립하고 앞으로 이와 같은 유형의 문제가 나올 때 잘 적용해갈 것을 마음속에 새겨두도록 한다.

참고 다음의 풀이 과정에 나오는 ③식과 ④식의 정리 및 해결은 이른바 '방정식의 풀이'에 해당한다. 이에 대해서는 『중학수학 바로 보기』의 '제3장 수식과 연산'에서 자세히 배울 수 있다.

우선 주어진 상황을 벤 다이어그램으로 그려보면 다음과 같다. 여기서 a부터 h까지는 각 문자가 들어 있는 바로 그 구획에 속한 원소수를 나타낸다.

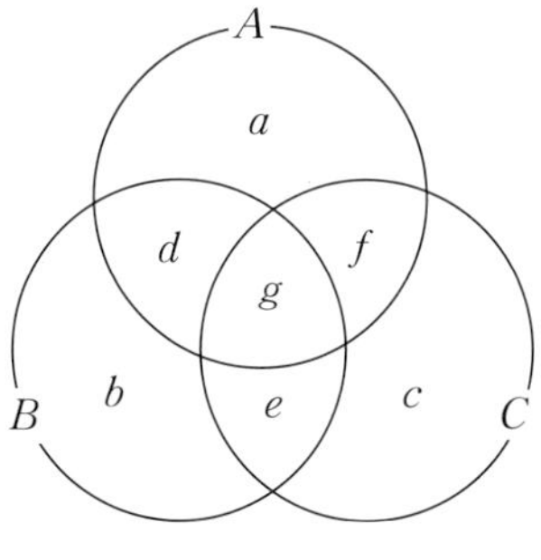

문제에 따르면 신문을 구독하지 않는 가구는 없으므로 다음 식을 얻는다.

$n(A \cup B \cup C) = a+b+c+d+e+f+g = 36$ — ①

그리고 A와 B의 두 신문만 보는 가구수는 B신문만 보는 가구수와 같으므로

$d = b$ — ②

이다. 또한 A나 C신문만 보는 가구는 없으므로

$a = c = 0$

이고, B와 C신문만 보는 가구수는 8이므로

$e = 8$

이며, A와 C신문만 보는 가구수는 세 신문을 모두 보는 가구수의 7배이므로

$f = 7 \times g$

이다. 이상의 내용을 종합해서 ①식을 고쳐 쓰면

$n(A \cup B \cup C) = 0+b+0+b+8+(7 \times g)+g = 36$ — ③

이며, 이 식을 정리하면

$2 \times b = 28-(8 \times g)$ — ④

가 된다. 여기서 b는 '가구수'이므로 0, 1, 2 … 등의 값을 가지며, 따라서 ④식의 왼쪽은 0, 2, 4, … 등이 된다. 그리고 ④식 오른쪽의 g는 0보다 큰 짝수라고 했으므로 2, 4, 6, … 가운데 하나가 되어야 한다. 그러므로 우선 $g = 2$를 택하여 ④식과 비교해보면

$2 \times b = 28-(8 \times 2)$

가 되므로 $b = 6$이 나온다. 하지만 g가 4, 6, … 등일 경우 ④식의 오른쪽은 $28-32$, $28-48$, … 등이 되어 왼쪽과 일치할 수 없다. 곧 g는 2일 수밖에 없고, 이에 따라 b도 6일 수밖에 없다.

문제가 요구하는 'A와 B의 두 신문만 보는 가구수'는 d인데 ②식에서 보듯 이것은 b와 같다. 그러므로 구하는 답은 6이다.

26 · 자연수의 본질은 계수성이다. 곧 자연수는 '세기(헤아리기)' 위하여 만들어진 수이다. 따라서 셀 대상이 없으면 셀 필요도 없고 '수'를 만들 필요도 없다. 그래서 자연수는 0이 아니라 1부터 시작한다. 세야 할 필요성은 사람이 살아가기 위한 자연적인 필요성이며, 이 때문에 처음 만들어진 수의 집합, 곧 $\{1, 2, 3, \cdots\}$에 '자연수'라는 이름이 붙여졌다.

27 · 많은 책들이 "소수는 1과 자신 이외의 약수를 갖지 않는 수"라고만 말하며, 이 정의에 따르면 1의 약수는 1뿐이어서 1도 소수에 속한다. 물론 이 내용은 소수의 1차적 의미를 나타낸다는 점에서는 좋다. 하지만 소수는 이 특성을 이용해서 합성수를 소수의 곱으로 나타내는 데, 곧 소인수분해에 쓰인다는 점을 고려하면 이 정의는 좋지 않다. 이 경우 1은 소인수분해에서 아무런 역할도 하지 않기 때문이다. 다시 말해서 수학에서는 소인수분해를 아주 많이 이용하므로 될 수 있는 한 이를 간단히 나타내는 게 바람직하며, 그러자면 1을 소수의 집합에서 제외하는 편이 낫다. 요컨대 소수의 정의를 간단히 하면 소인수분해가 복잡해지고, 소인수분해를 간단히 하면 소수의 정의가 복잡해지는 바, 수학은 이 가운데 후자를 택하여 **"소수는 약수가 1과 자신뿐인 수로서 1이 아닌 수"**라고 정의하게 되었다.

28 · ① 2는 소수 가운데 유일한 짝수이다. ② 옳다. ③ 2는 2의 배수이지만 소수이다. ④ 1은 소수에서 제외한다. ⑤ "2＋2 이외의 소수"는 홀수이다. 따라서 답은 ①③④이다.

29 · ① $5\times5\times5=5^3$　　② $\left(\frac{1}{3}\right)^4=\frac{1}{3}\times\frac{1}{3}\times\frac{1}{3}\times\frac{1}{3}$

③ 옳다.　　④ 4의 3 거듭제곱은 4^3이다.

⑤ 지수가 3이고 밑이 2인 거듭제곱은 2^3이다.

30 · $60 = 2^2 \times 3 \times 5 = 2^2 \times 3^1 \times 5^1$이므로 약수의 개수는 $(2+1)(1+1)(1+1) = 12$개이다. 약수를 모두 구하는것은 좀 번잡스럽지만, 먼저 2^2의 약수에는 1, 2, 4가 있고, 이 각각에 3을 곱하면 3, 6, 12가 얻어지고, 다시 이 모두에 5를 곱하면 5, 10, 20, 15, 30, 60이 얻어진다. 대개 답은 순서대로 열거하여, 1, 2, 3, 4, 5, 6, 10, 12, 15, 20, 30, 60과 같이 쓴다.

31 · 약수가 20개이므로 $(3+1)(n+1) = 20$로부터 n은 4이다. 그런데 $2^3 \times a^4$이 가장 작은 자연수가 되려면 $a = 2$여야 하는데, 이때는 $2^3 \times 2^4 = 2^7$이 되어 약수가 8개밖에 되지 않는다. 따라서 a 는 그다음 소수인 3이어야 하고, 구하는 답은 $3^4 = 81$이다.

32 · $60 = 2^2 \times 3 \times 5$이므로

$60^5 = (2^2 \times 3 \times 5) \times (2^2 \times 3 \times 5) \times \cdots = 2^{10} \times 3^5 \times 5^5$이다. 한편 제곱수는 소인수분해를 했을 때 각 소인수의 지수가 짝수가 되어야 한다. 그런데 여기서는 약수를 살펴야 하므로 지수가 0인 경우도 포함해서 생각해야 한다. 그러면 60^5의 경우 소인수 2의 지수가 짝수인 것은 2^0, 2^2, 2^4, 2^6, 2^8, 2^{10}의 5개이고, 3과 5의 지수가 짝수인 것은 각각 3개이다. 그러므로 이것들을 서로 조합해서 만들 수 있는 제곱수의 개수는 모두 $6 \times 3 \times 3 = 54$개이다.

33 · 위와 같은 종류의 문제이지만 약간 달리 생각해서 풀어보자. $80^{10} = (2^4 \times 5)^{10} = 2^{40} \times 5^{10}$이므로 80^{10}의 약수는

$2^m \times 5^n \ (0 \leqq m \leqq 40,\ 0 \leqq n \leqq 10)$

의 형태가 되어야 한다. 그리고 그중 제곱수는 m과 n이 짝수가 되는 때이다. 이에 해당하는 m과 n의 개수는 각각 21개와 6개이므로, 총 개수는 $21 \times 6 = 126$개다.

34 · 공약수는 최대공약수의 약수이다. A와 B의 최대공약수는

$2^3 \times 5^2 \times 7^2$

이므로 이것의 약수가 아닌 것을 고르면 답은 ②와 ④이다.

35 · $n = ab$이므로 $nab = n^2$이다. 그리고 제곱수로서 600과 700 사이에 있는 것은

$25^2 = 625,\ 26^2 = 676$

의 두 가지가 있다. 그런데

$25 = 5\times5,\ 26 = 2\times13$

으로 소인수분해가 되므로 $n = a\times b$와 $a \neq b$를 만족하는 합성수는 26이다. 따라서 답은

$26+2+13 = 41$이다.

36 · 지수법칙을 적용하면 다음과 같다.

$$5^{19}\times2^{15} = 5^4\times5^{15}\times2^{15} = 5^4\times(5\times2)^{15} = 625\times10^{15}$$

이것은 625 뒤에 0이 15개 딸려 있는 수라는 뜻이다. 그러므로 이 수는 18자리의 수이다.

37 · 네 모서리에는 반드시 나무를 심어야 하고, 가로와 세로 모두에 일정한 간격으로 심어야 하며, 그 수는 될수록 적어야 하므로 나무 사이의 간격은 156과 98의 최대공약수여야 한다. 그 값은 14이고 둘레의 총 길이는 $2\cdot(154+98) = 504$m이다. 따라서 필요한 나무는 모두 36그루이다.

38 · 구하는 분수를 $\frac{A}{B}$라고 하면 $\frac{9}{20}\cdot\frac{A}{B}$와 $\frac{81}{10}\cdot\frac{A}{B}$가 모두 될 수 있는 한 작은 자연수가 되어야 한다. 그러려면 A는 10과 20의 최소공배수이고 B는 9와 81의 최대공약수여야 한다. 따라서 구하는 답은 $\frac{20}{9}$이다.

39 · 두 수의 곱은 최대공약수와 최소공배수의 곱과 같다. 따라서 두 수의 곱은 135인데, 이때 차이가 6인 두 수는 9와 15이다. 그러므로 두 수의 합은 24이다.

40 · 두 수를 A와 B라고 하면

$A = 20a,\ B = 20b$ (a와 b는 서로 소) — ①

이다. 그리고 최소공배수는 840이므로

$20ab = 840$

이며, 따라서 $ab = 42$이다. 한편 a와 b는 서로 소이므로 이를 만족하는 것은 1과 42,

2와 21, 3과 14, 6과 7이 있는데, 이 가운데 ①에 따라 A 와 B를 세 자리 수로 만들 수 있는 것은 6과 7뿐이다. 따라서 구하는 두 자연수는 120과 140이다.

41 · 이 자연수를 N이라고 하면 $N+1$은 $2\sim9$까지 모든 자연수로 나누어 떨어지는 수 가운데 최소의 수이다.

다시 말해서 $N+1$은 $2\sim9$까지의 모든 자연수에 대한 최소공배수이다. 그런데 $2\sim9$에서 2, 3, 5, 7만 소수이고 $4=2^2$, $6=2\times3$, $8=2^3$, $9=3^2$이므로

$$N+1=2^3\times3^2\times5\times7=2520$$

이다. 그러므로 구하는 답인 N은 2519이다.

42 · 남북한 사람들을 각각 같은 인원수만큼 섞어서 혼성팀을 만들므로 만들어지는 팀의 수는 225와 180의 공약수이다. 그런데 각 팀의 인원수를 최소로 하려면 나누는 수는 최대여야 하며, 따라서 팀의 수는 225와 180의 최대공약수인 45가 된다. 그러면 각 팀에 속한 남한 사람은 $225\div45=5$명이고 북한 사람은 $180\div45=4$명이므로, 각 팀의 최소 인원수는 9명이다.

43 · $81297+81495+81693+\cdots+100503+100701+100899$를 잘 살펴보면 81297에서 시작하여 198씩 증가하면서 100번째에 100899에 이른다는 점을 알 수 있다. $(100899-81297)\div198=99$이기 때문이다. 그러므로 가우스가 했던 것처럼 앞쪽의 수와 뒤쪽의 수를 차례로 짝지으면

$$81297+100899=182196$$
$$81495+100701=182196$$
$$81693+100503=182196$$
$$\cdots\cdots$$

에서 보는 바와 같이 항상 182196이 되며, 이런 것이 모두 50개 나온다. 따라서 답은

$$182196\times50=9109800$$

이 된다.

44 · **비트**(bit)란 말은 누구나 들어보았을 것인데, 이는 **이진수를 나타내는 데 쓰이는 0과**

1의 한 조(組)를 가리킨다. 만일 음을 나타내는 데에 1비트를 사용한다면 음이 없을 때를 0, 음이 있을 때를 1로 나타내야 한다. 비유하자면 이는 마치 자동차의 경보음과 같다. 그냥 "침묵"하거나 "빵-" 하고 울리는 두 상태 중의 하나만 표현되기 때문이다. 그런데 이렇게 단순한 음으로는 음악을 만들 수 없다. 따라서 다음으로 1비트 2개를 한 조로 사용하는 2비트를 생각해보자. 그러면 이제는 00, 01, 10, 11이라는 네 가지 세기의 음을 만들 수 있다. 하지만 이것도 아직 부족하다. 그래서 차츰 비트 수를 늘려 가는데, 늘리면 늘릴수록 여러 가지 세기의 음을 만들 수 있지만 한없이 늘릴 수는 없다. 컴퓨터나 음향기기에서 다룰 수 있는 숫자에 한계가 있기 때문이다. 이에 따라 CD를 만들 때 여러 가지 조건을 고려해서 음을 나타내는 데에 16비트를 사용하기로 했으며, 이렇게 만들어진 음을 일컬어 16-bit sound라고 말한다. 16-bit sound는 음의 세기를 가장 약한 상태부터 가장 강한 상태까지 2^{16}단계로 나누는데, 이를 대략 계산하면 아래와 같다.

$$2^{16} = 2^{10} \cdot 2^{6} \cong 1000 \cdot 64 = 64{,}000$$

한편 2^{16}의 정확한 값은 65536이며, 실제로는 CD를 통해 나오는 음의 세기가 65536단계로 나뉘지만 인간의 감각으로는 이렇게 세밀한 단계를 구별할 수 없으므로 보통의 소리와 같이 자연스럽게 들린다. 오늘날에는 기술이 더욱 발전해서 24-bit sound를 만들어내는 음향기기들도 많다.

참고 여기서는 음의 '세기'만 설명했을 뿐 음의 '높이'는 제외했다. 다만 이것도 좀 복잡하기만 할 뿐 어렵지는 않으므로 관심 있는 사람은 다른 자료들을 찾아보기 바란다.

45 · **색의 삼원색**(三原色)**은 빨강, 노랑, 파랑**이며, **빛의 삼원색은 빨강, 녹색, 파랑**이란 상식은 많이 들어보았을 것이다. 여기서 빛의 삼원색은 흔히 red, green, blue의 머릿글자를 따서 **RGB**라고 부르기도 한다. 컴퓨터의 모니터는 빛을 이용해서 색깔을 나타내므로 여러 가지 색을 나타내려면 빛의 삼원색을 이용하고, 그 세기를 여러 가지로 조절해야 한다. 예를 들어 빨강을 1비트로 나타낸다면 빨강이 꺼지거나 켜지거나 둘 가운데 하나만 표현되며, 마치 교통신호등의 빨강 불빛과 같다. 하지만 이것만으로는 다양한 색을 만들 수 없으므로 빨강을 8비트로 나타내면 빨강이 가장 약한 상태부터 가장 강한 상태까지 2^8, 곧 256가지로 조절된다. 그리고 녹색과 파랑도 마찬가지로 8비트로 나타내면 이것들도 각각 256가지로 조절된다. 그런데 여러 가지 색깔들은 삼

원색을 여러 가지로 섞어서 만들어낸다. 그래서 이제 각각 8-bit color로 표현된 삼원색을 섞어서 만들어낼 수 있는 색깔의 수를 계산해보면

$2^8 \cdot 2^8 \cdot 2^8 = 2^{24} = 16{,}777{,}216$

으로 약 1700만 가지에 이른다. 오늘날은 기술이 발전해서 이보다 많은 색도 만들 수 있기는 하지만 어차피 24-bit color만 해도 인간의 감각을 초월하므로 흔히 이것을 **트루컬러**(true color)라고 부르기도 하며, 현재의 모니터들은 거의 모두 이 방식을 사용한다.

46 · 이진법으로 썼을 때 6자리인 수는 $100000_{(2)} \sim 111111_{(2)}$이며, 십진법으로는 $2^5 \sim 2^6 - 1 = 32 \sim 63$의 사이에 있다. 따라서 이 사이에 있는 소수를 구하면 되며, 답은 37, 41, 43, 47, 53, 59, 61이다.

47 · 1∼10까지의 곱을 소인수분해하면 다음과 같다.

$$\begin{aligned} & 1 \times 2 \times \cdots \times 9 \times 10 \\ & = 2 \times 3 \times 2^2 \times 5 \times (2 \times 3) \times 7 \times 2^3 \times 3^2 \times (2 \times 5) \\ & = 2^8 \times 3^4 \times 5^2 \times 7 \quad \text{— ①} \\ & = 2^6 \times 3^4 \times 7 \times (2 \times 5)^2 \quad \text{— ②} \end{aligned}$$

여기서 ②는 $(2^6 \times 3^4 \times 7) \times 10^2$이므로 십진수로 썼을 때 끝자리로부터 0이 2개 계속된다는 뜻이며, 같은 방식으로 풀이하면 ①은 $(3^4 \times 5^2 \times 7) \times 2^8$이므로 이진수로 썼을 때 끝자리로부터 0이 8개 계속된다는 뜻이다. 그러므로 구하는 답은 2와 8이다.

48 · 십진수 700을 이진수로 고쳐본다.

$$\begin{aligned} 700 & = 1010111100_{(2)} \\ & = 1 \times 2^9 + 1 \times 2^7 + 1 \times 2^5 + 1 \times 2^4 + 1 \times 2^3 + 1 \times 2^2 \end{aligned}$$

따라서 최소로 필요한 추는 2^9g, 2^7g, 2^5g, 2^4g, 2^3g, 2^2g의 것들 각각 1개씩이다.

49 · 문제의 수를 이진법의 전개식으로 써서 살펴본다.

$$\begin{aligned} abc101_{(2)} & = a \times 2^5 + b \times 2^4 + c \times 2^3 + 1 \times 2^2 + 0 \times 2^1 + 1 \\ & = 2^3(a \times 2^2 + b \times 2^1 + c) + 1 \times 4 + 1 \\ & = 2^3(a \times 2^2 + b \times 2^1 + c) + 5 \end{aligned}$$

따라서 십진수로 나타낸 나머지는 5이다.

50 · 0은 역사적으로 "①자리수(BC 4세기 무렵) → ②무(無, 없음)(7세기 무렵) → ③기준점(16~18세기)"의 3대 의미로 발전해왔다.

이와 같은 0의 3대 의미를 명확히 이해해야 하는 이유는 '뺄셈' 때문이다.

맨 처음 ①의 의미로 사용한 고대 바빌로니아 사람들은 '2005'에서처럼 빈자리를 메우는 기호였을 뿐 다른 의미는 생각하지 못했다. 따라서 그들은 "5－3"과 같은 뺄셈은 했지만 "5－5"나 "3－5"와 같은 뺄셈은 하지 않았다. 당시로서는 둘 다 무의미한 계산에 지나지 않았기 때문이었다.

한편 인도인들은 무를 만유의 원천으로 보는 철학적, 종교적 배경 때문에 무도 유와 별 차이 없이 다루었다. 그리하여 ②의 의미가 비교적 자연스럽게 탄생되었고 '0'이라는 기호도 함께 만들어져 세계적으로 널리 퍼지게 되었다. 이렇게 ②의 의미가 확립됨으로써 "5－5"라는 뺄셈도 수학적으로 나름의 의미를 갖게 되었다.

하지만 아직도 "3－5"와 같은 뺄셈은 수학의 골칫거리였다. 역사적으로는 중국과 인도 등에서 이미 오래 전부터 이런 셈을 조금씩 다룬 흔적이 보인다. 그러나 음수를 정식의 수로 인정하지는 않았다. "3－5"라는 뺄셈과 그 결과인 음수를 자연스럽게 받아들이게 된 것은 0이 ③의 의미를 갖게된 이후의 일이었다. 이는 16~18세기의 일이었으며, 이렇게 하여 0의 3대 의미가 모두 확립되었고, 결국 정수를 포함하는 실수의 뺄셈이 자유롭게 되었다.

51 · 크기에는 ①수량크기 ②방향크기 ③거리크기의 3대 의미가 있다.

수량크기는 일상적으로 가장 많이 사용하는 개념으로, 어떤 물건의 길이, 넓이, 부피, 무게 등을 가리킬 때 사용한다. 따라서 그 최소값은 0이고, 숫자가 커질수록 크기도 커지며, 예를 들어 －5kg이란 말은 무의미하다.

그런데 수량크기만 크기로 인정할 경우 음수의 크기를 이야기하기 곤란하다는 어려움에 처한다. 이에 따라 새로이 방향크기의 의미를 만들었는데, 여기서는 어떤 수가 수직선 위에서 오른쪽에 있을수록 큰 수로 본다. 단 이때 수직선의 방향은 관습적으로 음수를 왼쪽, 양수를 오른쪽에 나열하는 방식을 택하며, 이를 이용하면 음수로부터 0을 거쳐 양수에 이르는 모든 수들의 크기가 자연스럽게 설명된다.

한편 우리는 방향은 고려하지 않고 어떤 기준점으로부터의 거리만 중요시하는 경우도 많다. 예를 들어 배가 아주 고프면 지금 있는 곳에서 될 수 있는 한 가까운 식당에 가기를 원할 뿐 방향은 고려하지 않을 것이다. 이때의 크기가 거리크기이며, 보통 0으로부터 떨어진 거리를 일컬어 '절대값'이라고 부른다.

이와 같은 크기의 3대 의미는 모두 수학에서 중요하게 사용되지만 그때마다 어떤 의미로서의 크기인지 명확하게 밝히지는 않는다. 예를 들어 양수는 수량, 방향, 거리크기의 3대 의미를 모두 갖지만 음수는 방향과 거리크기의 의미만 가진다. 그러므로 앞 뒤 문맥에 따라 파악하면서 어떤 크기를 가리키는지에 오해가 일지 않도록 유의해야 한다.

52 · ① 거리는 방향과 상관없이 어떤 기준점으로부터 얼마나 떨어졌는가 하는 것만을 따진다. 따라서 -7로부터 거리가 5인 수는 -12와 -2의 두 수가 있다.

② 날짜변경선은 동경 180°(이는 또한 서경 180°이기도 하다)를 따라 설정되어 있고, 우리나라의 표준시는 동경 135°를 기준으로 한다. 지구는 "서 → 동"으로 시간당 $360 \div 24 = 15^\circ$씩 자전하므로 우리나라는 날짜변경선보다 3시간 늦게 해를 맞이한다. 따라서 우리나라의 표준시는 날짜변경선을 기준으로 할 때 -3시간이 된다.

③ 보통은 이익을 양수, 손해를 음수로 이야기한다. 그러므로 가게 주인의 말을 식으로는 "$-(-10$만 원)"으로 쓸 수 있고, 이는 기호결합규약에 따라 "$+10$만 원"이 되므로 결국 10만 원의 이익을 보았다는 뜻이다.

④ 거리는 절대값 개념이므로 두 수의 거리를 구할 때는 두 수의 차를 구하고 절대값을 취하면 된다. 곧 두 수 a와 b 사이의 거리 d는 $d = |a-b|$이고 따라서 문제의 거리는 아래와 같다.

$|8-(-7)| = |-7-8| = 15$

53 · 수직선에 두 점을 찍어놓고 그 사이의 정수를 헤아려도 좋다. 그러나 큰 수의 바로 위에 있는 정수와 작은 수의 바로 아래에 있는 정수의 차이에서 다시 1을 빼는 방식으로 구해도 된다. 이에 따라 구하면

$|6-(-3)|-1 = |-3-6|-1 = 9-1 = 8$

이므로 답은 8개이다.

54 · ① 5와 10의 한가운데 있는 수는 직관적으로 생각해도 7.5임을 곧 알 수 있다. 그런데 이것을 수학적으로 정확히 말한다면 두 수를 a와 b라 할 때 그 중점 m의 위치는 다음과 같이 구해진다.

중점 : $m = \dfrac{a+b}{2}$

문제를 이 식으로 다시 풀어보면 $(5+10)/2 = 7.5$로서 직관적 풀이와 일치한다.

② 식에 따라 구하면 $\dfrac{4+(-5)}{2} = -\dfrac{1}{2} = -0.5$이다.

③ 식에 따라 구하면 다음과 같다.

$$\left(-2.5+4\frac{7}{5}\right) \div 2 = (-2.5+5.4)/2 = 1.45$$

55 · m의 절대값이 4이므로 m의 값은 4 또는 -4이다. 따라서 이 두 가지의 경우로 나누어 생각한다.

① $m = 4$인 경우 : $\dfrac{4+n}{2} = 3, \quad \therefore n = 2$

② $m = -4$인 경우 : $\dfrac{-4+n}{2} = 3, \quad \therefore n = 10$

56 · 분배법칙을 이용하면

$98 \times 39 = (100-2) \times 39 = 3900 - 78 = 3822$

와 같이 암산으로도 바로 구할 수 있다.

57 · $9^{26} - 9^{25} = 9 \times 9^{25} - 9^{25} = (9-1)9^{25} = 8 \times 9^{25}$이다. 그러므로 $9^{26} - 9^{25} > 9^{25}$이다.

58 · 절대값이 같다는 것은 0으로부터의 거리가 같다는 뜻이므로 A와 B는 0으로부터 4.5씩 떨어져 있다. 그런데 A가 B보다 크므로 A는 4.5이고 B는 -4.5이다.

59 · A는 4 또는 -4이고, B는 5 또는 -5이다. 그러므로 $A-B$의 값이 가장 클 때는 $4-(-5) = 9$이고 가장 작을 때는 $-4-5 = -9$이다.

따라서 구하는 답은 $9-(-9) = 18$이다.

60 · 순환소수가 되려면 분모의 소인수분해에 2 또는 5가 아닌 소인수가 포함되어야 한다. 그 가운데 가장 작은 소인수는 3인데 3은 홀수이다. 따라서 짝수이면서 3을 소인수로 갖는 가장 작은 수를 찾아야 하는 바, 답은 $2\times3=6$이다.

61 · $\frac{89}{77}=1.\dot{1}5584\dot{4}$로 맨 앞에 1이 있고 이어서 6개의 숫자가 반복된다. 그런데 $100=1+6\times16+3$이므로 100번째 숫자는 순환마디가 16회 반복되고 난 다음의 셋째 숫자이고, 따라서 답은 5이다.

62 · $\frac{3}{22}=\frac{3}{2\times11}$이고 $\frac{8}{35}=\frac{8}{5\times7}$이다. 유한소수는 분모에 2와 5 이외의 소인수가 있으면 안 되므로 문제의 두 분수에 어떤 수를 곱해서 유한소수가 되게 하려면 11과 7의 공배수를 곱하면 된다. 이 가운데 가장 작은 수는 11과 7의 최소공배수인 77이다.

63 · $3.1\dot{7}$을 분수로 고치기 위하여 $x=3.1\dot{7}$로 놓으면

$$100x=317.777\cdots,\ 10x=31.777\cdots$$

이므로

$$x=\frac{317-31}{90}=\frac{286}{90}=\frac{143}{45}$$

이다. 이것을 어떤 수의 제곱이 되도록 가장 작은 자연수를 곱한다면 45와 143을 차례로 곱하면 된다. 따라서 답은 $45\times143=6435$이다.

64 · $\frac{x}{110}=\frac{x}{2\cdot5\cdot11}$이므로 이것이 유한소수가 되려면 x는 11의 배수여야 한다. 그런데 x가 60에서 70 사이의 정수라고 하므로 이는 66이다. 그러면 $\frac{x}{110}=\frac{x}{2\cdot5\cdot11}=\frac{3}{5}$이고 따라서 $y=5$이다. 그러므로 답은 $x-y=61$이다.

65 · $630=2\cdot3^2\cdot5\cdot7$이므로 $\frac{m}{630}$이 유한소수가 되려면 m은 $3^2\cdot7=63$의 배수가 되어야 한다. 그런데 $100<m<150$이라 하므로 $m=126$이다. 그리고 $\frac{126}{630}=\frac{1}{5}$이므로 $n=5$이다. 따라서 구하는 답은 131이다.

66 · 아래 설명에 따르면 답은 ②③④이다.

① $\sqrt{81}=9$인데 다시 9의 제곱근을 구하면 ±3이므로 옳다.

② 36의 제곱근은 ± 6이므로 틀리다.

③ 중학 과정에서는 0 또는 양수의 제곱근만 다룬다. 음수의 제곱근은 음수가 아니라 허수이므로 틀린 답인데, 허수는 고등학교 때부터 배운다.

④ 이는 잘못된 셈이다. 계산기로 해보면

$$\sqrt{30} = 5.477\cdots,\quad \sqrt{6} = 2.449\cdots$$

이므로 잘못임을 확연히 알 수 있다.

⑤ 자연수의 제곱근은 양의 제곱근과 음의 제곱근이 있는데, 이것들을 제곱하면 모두 양수가 되므로 옳다. 예를 들어 36의 제곱근은 ± 6인데 이것들의 제곱은 다시 36이 된다.

67

① $(-\sqrt{17})^2 + \{\sqrt{(-7)^2}\}^2 = 17 + (\sqrt{49})^2 = 17 + 49 = 66$

② $\sqrt{\left(-\frac{1}{3}\right)^2} - \sqrt{\left(-\frac{1}{4}\right)^2} = \frac{1}{3} - \frac{1}{4} = \frac{4-3}{12} = \frac{1}{12}$

③ $\sqrt{0.49} - \sqrt{\frac{9}{16}} = \sqrt{0.7^2} - \sqrt{\left(\frac{3}{4}\right)^2} = 0.7 - \frac{3}{4} = -0.05$

④ $\frac{\sqrt{144}}{7} \times \frac{\sqrt{(-49)^2}}{12} = \frac{\sqrt{12^2}}{7} \times \frac{\sqrt{49^2}}{12} = \frac{12 \times 49}{7 \times 12} = 7$

68

$\sqrt{a^2} = \begin{cases} a & (a \geqq 0) \\ -a & (a < 0) \end{cases}$의 식을 이용한다.

$0 < a < 4$이므로 $a-4 < 0$이고 $4-a > 0$이다. 그러므로

$\sqrt{(a-4)^2} + \sqrt{(4-a)^2} = -(a-4) + (4-a) = -a+4+4-a = 8-2a$

69

근호가 중복되므로 언뜻 어렵게 보이지만 이런 때는 가장 안쪽의 근호부터 차례로 해결해가면 되며, 이때도 $\sqrt{a^2} = \begin{cases} a & (a \geqq 0) \\ -a & (a < 0) \end{cases}$의 식을 이용한다.

① $p \geqq 0$일 때 $\sqrt{p^2} = p$이다. 그러므로

$$\sqrt{(p+\sqrt{p^2})^2} - \sqrt{(p-\sqrt{p^2})^2} = \sqrt{(p+p)^2} - \sqrt{(p-p)^2} = \sqrt{(2p)^2} = 2p$$

② $p < 0$일 때 $\sqrt{p^2} = -p$이다. 그러므로

$$\sqrt{(p+\sqrt{p^2})^2} - \sqrt{(p-\sqrt{p^2})^2} = \sqrt{(p-p)^2} - \sqrt{(p+p)^2}$$
$$= -\sqrt{(2p)^2} = -(-2p) = 2p$$

70 · 근호 안의 숫자가 정수의 제곱이면 근호를 벗길 때 자연수가 된다.

① $\sqrt{72a} = \sqrt{2^3 \cdot 3^2 \cdot a}$ 이다. 그러므로 $a=2$이다.

② $\sqrt{94-a}$의 경우 94보다 작으면서 94에 가장 가까운 제곱수를 찾아보면 81이 있다. 따라서 $a=13$이다. 만일 문제가 "… 절대값이 가장 작은 정수 a의 값은?"이었다면 94보다 크면서 가장 가까운 수로는 100이 있고, 따라서 $a=-6$이 된다.

71 · $3^2 < 10 < 4^2$이므로 $\sqrt{10} = 3.\cdots$이다. 따라서 $\sqrt{10}$의 소수 부분을 p라 하면

$$p = \sqrt{10}-3 \quad \rightarrow \quad \sqrt{10} = p+3$$

한편 $6^2 < 40 < 7^2$이므로 $\sqrt{40}=6.\cdots$이다. 따라서 $\sqrt{40}$의 소수 부분은 아래와 같다.

$$\sqrt{40}-6 = 2\sqrt{10}-6 = 2(p+3)-6 = 2p$$

72 ·

① $\dfrac{2\sqrt{3}}{5\sqrt{2}} = \dfrac{2\sqrt{3}}{5\sqrt{2}} \cdot \dfrac{\sqrt{2}}{\sqrt{2}} = \dfrac{2\sqrt{6}}{10} = \dfrac{\sqrt{6}}{5}$

② $\dfrac{3\sqrt{3}}{\sqrt{6}} = \dfrac{3}{\sqrt{2}} = \dfrac{3}{\sqrt{2}}\dfrac{\sqrt{2}}{\sqrt{2}} = \dfrac{3\sqrt{2}}{2}$

③ $\dfrac{24}{\sqrt{18}} = \dfrac{24}{\sqrt{3^2 \cdot 2}} = \dfrac{24}{3\sqrt{2}} = \dfrac{8}{\sqrt{2}} = \dfrac{8\sqrt{2}}{2} = 4\sqrt{2}$

④ $\dfrac{\sqrt{11}}{\sqrt{3}\sqrt{5}} = \dfrac{\sqrt{11}}{\sqrt{3}\sqrt{5}}\dfrac{\sqrt{3}\sqrt{5}}{\sqrt{3}\sqrt{5}} = \dfrac{\sqrt{11}\sqrt{15}}{15} = \dfrac{\sqrt{165}}{15}$

73 · 무리수의 계산은 유리화까지 해서 마치는 것을 원칙으로 한다.

① $3\sqrt{48}-3\sqrt{18}+4\sqrt{32}-2\sqrt{27}$
$= 3\sqrt{4^2\times 3}-3\sqrt{3^2\times 2}+4\sqrt{4^2\times 2}-2\sqrt{3^2\times 3}$
$= 12\sqrt{3}-9\sqrt{2}+16\sqrt{2}-6\sqrt{3}$
$= 6\sqrt{3}+7\sqrt{2}$

② $\dfrac{4\sqrt{7}}{8}-\dfrac{6\sqrt{7}}{4} = \dfrac{\sqrt{7}}{2}-\dfrac{3\sqrt{7}}{2} = -\sqrt{7}$

③ $(\sqrt{48}-2\sqrt{15}) \div \sqrt{3} = \dfrac{\sqrt{48}}{\sqrt{3}}-\dfrac{2\sqrt{15}}{\sqrt{3}}$
$= \dfrac{\sqrt{3}\sqrt{16}}{\sqrt{3}}-\dfrac{2\sqrt{3}\sqrt{5}}{\sqrt{3}}$
$= \sqrt{16}-2\sqrt{5} = 4-2\sqrt{5}$

④ $\dfrac{15}{\sqrt{8}}+\dfrac{3}{\sqrt{2}}=\dfrac{15}{2\sqrt{2}}+\dfrac{3}{\sqrt{2}} = \dfrac{21}{2\sqrt{2}}$
$= \dfrac{21}{2\sqrt{2}}\dfrac{\sqrt{2}}{\sqrt{2}} = \dfrac{21\sqrt{2}}{4}$

74 · 지수법칙을 적용하여 공통의 밑을 포함하는 식으로 고쳐서 살펴본다.

$$\sqrt{\frac{16^{12}+8^{8}}{16^{3}+8^{12}}}=\sqrt{\frac{(2^{4})^{12}+(2^{3})^{8}}{(2^{4})^{3}+(2^{3})^{12}}}=\sqrt{\frac{2^{48}+2^{24}}{2^{12}+2^{36}}}$$

$$=\sqrt{\frac{2^{24}(2^{24}+1)}{2^{12}(1+2^{24})}}=\sqrt{2^{12}}=2^{6}=64$$

75 · 제곱근표에는 1부터 99.9까지의 수에 대한 제곱근이 실려 있다. 따라서 이 범위의 수에 대한 제곱근은 직접 읽어서 구하고, 없는 수의 제곱근은 10 또는 $\frac{1}{10}$의 짝수 거듭제곱을 곱한 수의 형태로 고쳐서 구한다.

① 99.7은 제곱근표에서 직접 읽으면 된다. 답은 ± 9.985이다.

② $\sqrt{1230}=\sqrt{12.3\times10^{2}}=10\sqrt{12.3}=35.07$

③ $\sqrt{12300}=\sqrt{1.23\times10^{4}}=100\sqrt{1.23}=110.9$

④ 0.123의 제곱근은 $\pm\sqrt{0.123}$이다.

$$\pm\sqrt{0.123}=\pm\sqrt{12.3\times\frac{1}{10^{2}}}=\pm\frac{1}{10}\sqrt{12.3}=\pm 0.3507$$

⑤ $\sqrt{0.000123}=\sqrt{1.23\times\frac{1}{10^{4}}}=\frac{1}{100}\sqrt{1.23}=0.01109$

76 · 2와 $\frac{1}{2}$ 그리고 3과 $\frac{1}{3}$처럼 곱해서 1이 되는 두 수를 서로의 역수라고 부른다. 그런데 $2<3$이지만 $\frac{1}{2}>\frac{1}{3}$에서 보듯 어떤 수의 역수를 취하면 부등호의 방향이 바뀐다. 그러므로 문제의 식에 나오는 수들의 역수를 취하면 다음과 같이 쓸 수 있다.

$100>\sqrt{3a}>50$

다음으로 각 수를 제곱하면

$10000>3a>2500$

이 되므로 결국

$833.333\cdots<a<3333.333\cdots$

이란 뜻이어서, 이를 만족하는 자연수는 834부터 3333까지이므로 개수는

$3333-834+1=2500$개이다.

77 · 자연수부터 실수까지의 여러 가지 수는 흔히 다음 두 가지로 분류한다.

- 실수
  - 유리수
    - 정수
      - 양의 정수(자연수)
        - 1
        - 소수
        - 합성수
      - 0
      - 음의 정수
    - 기약분수
  - 무리수

- 실수
  - 정수
  - 소수
    - 유한소수
    - 무한소수
      - 순환소수
        - 순순환소수
        - 혼순환소수
      - 비순환소수◇: 무리수

(정수, 유한소수, 순순환소수, 혼순환소수 → 유리수)

위 둘째 분류에서 정수 부분은 첫째 분류의 정수 부분을 그대로 옮겨 쓰면 되므로 생략했다.

이와 같은 여러 가지 수 가운데 **1은 역사적으로 인류가 가장 먼저 떠올린 수**일 뿐 아니라 **모든 수의 분류에서도 최초의 출발점**이 된다. 자연수는 크게 소수와 합성수로 나누는데, 소수(素數)라는 이름은 '합성수의 요소'가 된다는 뜻에서 붙여진 이름이다. 그런데 **자연수 가운데 1은 소수도 아니고 합성수도 아닌 유일한 수**이다. 그리고 합성수뿐 아니라 소수도 1로부터 만들어졌으므로 1은 '요소의 요소'라고 말할 수도 있다. 이런 뜻에서 **1은 모든 수의 어머니**라고 하겠는 바, 나중에 높은 수준의 수학을 배울 때에도 그 의미를 자꾸 되돌려 보게 되므로 위의 내용들을 차분히 음미하며 새겨두도록 한다.

78 · **어림값에는 현실적 어림값과 논리적 어림값**이 있다. 전자는 참값을 알 수는 있지만 현실적 어려움 때문에 취하는 값이고, 후자는 참값을 도저히 알 수 없을 때 취하는 값이다.

한편 **어림값의 3대 원천에는 헤아림과 계산과 측정**이 있다.

먼저 헤아림의 경우 힘들다거나 귀찮다거나 등의 현실적 어려움을 도외시한다면 본질적으로 참값을 얻어낼 수 있다. 따라서 헤아림에서의 어림값은 언제나 현실적 어림값이다.

다음으로 계산의 경우 유한소수는 언제나 참값이지만 편의상 어림값을 취할 수 있고 이때는 현실적 어림값이다. 그러나 순환무한소수의 경우에는 분수로 된 참값을 언제나 구할 수는 있지만 최종적으로 실제 계산에 투입되는 값은 소수여야 하고 따라서 이 계산값은 언제나 논리적 어림값이다. 그리고 비순환무한소수의 경우에는 정확한 참값을 알 수 없으므로 그 계산값은 언제나 논리적 어림값이다.

끝으로 측정의 경우 측정 도구와 인간의 감각이 모두 불완전하므로 본질적으로 참값을 알 수 없고 따라서 측정값은 언제나 논리적 어림값이다.

79 · 문제의 1/3은 어림값이 아닌 참값이며, 소수로 고치면 $0.333\cdots=0.\dot{3}$ 이다. 반면 0.333은 소수 넷째 자리에서 반올림하여 얻은 어림값이며, 따라서 오차의 한계는 0.0005이다. 한편 "오차 = 어림값 − 참값"이라는
정의에 따라 계산하면 오차는

$$0.333-0.333\cdots=-(0.333\cdots-0.333)$$
$$=-0.0003\,33\cdots=-0.000\dot{3}$$

이다. 이것도 오차에 대한 답이며, 분수로 고친 $-\frac{1}{3000}$ 도 답이다.

80 · ① 몸무게는 측정값이고, 모든 측정값은 어림값이므로 여기의 55.5kg도 어림값이다.

② "1근 = 600g"이라고 정의된 값이어서 측정값이 아니므로 이는 참값이다.

③ 이때는 측정값이 아니므로 모두 참값이다. 만일 어림값이라면 이 직사각형의 넓이는 유효숫자가 가장 작은 가로의 유효숫자 개수에 맞추어 $3\times10^2\text{m}^2$로 써야 한다. 그러나 **이 경우는 모두 참값이므로 어림셈의 원칙이 적용되지 않는다는 점을 특히 유의해야 한다**. 따라서 답도 계산 결과 그대로 325m^2로 써야 한다.

④ 이 경우는 뒷마당이라는 실제의 땅을 측정한 결과이므로 모두 어림값이다. 따라서 계산 결과도 유효숫자가 가장 작은 가로의 유효숫자 개수에 맞추어 $3\times10^2\text{m}^2$로 써야 한다.

⑤ 축구는 팀마다 11명이 뛰는 경기라고 정의되어 있으므로 22명은 참값이다. 한편 관중 수는 정확히 헤아리면 참값을 얻을 수 있다. 그러나 이는 현실적으로 매우 어려운 일이며, 따라서 5만 명이라는 숫자는 (현실적) 어림값이다.

81 · 참값에 가깝다는 것은 오차가 작다는 뜻인데, 측정값의 경우 참값을 모르므로 오차를 직접 구할 수는 없다. 하지만 오차가 작으면 오차의 한계도 작으므로 여기서는 오차의 한계를 비교해보면 된다. 비교의 편의를 위하여 cm단위로 통일하고 오차의 한계를 괄호 안에 써보면 아래와 같다.

① 345cm (0.5cm)　　② 345.1cm (0.05cm)

③ 345.10cm (0.005cm)　　④ 345cm (0.5cm)

⑤ 34500cm (50cm)

따라서 답은 ③이다.

82 · $4.50 \times 10^5 = 450000$인데 유효숫자가 3개이므로 100의 자리에서 반올림한 값임을 알 수 있다. 한편 $4.50 \times \frac{1}{10^5} = 0.0000450$인데 맨 끝의 0도 유효숫자이므로 이는 소수 여덟째 자리에서 반올림한 값이다.

83 · 반올림 측정의 오차한계는 최소눈금 크기의 반이므로 이 측정에서의 오차한계는 0.005kg이다. 그러므로 문제에 제시된 두 측정의 참값의 범위는 각각 아래와 같다.

$3.555 \leqq p < 3.565$

$4.665 \leqq q < 4.675$

이 상황에서 $p+q$의 최대값은 각각의 가장 큰 값을 더했을 때 나오며 최소값은 각각의 가장 작은 값을 더했을 때 나온다. 그리고 각 측정의 오차한계는 더해져서 나타나므로 $p+q$에 내포된 오차한계는 0.01kg이다. 그러므로 $p+q$의 참값의 범위는 다음과 같이 소수 둘째 자리까지 표현되어야 한다.

$8.22 \leqq p+q < 8.24$

84 · 세 수를 더한 다음, 오차의 한계가 가장 큰 23.4m에 자리수를 맞추어 어림값을 구하면 답은 54.9m이다.

85 · 마라톤 코스의 공식 길이인 42.195km는 어림값이 아니라 참값이지만, 이 도시에서 만든 코스의 길이인 42.1934km는 어림값이다. 한편 참값은 오차의 한계가 0이라는 뜻이고, 따라서 어림값에 비유해서 말하자면 **참값의 유효숫자 개수는 무한개**로서

42.1950000⋯km로 쓸 수 있다. 그러므로 이 문제의 계산 결과를 어림할 때는 겉보기 자리수가 작은 42.195km가 아니라 42.1934km의 자리수에 맞춰야 한다.

"오차 = 어림값 − 참값"이므로 답은 −0.0016km인데, 유효숫자 표기법으로 쓰면 $-1.6\times\frac{1}{10^3}$km이다.

86 · 15.54톤은 15540kg이지만 유효숫자는 4개이다. 그러므로 쓰레기의 무게에서 재생 가능한 자원의 무게를 뺀 다음 1의 자리에서 반올림해야 한다. 그러면 답은 15.42톤이다.

87 · 1.732와 2.236은 어림값이고 나머지는 참값이란 점을 염두에 두고 계산한다. 그러면 문제의 식은

$$\frac{5}{\sqrt{48}}+\frac{2}{\sqrt{45}}=\frac{5}{4\sqrt{3}}+\frac{2}{3\sqrt{5}}$$
$$=\frac{5\sqrt{3}}{12}+\frac{2\sqrt{5}}{15}\fallingdotseq\frac{5\cdot1.732}{12}+\frac{2\cdot2.236}{15}$$
$$=0.721\dot{6}+0.2981\dot{3}=1.0197\dot{9}$$

이 되므로 최종 답은 소수 다섯째 자리에서 반올림한 1.0198이다.

88 · 중학 과정에서는 어림셈의 곱셈과 나눗셈을 다루지 않는다. 그러나 『중학수학 바로 보기』에서 이를 약간 다루었으므로 이와 같은 간단한 문제를 풀어보기로 한다. 정사각형 모양의 땅 넓이가 25m^{2}이면 한 변의 길이는 유효숫자의 개수가 2개인 5.0m라고 해야 한다. 5.0×5.0 = 25.00이지만 유효숫자의 개수에 맞추어 25m^{2}로 삼았다고 봐야 하기 때문이다. 한편 반지름이 5.0m인 원의 넓이는 다음과 같이 구해진다.

$$5.0\times5.0\times3.1416=78.54\ (\text{m}^2)$$

그러나 최종 답의 유효숫자 개수는 계산에 사용된 수들 가운데 유효숫자가 가장 작은 숫자에 맞추어야 하므로 답은 소수 첫째 자리에서 반올림한 79m^{2}이다.

89 ·

$$\frac{3p+8q}{3p+2q}=2 \;\rightarrow\; 3p+8q=6p+4q \;\rightarrow\; p=\frac{4}{3}q$$

$$\frac{5p+2q}{5p-2q}=\frac{\frac{20}{3}q+2q}{\frac{20}{3}q-2q}=\frac{26q}{3}\times\frac{3}{14q}=\frac{13}{7}$$

$$\sqrt{\frac{5p+2q}{5p-2q}}=\sqrt{\frac{13}{7}}\fallingdotseq\sqrt{1.86}\fallingdotseq 1.36$$

그러므로 가장 가까운 정수는 1이다.

90 ·

① 아래부터 거슬러 올라가며 계산한다.

$$\frac{1}{\sqrt{5}-\frac{1}{\sqrt{5}}}=\frac{1}{\frac{5-1}{\sqrt{5}}}=\frac{\sqrt{5}}{4}$$

$$\frac{1}{\sqrt{5}-\frac{\sqrt{5}}{4}}=\frac{1}{\frac{3\sqrt{5}}{4}}=\frac{4}{3\sqrt{5}}$$

$\therefore$ 문제의 식 $=\dfrac{1}{\sqrt{5}-\frac{4}{3\sqrt{5}}}=\dfrac{1}{\frac{15-4}{3\sqrt{5}}}=\dfrac{3\sqrt{5}}{11}$

② 일단 요령을 알았으므로 두 번분수를 동시에 처리하며 계산한다.

$$\frac{1}{1-\frac{1}{1-\frac{1}{x}}}\times\frac{1}{1-\frac{1}{1+\frac{1}{x}}}$$

$$=\frac{1}{1-\frac{x}{x-1}}\times\frac{1}{1-\frac{x}{x+1}}$$

$$=\frac{x-1}{(x-1)-x}\times\frac{x+1}{(x+1)-x}$$

$$=(1-x)(1+x)=1-x^2$$

91 · 수식은 인간의 수학적 아이디어를 가장 간명한 모습으로 표현하고자 하는 데에서 나왔다. 따라서 외적 간명성이 수식의 첫째 의의라 하겠다. 그런데 수식은 그 안에 들어 있는 문자에 대입할 수 있는 모든 경우를 하나의 모습으로 보여준다. 이처럼 하나의 수식은 광범위한 내적 포괄성을 갖고 있으며 이 중요한 특성이 바로 수식의 둘째 의의이다. 주목할 것은 수식의 간명성과 포괄성이라는 2대 의의는 수식의 본질이자 지도 원리라는 점이다. 따라서 우리는 어떤 수학적 아이디어를 수식으로 꾸밀 때 정확하면서도 가장 간명한 형태가 되도록 함이 바람직하다.

92 · 수식의 분류는 아래와 같다. 단 중학 과정에서는 절대부등식은 다루지 않는다.

- 식 (수식)
  - 단순식◇ : 등호나 부등호가 없는 식
  - 등식
    - 항등식 : 모든 값에 성립하는 등식
    - 방정식 : 특정 값에 성립하는 등식
  - 부등식
    - 절대부등식 : 모든 값에 성립하는 부등식
    - 상대부등식◇ : 특정 값에 성립하는 부등식

93 · 괄호를 풀고 분모의 최소공배수로 통분한 다음 정리한다.

$$\frac{4x-5y}{3}-\left\{\frac{2x+7y}{2}-(x+5y)\right\}$$
$$=\frac{4x-5y}{3}-\frac{2x+7y}{2}+x+5y$$
$$=\frac{8x-10y}{6}-\frac{6x+21y}{6}+\frac{6x+30y}{6}$$
$$=\frac{8x-10y-6x-21y+6x+30y}{6}$$
$$=\frac{8x-y}{6}$$

94 · ① $\left(\frac{1}{4}a-\frac{5}{2}b\right)-\left(\frac{3}{5}a-\frac{5}{3}b\right)=\left(\frac{1}{4}-\frac{5}{3}\right)a-\left(\frac{5}{2}-\frac{5}{3}\right)b$

$=\frac{5-12}{20}a-\frac{15-10}{6}b=-\frac{7}{20}a-\frac{5}{6}b$

② $(ab^3)^3\times(a^3b)^2=a^3b^9\times a^6b^2=a^{3+6}b^{9+2}=a^9b^{11}$

③ $(xy^2z^3)^4\times(x^3y^2z)^2=x^4y^8z^{12}\times x^6y^4z^2$

$=x^{4+6}y^{8+4}z^{12+2}=x^{10}y^{12}z^{14}$

④ -1을 홀수 번 제곱하면 -1, 짝수 번 제곱하면 $+1$이 된다. n이 홀수이면 $n+1$과 $n+3$이 짝수가 되고 $n+2$는 홀수가 되며, n이 짝수이면 이와 반대가 된다. 이 문제는 어느 경우이든 1과 -1이 두번씩 나오며, 따라서 답은 0이다.

⑤ 위의 문제처럼 n이 홀수인 경우와 짝수인 경우를 나누어 생각한다. 먼저 n이 홀수이면

$a^n+(-a)^{n+1}-a^{n+1}+(-a)^n$

$=a^n+(-1)^{n+1}a^{n+1}-a^{n+1}+(-1)^na^n$

$=a^n+a^{n+1}-a^{n+1}-a^n=0$

다음으로 n이 짝수이면

$a^n+(-a)^{n+1}-a^{n+1}+(-a)^n$

$=a^n+(-1)^{n+1}a^{n+1}-a^{n+1}+(-1)^na^n$

$=a^n-a^{n+1}-a^{n+1}+a^n=2a^n-2a^{n+1}$

⑥ $(-4x)^3\div(x^2)^5\div\left(\frac{1}{x^3}\right)^2$

$=-64x^3\times\frac{1}{x^{10}}\times x^6=-64x^9\times\frac{1}{x^{10}}=-\frac{64}{x}$

⑦ $\frac{3}{5}x^4y^3\times\left(-\frac{2}{3}x^2y\right)^2\times(-6xy^2)=\frac{3}{5}x^4y^3\times\frac{4}{9}x^4y^2\times(-6xy^2)$

$=\frac{3}{5}\times\frac{4}{9}\times(-6)\times x^{4+4+1}\times y^{3+2+2}=-\frac{8}{5}x^9y^7$

⑧ $\frac{5}{4}xy^2\times(-0.8xy^2)^2=\frac{5}{4}\times0.64\times xy^2\times x^2y^4=0.8x^3y^6$

⑨ $(4x^2-4xy+8y^2)\left(-\frac{5}{2}xy^2\right)^2=4(x^2-xy+2y^2)\frac{25}{4}x^2y^4$

$=25x^4y^4-25x^3y^5+50x^2y^6$

⑩ $\frac{1}{2}x^3y^2\left(\frac{1}{3}x^2+\frac{1}{5}xy-\frac{1}{2}y^2\right)-\frac{2}{3}x^2y^3\left(-\frac{2}{5}x^2+\frac{1}{4}xy-\frac{1}{6}y^2\right)$

$=\frac{1}{6}x^5y^2+\frac{1}{10}x^4y^3-\frac{1}{4}x^3y^4+\frac{4}{15}x^4y^3-\frac{1}{6}x^3y^4+\frac{1}{9}x^2y^5$

$=\frac{1}{6}x^5y^2+\left(\frac{1}{10}+\frac{4}{15}\right)x^4y^3-\left(\frac{1}{4}+\frac{1}{6}\right)x^3y^4+\frac{1}{9}x^2y^5$

$=\frac{1}{6}x^5y^2+\frac{11}{30}x^4y^3-\frac{5}{12}x^3y^4+\frac{1}{9}x^2y^5$

95 · 본래 정수는 $10a+b$이며 자리수를 바꾼 수는 $10b+a$이다. 따라서 정수 x에 대한 식은 다음과 같이 쓸 수 있다.

$$3x+10 = 7(10a+b)+(10b+a)$$

$$3x+10 = 71a+17b$$

등식의 성질에 따라 양변에서 10을 빼면

$$3x = 71a+17b-10$$

이 되고, 다시 등식의 성질에 따라 양변을 3으로 나누면 구하는 답이 나온다.

$$x = \frac{1}{3}(71a+17b-10)$$

96 · 선생님과 철수와 영희가 따로 하면 x, y, z시간씩 걸리므로 이들이 1시간당 하는 일은 각각 $\frac{T}{x}$, $\frac{T}{y}$, $\frac{T}{z}$이다. 따라서 세 사람이 함께 할 때 시간당 이루어지는 일의 양을 t라고 하면 다음 식이 나온다.

$$t = \frac{T}{x}+\frac{T}{y}+\frac{T}{z}$$

이것을 $t = T\left(\frac{1}{x}+\frac{1}{y}+\frac{1}{z}\right)$ 또는 $t = \frac{T(yz+xz+xy)}{xyz}$로 써도 좋다.

97 · 거스름돈을 x원이라고 하면 다음과 같이 쓸 수 있다.

$$x = 30000-0.9a-0.75b \text{ (원)}$$

98 · 평균은 총점을 학생 수로 나누면 된다. 따라서 평균을 x라고 하면 다음과 같이 쓸 수 있다.

$$x = \frac{10a+9b+8c+7d+6(10-a-b-c-d)}{10}$$

$$= \frac{4a+3b+2c+d+60}{10} \text{ (점)}$$

99 · ① 직육면체의 표면은 6개의 직사각형으로 되어 있고, 마주보는 면들은 서로 같다. 이 상황에서 서로 다른 직사각형 3개의 넓이는 각각 ab, bc, ac이므로 전체 겉넓이 A는 아래와 같다.

$$A = 2(ab+bc+ac)$$

② 등식의 성질을 단계마다 적절히 적용한다.

$A = 2(ab+bc+ac)$	→	양변을 2로 나눈다.
$\frac{A}{2} = ab+bc+ac$	→	우변의 b가 있는 항을 b로 묶는다.
$\frac{A}{2} = b(a+c)+ac$	→	양변에서 ac를 뺀다.
$\frac{A}{2}-ac = b(a+c)$	→	좌변을 통분하여 정리한다.
$\frac{A-2ac}{2} = b(a+c)$	→	양변을 $(a+c)$로 나눈다.
$\frac{A-2ac}{2(a+c)} = b$	→	양변을 맞바꾼다.

$$\therefore b = \frac{A-2ac}{2(a+c)}$$

100 · **비례식에서 내항의 곱은 외항의 곱과 같다**는 성질을 이용한다.

$$(a+b) : (a-b) = 7 : 3$$

$$7(a-b) = 3(a+b)$$

$$7a-7b = 3a+3b$$

$$-10b = -4a$$

$$\therefore b = \frac{2}{5}a$$

101 · a%인 소금물 xg과 b%인 소금물 yg을 섞었을 때 소금물의 총량은 $x+y$g이고 소금의 총량은 $\frac{ax+by}{100}$g이므로 이 소금물의 %농도는 아래와 같다.

$$\frac{\left(\frac{ax+by}{100}\right)}{x+y} \times 100 = \frac{ax+by}{100} \times \frac{1}{x+y} \times 100 = \frac{ax+by}{x+y} \text{ (\%)}$$

102 · 처음에 1마리를 넣었다면 a분이 지난 다음에 2마리가 되고 이로부터 계속 분열하여 병을 가득 채우며 이 과정에 모두 b시간이 걸린다. 따라서 처음에 2마리를 넣을 경우에는 처음에 1마리를 넣을 경우보다 a분이 절약된다. 곧 처음에 2마리를 넣었을 때 병이 가득 차는 데는 'b시간$-a$분'이 걸리며, 정답은 이것을 시간으로 고친 $\left(b-\frac{a}{60}\right)$시간이다.

103 · $2y = 5x$이므로 $y = \frac{5}{2}x$ 를 대입하고 정리한 후 계산한다.

$$\frac{x^2}{x^2-y^2} - \frac{y^2}{x^2+y^2} = \frac{x^2}{x^2-\left(\frac{5}{2}x\right)^2} - \frac{\left(\frac{5}{2}x\right)^2}{x^2+\left(\frac{5}{2}x\right)^2}$$

$$= \frac{x^2}{x^2\left(1-\frac{25}{4}\right)} - \frac{\frac{25}{4}x^2}{x^2\left(1+\frac{25}{4}\right)} = \frac{1}{\left(\frac{4-25}{4}\right)} - \frac{\frac{25}{4}}{\left(\frac{4+25}{4}\right)}$$

$$= -\frac{4}{21} - \frac{25}{4} \times \frac{4}{29} = -\frac{4}{21} - \frac{25}{29}$$

$$= -\frac{116+525}{609} = -\frac{641}{609}$$

104 · $\frac{2x-y}{2x-5y} = \frac{2}{3}$

$3(2x-y) = 2(2x-5y)$

$2x = -7y \rightarrow \therefore y = -\frac{2}{7}x$를 $\frac{3x+4y}{3x-y}$에 대입하여 계산한다.

$$\frac{3x+4y}{3x-y} = \frac{3x-\frac{8}{7}x}{3x+\frac{2}{7}x} = \frac{13x}{7} \times \frac{7}{23x} = \frac{13}{23}$$

105 · $b = \frac{2}{5}a$를 문제의 식에 대입하고 계산한다.

$$\frac{\frac{5}{3}a - 2\cdot\frac{2}{5}a}{\frac{a}{3}+\frac{2}{3}\cdot\frac{2}{5}a} = \frac{\frac{5}{3}a-\frac{4}{5}a}{\frac{a}{3}+\frac{4}{15}a}$$

$$= \frac{\frac{25-12}{15}a}{\frac{5+4}{15}a} = \frac{13}{15} \times \frac{15}{9} = \frac{13}{9}$$

106 · $\frac{1}{x}+\frac{1}{y} = \frac{x+y}{xy} = 3$이므로 $x+y = 3xy$이다. 따라서

$$\frac{x+y+xy}{x+y} = \frac{3xy+xy}{3xy} = \frac{4}{3}$$

107 · $x+y = z$을 $x+3y = 6z$에 대입하면

$x+3y = 6x+6y \rightarrow 3y = -5x \rightarrow y = -\frac{5}{3}x$ — ㉮

$y = -\frac{5}{3}x$를 $x+y = z$에 대입하면

$z = x - \frac{5}{3}x = -\frac{2}{3}x$ — ㉯

㉮와 ㉯를 문제의 식에 대입하고 정리하여 답을 구한다.

$$\frac{x^2+y^2+z^2}{xy+yz+xz}$$
$$=\frac{x^2+\left(-\frac{5}{3}x\right)^2+\left(-\frac{2}{3}x\right)^2}{x\left(-\frac{5}{3}x\right)+\left(-\frac{5}{3}x\right)\left(-\frac{2}{3}x\right)+x\left(-\frac{2}{3}x\right)}=-\frac{38}{11}$$

108 · 지수법칙을 적절히 적용한다.

$$6.4^{10}=\left(\frac{64}{10}\right)^{10}=\left(\frac{2^6}{10}\right)^{10}=\frac{2^{60}}{10^{10}}$$
$$=\frac{(2^{10})^6}{10^{10}}\fallingdotseq\frac{(10^3)^6}{10^{10}}=\frac{10^{18}}{10^{10}}=10^8$$

109 · ① $(x^2-\sqrt{3})(x^2+\sqrt{3})=(x^2)^2-(\sqrt{3})^2=x^4-3$

② $(a+3b)^2(a-3b)^2=\{(a+3b)(a-3b)\}^2$

$=(a^2-9b^2)^2=a^4-18a^2b^2+81b^4$

③ $x(x+2)(x+4)(x+6)=\{x(x+6)\}\{(x+2)(x+4)\}$

$=(x^2+6x)(x^2+6x+8)$

여기서 $y=x^2+6x$로 치환한다.

$(x^2+6x)(x^2+6x+8)=y(y+8)=y^2+8y$

다시 본래의 식으로 바꾸면 답이 나온다.

$y^2+8y=x^4+12x^3+36x^2+8x^2+48x$

$=x^4+12x^3+44x^2+48x$

④ $x=a+b$로 치환하면 약간 간편해진다.

$(a+b+c)^2=(x+c)^2=x^2+2cx+c^2$

다시 본래 식으로 바꾸면 답이 나온다.

$x^2+2cx+c^2=a^2+2ab+b^2+2ac+2bc+c^2$

$\therefore (a+b+c)^2=a^2+b^2+c^2+2ab+2bc+2ac$

⑤ $(x+1)(x+2)(x-5)(x-6)$

$=\{(x+1)(x-5)\}\{(x+2)(x-6)\}$

$=(x^2-4x-5)(x^2-4x-12)$

$y=x^2-4x$로 치환하고 전개한 다음 다시 본래 식으로 바꾼다.

$(x^2-4x-5)(x^2-4x-12)=(y-5)(y-12)$

$= y^2-17y+60 = x^4-8x^3+16x^2-17x^2+68x+60$

$= x^4-8x^3-x^2+68x+60$

⑥ $(x-1)(x+1)(x^2+1)(x^4+1)(x^8+1)$

$= (x^2-1)(x^2+1)(x^4+1)(x^8+1)$

$= (x^4-1)(x^4+1)(x^8+1) = (x^8-1)(x^8+1) = x^{16}-1$

110 · 유리화에는 곱셈공식 $(x+y)(x-y) = x^2-y^2$이 유용하다.

① $\dfrac{\sqrt{3}+3}{\sqrt{3}-2} = \dfrac{(\sqrt{3}+3)(\sqrt{3}+2)}{(\sqrt{3}-2)(\sqrt{3}+2)}$

$= \dfrac{3+5\sqrt{3}+6}{3-4} = -5\sqrt{3}-9$

② $\dfrac{2\sqrt{3}-3\sqrt{2}}{3\sqrt{3}-2\sqrt{2}} = \dfrac{(2\sqrt{3}-3\sqrt{2})(3\sqrt{3}+2\sqrt{2})}{(3\sqrt{3}-2\sqrt{2})(3\sqrt{3}+2\sqrt{2})}$

$= \dfrac{18-5\sqrt{6}-12}{27-8} = \dfrac{6-5\sqrt{6}}{19}$

111 · 식을 먼저 정리한 다음 대입하고 계산한다.

$\dfrac{1}{a^2}-\dfrac{1}{b^2}=\dfrac{b^2-a^2}{a^2b^2} = \dfrac{(b+a)(b-a)}{(ab)^2}$

$= \dfrac{(3+\sqrt{2}+3-\sqrt{2})(3+\sqrt{2}-3+\sqrt{2})}{\{(3-\sqrt{2})(3+\sqrt{2})\}^2} = \dfrac{12\sqrt{2}}{49}$

112 · 곱셈공식을 적절히 이용한다.

$102\times103-101\times101-98\times102+99\times99$

$= 102(103-98)+(99\times99-101\times101)$

$= 102\cdot5+(99+101)(99-101) = 510-400 = 110$

113 · $k = x+\dfrac{1}{x} \rightarrow k^2 = x^2+2+\dfrac{1}{x^2}$

$\rightarrow x^2+\dfrac{1}{x^2} = k^2-2$

그리고

$(k^2-2)^2 = \left(x^2+\dfrac{1}{x^2}\right)^2 = x^4+2+\dfrac{1}{x^4}$

이므로

$$x^4+\frac{1}{x^4} = (k^2-2)^2-2 = k^2-4k^2+2$$

따라서 문제의 식은 다음과 같이 정리된다.

$$\begin{aligned} & x^4+x^2+x+\frac{1}{x}+\frac{1}{x^2}+\frac{1}{x^4} \\ &= \left(x+\frac{1}{x}\right)+\left(x^2+\frac{1}{x^2}\right)+\left(x^4+\frac{1}{x^4}\right) \\ &= k+(k^2-2)+(k^4-4k^2+2) = k^4-3k^2+k \end{aligned}$$

114 · 식을 정리한 다음 k의 값을 대입한다.

$$\begin{aligned} & \sqrt{\frac{k+1}{k-1}}-\sqrt{\frac{k-1}{k+1}} = \frac{\sqrt{k+1}}{\sqrt{k-1}}-\frac{\sqrt{k-1}}{\sqrt{k+1}} \\ &= \frac{(\sqrt{k+1})^2-(\sqrt{k-1})^2}{\sqrt{k-1}\sqrt{k+1}} \\ &= \frac{2}{\sqrt{k^2-1}} = \frac{2}{2} = 1 \end{aligned}$$

115 · 문제의 식의 분모와 분자에 $\sqrt{k+1}+\sqrt{k-1}$ 을 곱하면

$$\begin{aligned} & \frac{k+1+2\sqrt{(k+1)(k-1)}+k-1}{k+1-(k-1)} \\ &= \frac{2k+2\sqrt{k^2-1}}{2} = k+\sqrt{k^2-1} \end{aligned}$$

이다. 그런데 $k=\sqrt{5}$ 이므로

$$k+\sqrt{k^2-1} = \sqrt{5}+\sqrt{4} = 2+\sqrt{5}$$

116 · $a\sqrt{b}+b\sqrt{a}$를 제곱한 다음 살펴본다.

$$(a\sqrt{b}+b\sqrt{a})^2 = a^2b+ab^2+2ab\sqrt{ab} = ab(a+b)+2ab\sqrt{ab}$$

한편 $a = 3+\sqrt{5}$이고 $b = 3-\sqrt{5}$이므로 $a+b = 6$이고 $ab=4$이다. 이것을 위의 식에 대입하면

$$(a\sqrt{b}+b\sqrt{a})^2 = 4\cdot 6+8\sqrt{4} = 40$$

이므로 $a\sqrt{b}+b\sqrt{a} = \pm 2\sqrt{10}$ 이다. 그러나 본래 a와 b는 양수이므로 답은 $2\sqrt{10}$ 이다.

117 · $x=0$은 $x^2-7x+1 = 0$의 근이 아니다. 따라서 양변을 x로 나누어 살펴보면 다음과

같다.

$$x-7+\frac{1}{x}=0,\quad x+\frac{1}{x}=7$$

위 결과를 이용하면 문제는 다음과 같이 해결된다.

$$\sqrt{x}+\frac{1}{\sqrt{x}}=\sqrt{\left(\sqrt{x}+\frac{1}{\sqrt{x}}\right)^2}=\sqrt{x+\frac{1}{x}+2}=\sqrt{9}=3$$

118 · 인수분해의 4대 요령을 적절히 적용한다.

① $(x-2)(x+2)+(x+4)(x-2)=(x-2)(x+4+x+2)$

$=(x-2)(2x+6)=2(x-2)(x+3)$

② $a^2+2ab+b^2-c^2-2cd-d^2=(a+b)^2-(c+d)^2$

$=\{(a+b)+(c+d)\}\{(a+b)-(c+d)\}$

$=(a+b+c+d)(a+b-c-d)$

③ $6a^2+11ab-10b^2=(3a-2b)(2a+5b)$

④ $a=3x^2+x$라 하면 문제의 식은 다음과 같이 쓸 수 있다.

$(3x^2+x-3)(3x^2+x+2)+4=(a-3)(a+2)+4$

$=a^2-a-2=(a+1)(a-2)$

다시 본래의 식으로 바꿔 쓰면 답이 나온다.

$(3x^2+x-3)(3x^2+x+2)+4=(3x^2+x-2)(3x^2+x+1)$

⑤ $(x+1)(x+2)(x+3)(x+4)-24$

$=\{(x+1)(x+4)\}\{(x+2)(x+3)\}-24$

$=(x^2+5x+4)(x^2+5x+6)-24$

$a=x^2+5x$ $x(x+5)$로 치환해서 전개하고 인수분해한 다음 본래의 식으로 바꾼다.

$(x^2+5x+4)(x^2+5x+6)-24$

$=(a+4)(a+6)-24=a^2+10a=a(a+10)$

$\therefore (x+1)(x+2)(x+3)(x+4)-24=x(x+5)(x^2+5x+10)$

⑥ $a^2+5a+b^2+5b+2ab+6$

$=(a+b)^2+5(a+b)+6=(a+b+3)(a+b+2)$

⑦ $xy(2x-z)+2(2w^2x-x)-z(2w^2-1)$

$=xy(2x-z)+2x(2w^2-1)-z(2w^2-1)$

$=xy(2x-z)+(2w^2-1)(2x-z)$

$= (2x-z)(2w^2+xy-1)$

⑧ $a = 2x-y$로 치환해서 인수분해한 다음 본래의 식으로 바꾼다.

$(2x-y)^2-2(2x-y-3)-9 = a^2-2(a-3)-9$

$= a^2-2a-3 = (a+1)(a-3)$

$\therefore (2x-y)^2-2(2x-y-3)-9 = (2x-y+1)(2x-y-3)$

⑨ $(a+3)^2-7a-29 = a^2-a-20 = (a+4)(a-5)$

⑩ $\dfrac{a}{b}+\dfrac{b}{a}+2 = \dfrac{a^2+b^2+2ab}{ab} = \dfrac{(a+b)^2}{ab}$

그런데 이 문제는 다음과 같이 풀어도 된다.

$$\frac{a}{b}+\frac{b}{a}+2$$
$$=\left(\sqrt{\frac{a}{b}}\right)^2+\left(\sqrt{\frac{b}{a}}\right)^2+2\sqrt{\frac{a}{b}}\sqrt{\frac{b}{a}}$$
$$=\left(\sqrt{\frac{a}{b}}+\sqrt{\frac{b}{a}}\right)^2$$

위 두 결과는 동일하므로 응용 문제에서 나올 경우에는 편리한 것을 사용하면 된다.

119 · 2차항과 상수항의 계수를 토대로 1차항의 계수를 추측해보면 아래의 네 가지 경우가 있음을 알 수 있다.

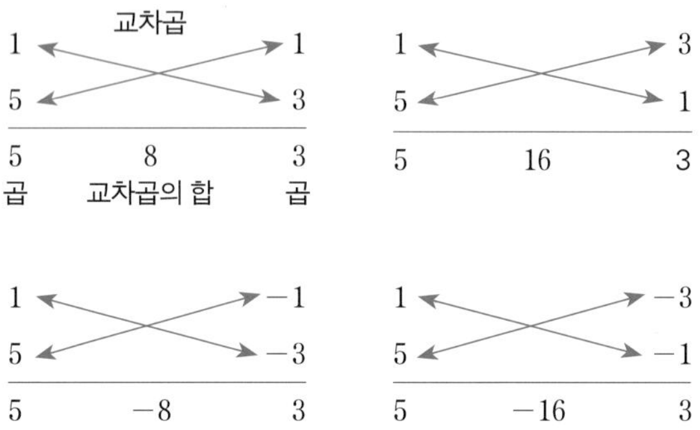

따라서 a의 값은 8, 16, −8, −16이 될 수 있다. 한편 위에서는 2차항의 계수는 고정하고 상수항을 조정하면서 구했는데, 어느 것을 고정하고 어느 것을 조정하든 결과는 마찬가지이다.

120 · a^2+ab+8을 a에 대하여 내림차순으로 정리하면 a^2+ba+8이며, b는 1차항의 계수이다. 그리고 이것이 두 1차식의 곱으로 인수분해되는 것은 다음과 같이 쓸 수 있다.

$$a^2+ba+8 = (a+m)(a+n) = a^2+(m+n)a+mn$$

여기서 $mn=8$이 되는 한 쌍의 (m, n)으로는 $(1, 8), (-1, -8), (2, 4), (-2, -4)$가 있으며, 이로부터 1차항의 계수 $b = m+n$이 최대와 최소가 되게 하는 것을 찾으면 $(1, 8), (-1, -8)$이다. 따라서 b의 최대값은 9, 최소값은 -9이다.

121 · $x^2-y^2 = (x+y)(x-y)$를 이용한다.

① $(\sqrt{3}+\sqrt{5})^2-(\sqrt{3}-\sqrt{5})^2$

$$= \{(\sqrt{3}+\sqrt{5})+(\sqrt{3}-\sqrt{5})\}\{(\sqrt{3}+\sqrt{5})-(\sqrt{3}-\sqrt{5})\}$$

$$= (\sqrt{3}+\sqrt{5}+\sqrt{3}-\sqrt{5})(\sqrt{3}+\sqrt{5}-\sqrt{3}+\sqrt{5}) = 4\sqrt{15}$$

② $25\cdot3.9^2-25\cdot4.1^2 = 25(3.9^2-4.1^2)$

$$= 25(3.9+4.1)(3.9-4.1) = 25\cdot8\cdot(-0.2) = -40$$

122 · $x^2+10x+k$가 $(x+4)$로 나누어 떨어진다면 $(x+4)$라는 인수가 포함된 식으로 인수분해된다는 뜻이다. 그런데 $x^2+10x+k$가 2차식이므로 다른 인수는 1차항의 계수가 1인 1차식이 되어야 한다.

$$x^2+10x+k = (x+4)(x+c) = x^2+(4+c)x+4c$$

양변을 비교해보면 $10 = 4+c$로부터 $c=6$이 나온다. 따라서 $k=4c=24$이다.

123 · $\sqrt{x^2} = \begin{cases} x & (x \geqq 0) \\ -x & (x<0) \end{cases}$을 이용한다.

$$\sqrt{\left(a+\frac{1}{a}\right)^2-4}-\sqrt{\left(a-\frac{1}{a}\right)^2+4}$$

$$= \sqrt{a^2+\frac{1}{a^2}-2}-\sqrt{a^2+\frac{1}{a^2}+2}$$

$$= \sqrt{\left(a-\frac{1}{a}\right)^2}-\sqrt{\left(a+\frac{1}{a}\right)^2}$$

$a>1$이면 $a-\frac{1}{a}$과 $a+\frac{1}{a}$ 모두 양수이다. 따라서 답은 아래와 같다.

$$\sqrt{\left(a-\frac{1}{a}\right)^2}-\sqrt{\left(a+\frac{1}{a}\right)^2} = a-\frac{1}{a}-a-\frac{1}{a} = -\frac{2}{a}$$

124 · $\sqrt{9-6a+a^2}-\sqrt{4+4a+a^2} = \sqrt{(a-3)^2}-\sqrt{(a+2)^2}$

그런데 $2 < a < 3$이므로 $a-3 < 0$이고 $a+2 > 0$이다.

$\therefore \sqrt{(a-3)^2}-\sqrt{(a+2)^2}=-(a-3)-(a+2)=-2a+1$

125 · $xy < 0$이므로 둘 중 하나는 양수인데 $x-y < 0$이므로 x가 음수이고 y는 양수이다.

따라서 문제의 식은 아래와 같이 정리된다.

$$\begin{aligned}&\sqrt{x^2-2xy+y^2}+\sqrt{x^2}-y\\&=\sqrt{(x-y)^2}+\sqrt{x^2}-y\\&=y-x-x-y=-2x\end{aligned}$$

126 · 주어진 식을 이용할 수 있는 형태로 고친 후 답을 구한다.

$$\begin{aligned}&\frac{\sqrt{x}-\sqrt{y}}{\sqrt{x}+\sqrt{y}}=\frac{(\sqrt{x}-\sqrt{y})^2}{(\sqrt{x}+\sqrt{y})(\sqrt{x}-\sqrt{y})}=\frac{x+y-2\sqrt{xy}}{x-y}\\&=\frac{x+y-2\sqrt{xy}}{(\sqrt{x-y})^2}=\frac{8-2\sqrt{6}}{\sqrt{(x+y)^2-4xy}}=\frac{8-2\sqrt{6}}{\sqrt{64-24}}\\&=\frac{8-2\sqrt{6}}{2\sqrt{10}}=\frac{4-\sqrt{6}}{\sqrt{10}}\end{aligned}$$

유리화를 하라는 말은 없으므로 여기서 멈춰도 되지만 유리화를 해서 $\frac{2\sqrt{10}-\sqrt{15}}{5}$로 써도 좋다.

127 · $(-16)^3$을 계산하면 최종 결과의 부호는 $-$이다. 또 q는 짝수이므로 $(-2)^{q-8}$의 부호는 $+$여서 2^{q-8}으로 써도 되고, 우변 전체의 부호는 $-$이다. 또한 이상의 결과에 의해 $(-2)^p$의 부호는 $+$여서 2^p으로 써도 된다. 그러므로 문제의 식은 2를 밑으로 하는 지수식으로 고쳐 쓸 수 있다.

$$(-16)^3\div(-2)^p=-(-2)^{q-8},\ (-16)^3\div 2^p=-2^{q-8}$$
$$-(2^4)^3\div 2^p=-2^{q-8},\ \ 2^{12}\div 2^p=2^{q-8}$$

마지막 식에 지수법칙을 적용하면 다음과 같다.

$$12-p=q-8,\ \therefore p+q=20$$

128 · $x^2-y^2=(x+y)(x-y)$를 되풀이해서 적용해본다.

$$2^{80}-1=(2^{40}+1)(2^{40}-1)=(2^{40}+1)(2^{20}+1)(2^{20}-1)$$

$= (2^{40}+1)(2^{20}+1)(2^{10}+1)(2^{10}-1)$

$= (2^{40}+1)(2^{20}+1)(2^{10}+1)(2^{5}+1)(2^{5}-1)$

마지막 식의 두 인수 2^5+1과 2^5-1은 각각 33과 31이므로 문제의 답이 된다.

129 · ① 다음과 같이 정리하면서 인수분해 공식을 적용한다.

$x(x+1)(x+2)(x+3)+1$

$= \{x(x+3)\}\{(x+1)(x+2)\}+1$

$= (x^2+3x)(x^2+3x+2)+1$

$y = x^2+3x$로 놓으면

$(x^2+3x)(x^2+3x+2)+1 = y(y+2)+1$

$= y^2+2y+1 = (y+1)^2$

x가 자연수일 경우 $y = x^2+3x$도 자연수이므로 문제의 수는 어떤 자연수의 제곱이 된다.

② $x(x+1)(x+2)(x+3)+1 = (x^2+3x+1)^2$인데 $x = 11$이다. 따라서 답은 155의 제곱이다.

130 · 문제의 식을 아래와 같이 정리하면서 살펴본다.

$(x+2)(x+4)(x+6)(x+8)+k$

$= (x+2)(x+8)(x+4)(x+6)+k$

$= (x^2+10x+16)(x^2+10x+24)+k$

$z = x^2+10x$로 치환하면

$(x^2+10x+16)(x^2+10x+24)+k$

$= (z+16)(z+24)+k$

$= z^2+40z+384+k$

$= (z+20)^2-16+k$

따라서 문제의 식이 완전제곱식이 되려면 $k = 16$이어야 한다.

131 · 식을 곱셈의 형태로 바꾸어서 생각하는 게 편하다.

$$\frac{1}{x}+\frac{1}{y}=\frac{1}{2},\ \frac{x+y}{xy}=\frac{1}{2}$$

$$x+y=2xy,\ xy-2(x+y)=0$$

마지막 식의 양변에 4를 더해서 좌변이 아래와 같이 인수분해되도록 꾸민다.

$$xy-2(x+y)+4=4,\ (x-2)(y-2)=4$$

그러면 문제는 곱해서 4가 되는 정수 짝을 구하는 것으로 바뀌었는데, 이는 아래처럼 표로 살펴보면 좋다.

$x-2$	1	2	4	-1	-2	-4
$y-2$	4	2	1	-4	-2	-1
(x, y)	$(3, 6)$	$(4, 4)$	$(6, 3)$	$(1, -2)$	$(0, 0)$	$(-2, 1)$

원래의 문제가 분수식이므로 x와 y는 0이어서는 안 된다. 그러므로 구하는 답은 $(3, 6), (4, 4), (6, 3), (1, -2), (-2, 1)$이다.

132 · A는 1차방정식 $0.4x+4=2.5+0.7x$의 해집합이다. 양변에 10을 곱하고 정리해서 해를 구하면 $x=5$이다. B는 $kx-5=-0.49$의 해집합인데 $A\cap B\neq\emptyset$라고 하므로 $x=5$를 대입하고 풀면 k를 얻는다.

$$5k-5=-0.49\ \rightarrow\ \therefore k=0.902$$

133 · 소금물을 가열하면 물만 증발할 뿐 소금은 그대로 남아 있다. 따라서 다음의 방정식이 성립한다.

$$\frac{400\cdot\frac{8}{100}}{400-x}=\frac{20}{100}$$

이를 풀면 $32=0.2x$로부터 $x=240$이 나온다. 곧 240g의 물이 증발되었다.

134 · 30분은 0.5시간이며, 이때까지 각자 간 거리를 더하면 6km가 되므로 다음 방정식이 성립한다.

$$0.5x+0.5y=6$$

이를 x에 대하여 풀면 다음과 같다.

$$5x = 60 - 5y$$

$$\therefore x = 12 - y$$

135 · 영희는 분속 64m로 걷는다. 출발 후 처음 만날 때까지 걸리는 시간을 x분이라고 하면

$$80x + 64x = 600$$

이 성립하고

$$x = \frac{600}{144} = \frac{25}{6}$$

이다. 따라서 12번째 만나는 데에는 50분이 걸리므로 그때의 시간은 11시 50분이다.

136 · 농도가 p%인 설탕물 pg에 들어 있는 설탕의 양은

$$\frac{p}{100} \times p = \frac{p^2}{100} \text{ (g)}$$

이다. 여기에 xg의 물을 더 넣으면 농도가 $(p-10)$%로 낮아지므로 아래의 식이 만들어진다.

$$\frac{\left(\frac{p^2}{100}\right)}{p+x} \times 100 = p - 10$$

이 식의 양변에 $p+x$를 곱하고 정리하여 x에 대해 풀면 다음과 같다.

$$\left(\frac{p^2}{100}\right) \times 100 = (p-10)(p+x)$$

$$p^2 = p^2 + (p-10)x - 10p$$

$$\therefore p = \frac{10p}{p-10}$$

137 · 모든 실수값에 대하여 성립하는 등식은 항등식이다. 그러므로 항등식의 성질에 따라 동류항들의 계수의 합이 모두 0이 되어야 한다.

$$(2x+y)a + (3x-5)b = cx - 6y - 4$$

$$(2a+3b-c)x + (a+6)y + (4-5b) = 0$$

$$2a+3b-c = 0,\ a+6 = 0,\ 4-5b = 0$$

$$a = -6,\ \ b = \frac{4}{5},\ \ c = -\frac{48}{5}$$

그러므로 구하는 답은 $-6 - \frac{4}{5} + \frac{48}{5} = \frac{14}{5}$

138 · $ax = 5-2x$에서 $(a+2)x = 5$인데 해가 없어야 하므로 x의 계수가 0, 곧 $a = -2$여야 한다.

다음으로 $7-bx = c$에서 $bx = 7-c$인데 모든 수에 대하여 성립해야 하므로 x의 계수와 상수항이 모두 0, 곧 $b = 0$이고 $c = 7$이어야 한다. 따라서 구하는 답은 $-2+0+7 = 5$이다.

139 · 모든 x와 y에 대하여 $ax+by = 15$가 성립한다는 말은 이 식이 x와 y에 대한 항등식이란 뜻이다. 그런데 x와 y의 관계식이 주어져 있으므로 이를 이용하면 $ax+by = 15$를 x와 y 중의 한 문자에 대한 식으로 쓸 수 있고, 이를 통하여 문제는 해결된다. 먼저 y를 x의 식으로 쓰면

$$\frac{2x-3}{3} = \frac{y+4}{2},\quad 4x-6 = 3y+12,\quad y = \frac{4}{3}x-6$$

이므로 $ax+by = 15$는 다음과 같이 나타내진다.

$$ax+b\left(\frac{4}{3}x-6\right) = 15,\quad \left(a+\frac{4}{3}b\right)x-(6b+15) = 0$$

이것은 x에 대한 항등식이므로 x의 계수와 상수항이 각각 0이 되어야 한다.

$$a+\frac{4}{3}b = 0,\quad 6b+15 = 0$$

이를 풀면 $a = \frac{10}{3}$이고 $b = -\frac{5}{2}$이므로, 답은 $\frac{10}{3}-\frac{5}{2} = \frac{5}{6}$이다.

140 · 등식의 성질을 이용하여 목표로 삼은 문자를 좌변에 남기고 다른 항들은 모두 우변으로 이항한다. 참고로 이들 공식은 과학에서 나오는데 ①은 **저항의 병렬연결공식**, ②는 **샤를의 법칙**(Charles' law)이라 부른다.

① $\frac{1}{R} = \frac{1}{R_1}+\frac{1}{R_2},\quad \frac{1}{R_2} = \frac{1}{R}-\frac{1}{R_1}$

$\frac{1}{R_2} = \frac{R_1-R}{RR_1},\quad \therefore R_2 = \frac{RR_1}{R_1-R}$

② $V = \left(1+\frac{T}{273}\right)V_0,\quad \frac{V}{V_0} = 1+\frac{T}{273}$

$\frac{T}{273} = \frac{V}{V_0}-1,\quad \therefore T = 273\left(\frac{V}{V_0}-1\right)$

141 · 이 문제는 "□에 대하여 풀어라"는 뜻과 같다. 따라서 등식을 성질을 적용하면서 □을 좌변에 남기고 나머지는 모두 우변으로 이항하면 된다.

① $\frac{7}{3}x^4y^2 \times \square \div \left(-\frac{2}{7}xy^3\right) = \left(-\frac{x^5}{y^4}\right)^3$

$-\frac{7}{3}x^4y^2 \times \square \times \frac{7}{2xy^3} = -\frac{x^{15}}{y^{12}}$

$\square = -\frac{x^{15}}{y^{12}} \times \left(-\frac{3}{7x^4y^2}\right) \times \frac{2xy^3}{7}$

$\therefore \square = \frac{6x^{12}}{49y^{11}}$

② $(-48x^2y^3) \div 24x^2y \times \square = -\frac{9x^3}{y^3}$

$\square = -\frac{9x^3}{y^3} \times \left(-\frac{1}{48x^2y^3}\right) \times 24x^2y$

$\therefore \square = \frac{9x^3}{2y^5}$

142 · 효율의 비가 15 : 9 : 24이므로 분당 공급량은 $15k$: $9k$: $24k$로 쓸 수 있다. 그리고 A와 B를 이용하여 30분간 공급한 수량은 $30 \cdot (15+9)k$이다. 이후 A만 끄고 C로 배수하기 시작해서 다시 빈 상태가 되는 데에 걸리는 시간을 x라고 하면 그동안 A와 B로 공급된 물이 C로 배수되어야 하므로 다음 방정식이 성립한다.

$30 \cdot (15+9)k + 9kx = 24kx$

$720 = 15x$

$\therefore\ x = 48$ (분)

143 · 덜어낸 양을 xg이라고 하면 10% 설탕물의 경우 덜어낸 것에 $0.1x$g의 설탕이 있고 나머지에는 $0.1(300-x)$g의 설탕이 있으며, 15% 설탕물의 경우 덜어낸 것에 $0.15x$g의 설탕이 있고 나머지에는 $0.15(500-x)$g의 설탕이 있다. 하지만 덜어낸 양을 서로 바꾼 뒤에도 각 설탕물의 총량은 변화가 없으므로 다음 방정식이 성립한다.

$\frac{0.15x + 0.1(300-x)}{300} = \frac{0.1x + 0.15(500-x)}{500}$

$500(0.05x + 30) = 300(-0.05x + 75)$

$\therefore x = 187.5$

곧 187.5g을 덜어내서 맞바꾸면 된다.

144 · 강정호 선수의 타율을 x라고 하면 다음 방정식이 성립한다.

$$x+1.1843x=0.557$$

이것을 풀고 소수 넷째 자리에서 반올림하면 0.255이므로 강정호 선수의 타율은 2할 5푼5리이며 따라서 김현수 선수의 타율은 3할0푼2리이다.

145 · 편의상 전체 학생 수를 100명이라고 하자. 1번에만 정답을 쓴 학생을 전체의 x%라 하면, 두 문제에 모두 정답을 쓴 학생은 $30-x$이고 둘 중 하나에 정답을 쓴 학생 수는 $60+x$이다. 그런데 두 문제에 모두 정답을 쓴 학생은 둘 중 하나에 정답을 쓴 학생의 20%라 하므로 다음 식이 성립한다.

$$0.2(60+x)=30-x$$

이것을 풀면 $x=15$이므로 답은 15%이다.

146 · ① 문제의 관계식에 $f=c+50$을 대입하고 c를 구한다.

$$c=\frac{5}{9}(c+50-32),\ 9c=5c+90,\ \therefore c=22.5$$

따라서 기온은 22.5℃ 또는 72.5°F이다.

② 문제의 관계식에 $f=c$를 대입한다.

$$c=\frac{5}{9}(c-32),\ 9c=5c-160,\ \therefore c=-40$$

곧 영하 40도는 -40℃이기도 하고 -40°F이기도 하다.

147 · 사용된 타일을 x장이라고 하면 A와 B는 시간당 각각 $x/4$장과 $x/6$장을 붙인다. 그러므로 만일 이 속도로 2시간 45분, 곧 $\frac{11}{4}$시간 동안 함께 일한다면 모두 $\frac{11}{16}x+\frac{11}{24}x$장을 붙이게 된다. 그러나 둘이 함께 하면서 서로 조금씩 미루는 바람에 시간당 14장씩 덜 붙이게 되면 $\frac{11}{4}$시간 동안에는 모두 $\frac{154}{4}$장이 덜 붙여지는 셈이어서 다음의 방정식이 성립한다.

$$\frac{11}{16}x+\frac{11}{24}x-\frac{154}{4}=x$$

이것을 정리하면

$$\frac{33+22-48}{48}x=\frac{1848}{48}$$

$$\therefore x=264$$

곧 모두 264장의 타일이 사용된다.

148 · 문제의 식을 정리한 다음 살펴본다.

$$x-\frac{1}{4}(x-3n)=15,\ 4x-x+3n=60,\ x=20-n$$

x는 양의 정수라고 하므로 $n<20$여야 한다. 그런데 n은 또한 자연수라고 하므로 1, 2, ⋯, 19의 값만 취할 수 있다. 따라서 정답은 이를 더한 190인데, 그 간단한 계산법은 다음과 같다. (앞서 보았던 가우스의 계산법 참조.)

$$\begin{aligned}&1+2+3+\cdots+9+10+11+\cdots+17+18+19\\&=(1+19)+(2+18)+(3+17)+\cdots+(9+11)+10\\&=20\times9+10=190\end{aligned}$$

149 · 8명이 당번이 되는 경우가 x일이고 9명이 당번이 되는 경우가 y일이라 하고, 각 학생마다 n번씩 맡을 때 공평하게 된다고 생각해보자. 그러면 철수네 반 학생들이 당번이 되는 총 횟수는 $30n$이므로 다음 등식이 성립한다.

$$8x+9y=30n \quad -(*)$$

여기서 x와 y와 n은 모두 자연수여야 하므로 $n=1$부터 차례로 따져본다.

① $n=1$일 경우 : $(*)$를 만족하는 정수값의 x와 y는 없다.

② $n=2$일 경우 : $x=3,\ y=4$이면 $(*)$가 충족된다.

그러므로 공평하게 되는 최소의 일수는 $x+y=7$일이다.

150 · 편의상 각 문제의 식들을 위에서부터 아래로의 순서로 ⓐ, ⓑ, ⓒ로 부른다.

① ⓐ와 ⓑ에 10을 곱하면 다음과 같다.

$$\begin{cases}7x-8y=-13 & -ⓐ'\\2x+9y=64 & -ⓑ'\end{cases}$$

ⓐ′에서 얻는 $x=(8y-13)/7$을 ⓑ′에 대입하고 풀면 $y=6$이 나온다. 그리고 이를 ⓐ′나 ⓑ′에 대입하고 풀면 $x=5$를 얻는다.

② ⓐ와 ⓑ의 양변에 각각 10과 6을 곱하고 정리하면 다음과 같다.

$$\begin{cases}x-2y=-4 & -ⓐ'\\3x+2y=12 & -ⓑ'\end{cases}$$

ⓐ′+ⓑ′으로부터 $x=2$를 얻으며, 이것을 ⓐ′나 ⓑ′에 대입하고 풀면 $y=3$이 나온다.

③ ⓐ와 ⓑ의 양변에 각각 6과 2를 곱하고 괄호를 풀면 다음과 같다.

$$\begin{cases} 8x-16+9y+27 = 78 & \text{— ⓐ}' \\ 8x-15y+15 = 10 & \text{— ⓑ}' \end{cases}$$

ⓑ′에서 얻는 $8x = 15y-5$를 ⓐ′에 대입하고 풀면 $y=3$이 나온다. 그리고 이를 ⓐ′나 ⓑ′에 대입하고 풀면 $x=5$를 얻는다.

④ ⓐ와 ⓑ의 양변에 각각 6과 2를 곱하고 정리하면 다음과 같다.

$$\begin{cases} 3x+3y = 2x & \text{— ⓐ}' \\ x-y+10 = 2x+4 & \text{— ⓑ}' \end{cases}$$

ⓐ′에서 얻는 $x=-3y$를 ⓑ′에 대입하면 $y=-3$이 나오고 이것을 ⓐ′나 ⓑ′에 대입하고 풀면 $x=9$를 얻는다.

⑤ 이 연립방정식은 미지수가 3개인 1차연립방정식이므로 **3원1차연립방정식**이라고 부른다. 중학 과정에서는 원칙적으로 이를 다루지 않지만 푸는 방법에 새로운 것은 없으므로 여기서 풀어보기로 한다.

ⓑ−ⓐ → $2x-3y=-8$ → $y=\dfrac{2x+8}{3}$ — ⓓ

ⓐ로부터 $z=3-x-y=3-x-\dfrac{2x+8}{3}$ — ⓔ

ⓓ와 ⓔ를 ⓒ에 대입하고 풀면 $x=2$가 나온다. 이것을 ⓓ와 ⓔ에 대입하면 $y=4$, $z=-3$을 얻는다.

⑥ 이것도 3원1차연립방정식인데, 형태상 $\dfrac{1}{x}=a$, $\dfrac{1}{y}=b$, $\dfrac{1}{z}=c$로 치환해서 풀면 편할 것으로 예상된다. 이렇게 치환하고 첫 식과 둘째 식은 양변에 6, 셋째 식은 양변에 3을 곱하여 정리하면 문제는 다음과 같이 바뀐다.

$$\begin{cases} 6a+6b+6c = 11 \\ 12a-18b+24c = 11 \\ 9a+12b-15c = 10 \end{cases}$$

이것을 풀면 $a=1$, $b=\dfrac{1}{2}$, $c=\dfrac{1}{3}$이 나온다. 따라서 구하는 답은 $x=1, y=2, z=3$이다.

151 ·

$$\begin{cases} 0.2x+0.4y = 0.2a & \text{— ⓐ} \\ 15x-\dfrac{1}{2}y = 3a-3 & \text{— ⓑ} \end{cases}$$

ⓐ의 양변에 10, ⓑ의 양변에 2를 곱하고 $x=3$을 대입하면 문제는 이제 a와 y에 대

한 연립방정식으로 바뀐다.

$$\begin{cases} 6+4y = 2a \\ 90-y = 6a-6 \end{cases}$$

이것을 풀면 $y=6$, $a=15$가 나오므로 답은 15이다.

152 · 이 문제는 사실상 미지수가 4개인 1차연립방정식, 곧 **4원1차연립방정식**으로 볼 수 있다. 하지만 어쨌든 기본적인 해법은 2원1차연립방정식과 같으므로 차분히 풀어가면 된다. 먼저 x와 y만 가진 식이 2개 있으므로 이것들을 조합해서 2원1차연립방정식을 꾸미고 x와 y를 구한다. 다음에 이 값들을 다른 두 식에 대입하면 a와 b를 미지수로 가진 2원1차연립방정식이 만들어지며, 이것을 풀면 원하는 답을 구할 수 있다. 그러므로 우선

$$\begin{cases} 4x+3y+1 = 0 \\ 5x-7y = 31 \end{cases}$$

을 풀면 $x=2$, $y=-3$을 얻는다. 다음에 이것을

$$\begin{cases} 2x-4y+a = 0 \\ by+3x = 0 \end{cases}$$

에 대입하고 풀면 $a=-16$, $b=2$를 얻는다. 따라서 구하는 답은 -18이다.

153 · 이 문제는 실제로는 다음과 같은 **3원1차연립방정식**으로 보면 된다.

$$\begin{cases} x = -3 \\ 3(3x+13) = 4(4y-5) \\ 3x+10 = 4y+a \end{cases}$$

맨 위의 $x=-3$을 둘째와 셋째 식에 대입하면 y와 a에 대한 2원1차연립방정식이 된다.

$$\begin{cases} -27+39 = 16y-20 \\ -9+10 = 4y+a \end{cases}$$

이것을 풀면 $y=2$ 그리고 문제의 답인 $a=-7$이 나온다.

154 · 첫째 식에 $\sqrt{5}$를 곱한 식과 둘째 식에 $\sqrt{7}$을 곱한 식을 더하여 x를 구하고, 첫째 식에 $\sqrt{7}$을 곱한 식에서 둘째 식에 $\sqrt{5}$를 곱한 식을 빼서 y를 구하면 결과는 다음과 같다.

$$x = \frac{\sqrt{5}-\sqrt{7}}{12},\ y = \frac{\sqrt{5}+\sqrt{7}}{12} \quad -①$$

한편 $\frac{1}{x}+\frac{1}{y} = \frac{x+y}{xy} \quad -②$

①로부터 $x+y = \frac{\sqrt{5}}{6}$이고 $xy = \frac{25-49}{144} = -\frac{1}{6}$이므로 이를 ②에 대입하면 답이 구해진다.

$$\frac{1}{x}+\frac{1}{y} = \frac{x+y}{xy} = \frac{\sqrt{5}}{6}\times(-6) = -\sqrt{5}$$

155 · ㉮와 ㉯의 x와 y의 값이 서로 바뀌는 관계에 있다고 하므로 ㉮와 ㉯의 첫째 식들을 다음과 같이 결합하면 ㉮의 해를 갖는 연립방정식이 만들어진다.

$$\begin{cases} 4x+3y = 6 \\ 2y-5x = -19 \end{cases}$$

다음으로 이것을 풀어서 얻은 $x=3, y=-2$를 ㉮의 둘째 식, 서로 값을 바꾼 $x=-2,\ y=3$을 ㉯의 둘째 식에 대입하면 a와 b에 대한 연립방정식이 만들어진다.

$$\begin{cases} 3a-2b = 7 \\ -2a-3b = -22 \end{cases}$$

이것을 풀면 $a=5,\ b=4$라는 답이 구해진다.

156 · 시속 4km와 6km로 걸을 거리를 각각 $x$km와 $y$km라고 하자. 그러면 다음 연립방정식이 성립한다.

$$\begin{cases} x+y = 10 \\ \frac{x}{4}+\frac{y}{6} = 2 \end{cases}$$

이것을 풀면 $x=4,\ y=6$이므로 답은 4km이다.

157 · 합금에 포함된 금과 은의 무게를 각각 xg과 yg이라고 하자. 그러면 이들 무게의 합은 555g이고 물속에서 가벼워진 무게는 35g이므로 다음의 연립방정식이 성립한다.

$$\begin{cases} x+y = 555 \\ \frac{1}{19}x+\frac{2}{21}y = 35 \end{cases}$$

둘째 식의 양변에 $19\cdot21=399$를 곱하고 정리한 다음, 첫 식에서 얻는 $y=555-x$를 대입하여 풀면 $x=\frac{7125}{17}$ g이 나온다. 이를 계산하고 소수 셋째 자리에서 반올림하여 둘째 자리까지 구하면 합금 속의 금의 무게는 419.12g이다.

158 · 문제가 요구하는 정수를 a라고 하자. 그러면 다음 식이 성립한다.

$$x^2+4x+7=a^2$$

a와 x가 모두 정수이므로 이들이 취할 수 있는 값의 범위를 살펴보기 위하여 다음과 같이 정리하고 살펴본다.

$$x^2+4x+7=(x+2)^2+3=a^2$$

$$a^2-(x+2)^2=3$$

$$(a+x+2)(a-x-2)=3$$

마지막 식에 따르면 $a+x+2$와 $a-x-2$가 취할 수 있는 정수값의 쌍은 다음과 같다.

$$(a+x+2, a-x-2)=(1,3), (3,1), (-1,-3), (-3,-1).$$

다시 말해서 다음과 같은 4개의 연립방정식이 만들어진다.

$$\begin{cases}a+x+2=1\\a-x-2=3\end{cases}\qquad\begin{cases}a+x+2=3\\a-x-2=1\end{cases}$$

$$\begin{cases}a+x+2=-1\\a-x-2=-3\end{cases}\qquad\begin{cases}a+x+2=-3\\a-x-2=-1\end{cases}$$

이것들을 풀면 정답이 되는 x의 값은 -3, -1의 두 가지가 나온다.

159 · $(x^2+3x-2)(x^2+ax+b)$를 전개할 때 나오는 2차항과 1차항은 $(3a+b-2)x^2$과 $(3b-2a)x$이다. 따라서 이 계수들로 연립방정식을 세우면 다음과 같다.

$$\begin{cases}3a+b-2=3\\3b-2a=-2\end{cases}$$

이것을 풀면 $a=17/11$과 $b=4/11$가 나온다. 한편 문제의 식을 전개할 때 나오는 3차항은 $(a+3)x^3$이다. 따라서 3차항의 계수는 $50/11$이다.

160 · 팔린 연필과 볼펜의 개수를 각각 x개와 y개라고 하면 다음의 연립방정식이 성립한다.

$$\begin{cases} x+y = 120 \\ 0.5x+0.4y = 26000 \end{cases}$$

이것을 풀면 $x=70$, $y=50$이 나온다. 따라서 답은 50개이다.

161 · 구리와 주석의 비가 7 : 3인 청동과 9 : 1인 청동을 각각 xg과 yg이라고 하자. 그러면 이 두 무게의 합은 450g이며, 주석이 xg 속에는 $0.3x$, yg 속에는 $0.1y$가 있고, 18%인 청동 450g 속에는 81g이 있다. 따라서 이런 내용을 종합하면 다음의 연립방정식이 성립한다.

$$\begin{cases} x+y = 450 \\ 0.3x+0.1y = 81 \end{cases}$$

이것을 풀면 $x=180$, $y=270$이 나오며, 따라서 답은 270g이다.

162 · 열차의 길이를 xm, 분속을 ym라고 하자. 열차가 2000m의 다리를 통과하려면 $(2000+x)$m, 3200m의 다리를 통과하려면 $(3200+x)$m의 거리를 지나야 한다. 따라서 다음 연립방정식이 성립한다.

$$\begin{cases} \dfrac{2000+x}{y} = 1 \\ \dfrac{3200+x}{y} = 1.5 \end{cases}$$

이것을 풀면 $x=400$, $y=2400$이 나온다. 따라서 답은 400m이다.

163 · ㉮와 ㉯에 들어 있는 설탕의 무게는 $3x$와 $4x$로 쓸 수 있고, 물의 무게는 $5y$와 $9y$로 쓸 수 있다. 그리고 설탕물 무게의 비로부터

$$(3x+5y) : (4x+9y) = 43 : 76$$

라는 식이 성립한다. 비례식은 내항의 곱과 외항의 곱이 같다는 성질을 이용해서 풀면

$$7y = 56x \ \rightarrow \ y = 8x$$

가 나온다. 따라서 설탕물 ㉮의 농도는 다음과 같이 구해진다.

$$\frac{3x}{3x+5y} \times 100 = \frac{300}{43}(\%)$$

그러므로 구하는 답은 6.98%이다.

164 · 설탕물 A와 B의 농도를 각각 x와 y라 하고, 각 설탕물에 들어 있는 설탕의 양을 토대로 식을 꾸미면 다음의 연립방정식이 성립한다.

$$\begin{cases} 450\times\frac{x}{100}+300\times\frac{y}{100} = 750\times\frac{8}{100} \\ 150\times\frac{x}{100}+300\times\frac{y}{100} = 550\times\frac{6}{100} \end{cases}$$

이것을 풀면 $x=9$와 $y=6.5$가 나오므로 설탕물 A와 B의 농도는 각각 9%와 6.5%이다.

165 · 8%의 설탕물 400g에는 설탕이 32g 들어 있다. 4%와 12% 설탕물의 양을 각각 xg과 yg이라 하면 여기에 들어 있는 설탕의 양은 각각 $0.04x$와 $0.12y$g이므로 다음의 연립방정식이 성립한다.

$$\begin{cases} 54+6+x+y = 400 \\ 6+0.04x+0.12y = 32 \end{cases}$$

이것을 풀면 $x=185$와 $y=155$가 나오므로 답은 155g이다.

166 · 철수와 영희가 반대 방향으로 돌면 처음 만날 때까지 두 사람이 걸은 거리는 모두 4.8km이다. 그리고 같은 방향으로 돌면 철수가 한 바퀴를 추월해야 영희를 만나게 되므로 처음 만날 때까지 철수는 영희보다 4.8km를 더 걸어야 한다. 따라서 철수와 영희의 시속을 각각 $x$km와 $y$km라고 하면 다음 연립방정식이 성립한다.

$$\begin{cases} 0.5(x+y) = 4.8 \\ 5(x-y) = 4.8 \end{cases}$$

이것을 풀면 $x=5.28$과 $y=4.32$이므로 철수의 속도는 시속 5.28km이다.

167 · 세 가지 꽃 한 송이씩의 가격을 x, y, z라고 하면 다음 연립방정식이 성립한다.

$$\begin{cases} 3x+7y+z = 7500 & -① \\ 4x+10y+z = 10000 & -② \end{cases}$$

이 문제는 3원1차연립방정식인데 미지수가 3개인 반면 식은 2개뿐이다. 그런데 **원칙적으로 연립방정식은 '미지수의 개수'와 '식의 개수'가 같아야 각 미지수의 값이 구해진다**. 따라서 이런 경우 각 미지수의 값을 구할 수는 없다. 다만 운이 좋게도 각 식 사이에 특수한 관계가 성립한다면 일반적으로 구할 수 없는 정보를 얻을 수 있다. 문제의 경우가 이에 해당하며, 답은 ①×3－②×2를 함으로써 구해진다. 이렇게 하면

$x+y+z=2500$

이므로 세 가지 꽃 한 송이씩의 가격은 2500원이다.

168 합격자와 불합격자의 평균을 각각 xm와 ym라고 하면 문제의 뜻으로부터 다음 식들이 성립한다.

㉮ 전체 평균 $= \dfrac{40x+30y}{70}$

㉯ 합격자의 최저 거리 $= x-15 = \dfrac{40x+30y}{70}-3 = 2y-4$

그리고 ㉯로부터 다음의 연립방정식이 꾸며진다.

$$\begin{cases} x-15 = \dfrac{40x+30y}{70}-3 \\ x-15 = 2y-4 \end{cases}$$

이것을 풀면 $x=45$, $y=17$을 얻는다. 그러므로 구하는 답은 $45-15=30$(m)이다.

169 MB는 megabyte의 약자로 10^6바이트를 말한다. 그리고 10^3바이트는 kB(kilobyte)라고 부른다. 다운로드 속도를 x라고 하면 업로드 속도는 $0.6x$이므로 다음 식이 성립한다.

$$\frac{6}{x}+\frac{6}{0.6x}=32$$

양변에 x를 곱하고 정리하면 다음과 같다.

$16=32x$

$\therefore x=0.5$

따라서 다운로드 속도는 초당 500kB이고 업로드 속도는 초당 300kB인데, 아래 참고에서 보듯 일반적으로는 각각 500kbps와 300kbps로 나타낸다.

참고 이 문제의 풀이는 단순하며, 실제적인 중요성은 '비트(bit)'와 '바이트(byte)'의 구별에서 찾을 수 있다. 앞서 보았다시피 비트는 0과 1의 한 조를 뜻하므로 한 비트로는 두 가지의 정보밖에 전달하지 못한다. 따라서 여러 정보를 전달하려면 여러 묶음의 비트를 써야 하며, 그 결과로 나온 게 바이트이다. 이때 몇 묶음으로 할 것인지는 정하기 나름인데, 컴퓨터가 발달하는 과정에서 8비트를 1바이트로 삼는 관습이 널리 쓰이게 되었다. 예를 들어 2비트는 00, 01, 10, 11의 네 가지 상태를 나타낼 수 있다는 데에서 알 수 있듯, 1바이트는 $2^8=256$가지 상태를 나타낼 수 있으므로 컴퓨터 키보드의 모든 문자를 나타내고도 상당히 여유가 있어서 다른 특수 문자들도 표시할 수 있다. 따라서 대략 말하자면 컴퓨터

파일들은 이런 문자들의 집합체이므로 그 크기를 흔히 비트가 아닌 바이트의 수로 나타낸다.

한편 국제적인 약속에 따라 메가 이상의 접두사들은〔기가(giga 10^9) 테라(tera 10^{12}) 등〕 첫 글자를 대문자, 킬로 이하의 접두사들은〔센티(centi 10^{-2}) 밀리(milli 10^{-3}) 나노(nano 10^{-9}) 등〕 첫 글자를 소문자로 써서 덧붙인다(인터넷에서 '국제단위계'로 검색하면 자세한 내용을 볼 수 있다). 그리고 이런 접두사들과 붙여쓸 때 바이트는 대문자 B로 나타내지만 비트는 bit를 그대로 덧붙인다. 따라서 100킬로비트, 100킬로바이트, 100메가비트, 100메가바이트는 각각 100kbit, 100kB, 100Mbit, 100MB로 쓴다.

그런데 인터넷 통신 속도를 표시할 때는 바이트가 아닌 비트를 쓰는 게 일반적이다. 그래서 흔히 "100 메가"라는 식으로 말하는 인터넷 통신 속도는 "초당 100메가비트(100 megabit per second)"를 뜻하며 "100Mbps"로 나타내는데, 바이트로 환산하면 1/8인 12.5MB/s가 된다('Bps'라는 기호는 쓰지 않는다). 그러므로 예를 들어 100MB 크기의 파일을 흔히 말하는 "100메가"의 속도로 내려 받는다면 1초가 아니라 8초가 걸린다.

수학과 과학은 가장 엄밀한 학문 분야이다. 그러나 역시 인간이 펼쳐내는 것이므로 수많은 우여곡절을 겪지 않을 수 없다. 그에 따라 위에서와 같이 여러 관습들이 개입되어 때로는 혼란스럽게 여겨질 정도의 다양한 모습으로 구성되기도 한다. 만일 지금 위의 단위 체계를 완전히 새로 개편한다면 훨씬 간명하게 꾸밀 수 있겠지만 이제는 너무 늦었다고 봐야 한다. 그러므로 아쉽지만 기존의 지식을 공부할 때는 이런 점을 잘 감안하면서 공부하되, 장차 새로운 분야를 개척할 때는 후세를 위하여 그 체계를 가능한 한 가장 간명하게 구축하도록 노력해야 한다.

170 · ① $6x^2+5x-21=0$, $(2x-3)(3x+7)=0$,

$\therefore x=\frac{3}{2},\ -\frac{7}{3}$

② $0.2x^2=0.1x+1.5$, $2x^2-x-15=0$,

$(x-3)(2x+5)=0$, $\therefore x=3,\ -\frac{5}{2}$

③ 양변에 6을 곱하고 정리하면서 풀어간다.

$2x^2-4x+3x^2-3x+6=6x^2-12x+10$

$x^2-5x+4=0$, $(x-1)(x-4)=0$, $\therefore x=1, 4$

④ 양변을 3으로 나누면 $(2x-1)^2=4$

$2x-1=\pm2$, $2x=1\pm2$, $\therefore x=\frac{3}{2},\ -\frac{1}{2}$

⑤ $y=x^2+2x$로 치환하여 풀어간다.

$y^2-11y+24=(y-3)(y-8)=0$, $\therefore y=3, 8$

㉮ $y=3$: $x^2+2x-3=0$,

$(x+3)(x-1)=0$, $\therefore x=-3, 1$

㉯ $y=8$: $x^2+2x-8=0$,

$(x+4)(x-2)=0$, $\therefore x=-4, 2$

참고 이 문제는 실제로는 4차방정식이다. 여기의 풀이에서 4개의 근을 얻었는데, 이처럼 n차방정식은 일반적으로 n개의 근을 가진다는 점이 알려져 있으며, 이를 **대수학의 기본 정리**(fundamental theorem of algebra)라고 부른다.

⑥ 괄호를 풀고 정리하면서 풀어간다.

$2x^2-12x+18-x^2-2x-1+10x-18=0$

$x^2-4x-1=0$, $(x-2)^2=5$, $\therefore x=2\pm\sqrt{5}$

⑦ 양변에 $\sqrt{3}+1$ 을 곱하고 정리하면서 풀어간다.

$2x^2-(4+2\sqrt{3})x+2(\sqrt{3}+1)=0$

$x^2-(2+\sqrt{3})x+(\sqrt{3}+1)=0$

$(x-1)(x-\sqrt{3}-1)=0$

$\therefore x=1, \sqrt{3}+1$

⑧ $kx^2+(k^2-4)x-4k=0$

$(x+k)(kx-4)=0$

k에 대해 문제에서 제시한 조건이 없으므로 모든 경우를 고려하며 생각해본다. 여기서는 $k=0$과 $k\neq0$인 경우로 나누어보면 된다.

㉮ $k=0$인 경우 : $-4x=0$, $\therefore x=0$

㉯ $k\neq0$인 경우 : $x=-k, \dfrac{4}{k}$

⑨ 괄호를 풀고 정리하면서 풀어간다.

$x^2+6x+9+2x^2+x-1-x^2+4x=0$, $2x^2+11x+8=0$

인수분해도 되지 않고 완전제곱법도 번잡하므로 바로 근의 공식을 사용한다.

$$x=\frac{-11\pm\sqrt{11^2-4\cdot2\cdot8}}{2\cdot2}=\frac{-11\pm\sqrt{57}}{4}$$

⑩ 양변에 4를 곱하고 정리하면서 풀어간다.

$4x^2-6x-x-x^2-4x^2+16=0$, $x^2+7x-16=0$

이것도 바로 근의 공식을 사용한다.

$$x=\frac{-7\pm\sqrt{7^2-4\cdot1\cdot(-16)}}{2}=\frac{-7\pm\sqrt{113}}{2}$$

171 · 잘못 계산한 $6x^2 = 150$을 풀면 $x = \pm5$가 나온다. 따라서 본래의 답은 아래와 같다.

$$\{6\cdot(\pm5)\}^2 = (\pm30)^2 = 900$$

172 · 중근을 가지려면 판별식이 0이 되어야 한다.

$$D = b^2-4ac = 3^2-4\cdot1\cdot(3k-2) = 0$$

$$9-12k+8 = 0,\ k=\frac{17}{12}$$

k의 값을 문제의 식에 대입하고 인수분해하면 중근을 가지므로 완전제곱식이 된다.

$$x^2+3x+\frac{9}{4} = 0,\ 4x^2+12x+9 = 0$$

$$(2x+3)^2 = 0,\ \therefore x = -\frac{3}{2}$$

173 · 정가는 원가에 이익을 덧붙인 것이므로 $50000\left(1+\frac{p}{100}\right)$원이다. 그런데 여기서 다시 p%를 할인했더니 2000원의 손해가 났다면 다음의 방정식이 성립한다.

$$50000\left(1+\frac{p}{100}\right)\left(1-\frac{p}{100}\right) = 48000$$

$$\frac{25}{24}\left(\frac{10000-p^2}{10000}\right) = 1$$

이것을 풀면 $p = \pm20$이 나온다. 이익률은 양수이므로 음의 값을 버리면 답은 20%이다.

174 · 올라갈 때의 시속을 $x$km라 하면 내려올 때의 시속은 $x+2$km이므로 다음 방정식이 성립한다.

$$\frac{18}{x}+\frac{18}{x+2} = 7.5,\ \frac{18(x+2)+18x}{x(x+2)} = 7.5$$

$$5x^2-14x-24 = 0,\ (x-4)(5x+6) = 0$$

배의 속도는 음수가 될 수 없으므로 답은 시속 4km이다.

175 · 근의 공식을 이용하여 큰 근에서 작은 근을 빼보자.

$$\frac{-b+\sqrt{b^2-4ac}}{2a}-\frac{-b-\sqrt{b^2-4ac}}{2a} = \frac{\sqrt{b^2-4ac}}{a}$$

따라서

$$\alpha-\beta = \frac{\sqrt{(-3)^2-4\cdot2\cdot(-2)}}{2} = \frac{5}{2}$$

176 · 두 집합 $\{(x, y) \mid y = 5x+k\}$와 $\{(x, y) \mid y = x^2+mx+n\}$의 교집합이 $\{(1, 3), (2, 8)\}$이라 하므로 x와 y에 먼저 $(1, 3)$을 대입하고 살펴본다. 그러면

$$\begin{cases} 3 = 5+k \\ 3 = 1+m+n \end{cases}$$

로부터 $k = 2$와 $m+n = 2$가 나온다. 다음으로 $(2, 8)$을 대입하고 살펴본다. 그러면

$$\begin{cases} 8 = 10+k \\ 8 = 4+2m+n \end{cases}$$

로부터 $k = 2$와 $2m+n = 4$가 나온다. 이상의 두 결과로부터

$$\begin{cases} m+n = 2 \\ 2m+n = 4 \end{cases}$$

이라는 연립방정식이 만들어지고, 이를 풀면 $m = 2$와 $n = 0$을 얻는다. 한편

$$kmx^2+(2k+3n)x+4m-2 = 0$$

의 두 근을 α와 β라고 할 때 αβ는 근과 계수의 관계로부터 다음과 같이 구해진다.

$$\alpha\beta = \frac{4m-2}{km} = \frac{4\cdot 2-2}{2\cdot 2} = \frac{3}{2}$$

177 · 한 근을 m이라고 하면 다른 근은 $m+2$이며, 문제의 2차방정식은

$$(x-m)(x-m-2) = x^2-(2m+2)x+m(m+2) = 0$$

과 같다. 그러므로

$$\begin{cases} a+3 = -2m-2 \\ 15 = m^2+2m \end{cases}$$

라는 연립방정식이 성립하는데, 이는 최고차수가 2이므로 정확히 말하자면 m과 a에 대한 **2원2차연립방정식**이다. 그러나 이를 푸는 데 특별히 새로운 방법이 필요한 것은 아니므로 차분히 풀어가보도록 한다. 먼저 둘째 식을 풀면

$$m^2+2m-15 = (m+5)(m-3) = 0$$

이므로 $m = -5, 3$이 구해진다. 이 값을 첫째 식에 대입하면 a가 나온다. $m = -5$이면 $a = 5$이고, $m = 3$이면 $a = -11$이므로, 답은 5와 -11이다.

178 · ①을 인수분해하면 다음과 같다.

$x^2+(a-1)x+a-2=0$

$(x+1)(x-2+a)=0$

$\therefore x=-1,\ 2-a$

다음으로 ②를 인수분해하면 다음과 같다.

$x^2+(a-4)x-4a=0$

$(x-4)(x+a)=0$

$\therefore x=4,\ -a$

두 방정식이 공통의 근을 가지므로 아래와 같이 각각의 경우로 나누어 살펴본다.

㉮ $2-a=4$인 경우 : $a=-2$

㉯ $-1=-a$인 경우 : $a=1$

㉰ $2-a=-a$인 경우 : $2=0$이 되므로 이 경우는 불가능하다.

이상으로부터 a가 취할 수 있는 값은 1과 -2이다.

참고 이 문제의 경우 ①과 ②가 적어도 하나의 공통근을 가지면 될 뿐, ①과 ②의 근이 모두 일치해야 하는 것은 아니다. 따라서 2원2차연립방정식이라고 할 수 없음에 유의해야 한다.

179 · 근과 계수의 관계식을 적용하면

$\dfrac{1}{p+1}+\dfrac{1}{q+1}=\dfrac{1}{15}$ —①

$\left(\dfrac{1}{p+1}\right)\left(\dfrac{1}{q+1}\right)=\dfrac{1}{15}$ —②

②를 정리하면 $(p+1)(q+1)=15$ —③

①을 정리하고, ③을 적용하면

$15(p+q+2)=(p+1)(q+1)=15$

$\therefore p+q=-1$

③을 전개하면 $pq+p+q+1=15$인데 $p+q=-1$이다.

$\therefore pq=15$

따라서 p와 q를 두 근으로 하는 본래의 2차방정식은 다음과 같다.

$3x^2+3x+45=0$

180 · $p(p+1)+q(q+1)+2(pq+1)=4$

$p^2+p+q^2+q+2pq-2=0$

$(p+q)^2+(p+q)-2=0$

$(p+q+2)(p+q-1)=0$

$\therefore p+q=1, -2$

181 · $px^2+(3-q)x+(p-4)r=0$에 $x=2$를 대입하면

$4p+6-2q+pr-4r=0$

이 된다. 그런데 이 식은 p의 값에 상관없이 성립하므로 p에 관한 항등식으로 정리해서 살펴본다.

$(4+r)p+6-2q-4r=0$

항등식의 성질에 따라

$4+r=0,\ 6-2q-4r=0$

이 성립한다. 따라서 $q=11,\ r=-4$이다.

182 · 구하는 자연수를 n이라고 하면 다음 방정식이 성립한다.

$\frac{1}{2}n(n+1)=10n+10$

$n^2+n=20n+20$

$(n-20)(n+1)=0$

$\therefore n=20, -1$

n은 자연수라고 했으므로 두 근 가운데 20이 답이다.

183 · 처음의 넓이와 같아지는 데까지 걸리는 시간을 x초라고 하면 다음 방정식이 성립한다.

$(150-x)(90+1.5x)=150\cdot 90$

$1.5x^2-135x=0$

$15x(x-90)=0$

$\therefore x=0, 90$

답 가운데 0초는 출발 시점을 말하므로 버린다. 따라서 답은 90초이다.

184 · 처음에 덜어낸 물의 양을 xg이라 하면 한 번 덜어내고 채운 절차가 끝난 다음 설탕물의 무게는 다시 1000g이 되고 여기에 들어간 설탕은 xg이다. 여기서 $(x+200)$g의 설탕물을 덜어내고 다시 $(x+200)$g의 설탕을 채우면 65%의 설탕물 1000g이 된다. 그러면 이 과정 중에 물속에 들어간 설탕의 양은

$x+(x+200)$ — ①

g이고 빠져 나온 설탕의 양은

$\frac{x}{1000}(x+200)$ — ②

g이다. 그러면 ①－②는 1000g의 65%와 같으므로 다음 방정식이 성립한다.

$$x+(x+200)-\frac{x}{1000}(x+200)=1000\times\frac{65}{100}$$

이것을 풀면

$-x^2+1800x+200000=650000$

$x^2-1800x+450000=0$

$(x-300)(x-1500)=0$

$\therefore x=300, 1500$

그러나 처음 물의 양이 1000g이므로 $x=1500$은 답이 될 수 없다. 곧 처음 덜어낸 물의 양은 300g이다.

185 · 부등호의 성질을 적용해서 풀어간다.

① $a>b$ 의 양변에 4를 곱하고 다시 2를 더해도 부등호의 방향은 바뀌지 않는다. 그러므로 $4a+2>4b+2$이다.

② $a>b$ 의 양변을 -4로 나누면 부등호의 방향이 바뀌며, 그 후 2를 뺄 때는 변하지 않는다. 그러므로 $-\frac{a}{4}-2<-\frac{b}{4}-2$이다

186 · ① $1<m<4$ → (각 변에 3을 곱) → $3<3m<12$

$5<n<6$ → (각 변에 2를 곱) → $10<2n<12$

$\therefore 13<3m+2n<24$

② $1<m<4$ → (부호가 같을 때 역수를 취하면 부등호 방향 전환) →

$1>\frac{1}{m}>\frac{1}{4}$ → (각 변에 4를 곱) → $4>\frac{4}{m}>1$ → (변의 순서 바꾸기)

→ $1<\frac{4}{m}<4$

한편 $5 < n < 6$ → (각 변에 -4를 곱) → $-24 < -4n < -20$

$\therefore -23 < \frac{4}{m} - 4n < -16$

187 · x의 정수값이 2라 함은 x가 2보다 크고 3 미만의 수라는 뜻인데

$x < \frac{3k-7}{4}$

이므로 이는 결국

$3 \leqq \frac{3k-7}{4}$

라는 뜻이다. 이것을 풀면 $\frac{19}{3} \leqq k$이다.

188 · $(p-3)x > q$의 해가 $x < \frac{1}{2}$이라고 하므로

$p-3 < 0,\ x < \frac{q}{p-3}$ —①

그리고 $q^2 = 4$이므로 $p = \pm 2$이다.

㉮ $q = 2$이면 $\frac{2}{p-3} = \frac{1}{2}$이므로 $p = 7$

㉯ $q = -2$이면 $\frac{-2}{p-3} = \frac{1}{2}$이므로 $p = -1$

그런데 ①에서 $p-3 < 0$이므로 $p = -1$이고, 따라서 $q = -2$이다. $\therefore p-q = 1$

189 · $A = \{x \mid 3x-2 < x+10\}$ → $A = \{x \mid x < 5\}$

$B = \{x \mid x+k < 3x\}$ → $B = \{x \mid \frac{k}{2} < x\}$

따라서 $A \cap B = \{x \mid \frac{k}{2} < x < 5\}$이다. 그런데 x는 정수이므로

$1 \leqq \frac{k}{2} < 2$

이어야 한다. 그러므로 구하는 답은 $2 \leqq k < 4$이다.

190 · 미지수의 모든 값에 대하여 성립하는 부등식을 절대부등식이라고 한다. 중학 과정에서는 원칙적으로 이를 다루지 않지만 미지수의 모든 값에 대하여 성립하는 등식인 항등식은 다루므로 여기 문제를 통하여 이에 대응하는 절대부등식에 대해 간단히 알아본다. 이 문제의 경우 k의 값을 다음과 같이 세 가지로 나누어 살펴보면 좋다.

$kx < 1$에서,

① $k > 0 \rightarrow x < \frac{1}{k}$: 이때는 $x \geqq \frac{1}{k}$에 대해서는 성립하지 않으므로 답이 아니다.

② $k < 0 \rightarrow x > \frac{1}{k}$: 이때는 $x \leqq \frac{1}{k}$에 대해서는 성립하지 않으므로 답이 아니다.

③ $k=0 \rightarrow 0<1$: 이때는 x의 모든 값에 대해 성립하므로 답이다.

191 · $x=0.\dot{a}$라 하면 $10x=a.\dot{a}$이므로 $9x=a$이고 따라서 $0.\dot{a}=\frac{a}{9}$이다. 이에 따라 문제의 식을 고쳐 쓰면 아래와 같다.

$\frac{1}{3}<\frac{a}{9}<\frac{5}{6}$

여기의 세 변에 9를 곱하고 정리하면

$3<a<7.5$

이므로, 자연수 값의 a는 4, 5, 6, 7이다.

192 · $(a+b)x+3a-2b<0 \quad \rightarrow \quad (a+b)x<2b-3a \quad$ — ①

그런데 ①의 해가 $x>-2$ 이므로

$a+b<0 \quad$ — ②

이다. ②에 따라 ①로부터 다음 결과가 얻어진다.

$x>\frac{2b-3a}{a+b} \quad \rightarrow \quad \frac{2b-3a}{a+b}=-2 \quad \rightarrow \quad a=4b \quad$ — ③

③을 $(a+3b)x+a-9b>0$에 대입해서 정리하면

$7bx>5b \quad$ — ④

가 된다. 그런데 ③을 ②에 대입해서 살펴보면

$5b<0 \quad \rightarrow \quad b<0 \quad$ — ⑤

이다. 그러므로 ⑤를 고려하면 ④는 $x<\frac{5}{7}$라는 답이 나온다.

193 · ① $\begin{cases} \frac{1}{3}(x+1)<5-\frac{1}{5}(x+2) \\ \frac{1}{2}(x-3)<\frac{2}{3}(x+2) \end{cases}$

첫째 식의 양변에 15를 곱하고 정리한다.

$5(x+1)<75-3(x+2) \quad \rightarrow \quad 8x<64 \quad \rightarrow \quad x<8$

둘째 식의 양변에 6을 곱하고 정리한다.

$3(x-3)<4(x+2) \quad \rightarrow \quad -17<x$

$\therefore -17<x<8$

② $\begin{cases} 2x+13 \leqq 4x-1 \\ -\dfrac{x-5}{8} < 2-\dfrac{x+1}{3} \end{cases}$

첫째 식을 정리한다.

$14 \leqq 2x \rightarrow 7 \leqq x$

둘째 식의 양변에 24를 곱하고 정리한다.

$-3x+15 < 48-8x-8 \rightarrow 5x < 25 \rightarrow x < 5$

두 식을 모두 만족하는 x의 공통 범위가 없으므로 이 문제의 해는 없다.

③ 이 문제는 다음의 연립부등식과 같다.

$\begin{cases} 7x-8 < x+4 \\ x+4 \leqq 5x+8 \end{cases}$

첫째 식을 풀면 $x < 2$이고 둘째 식을 풀면 $-1 \leqq x$이다.

$\therefore -1 \leqq x < 2$

④ 이 문제는 다음의 연립부등식과 같다.

$\begin{cases} \dfrac{2x-5}{5} < \dfrac{x-1}{2} \\ \dfrac{x-1}{2} < \dfrac{x+3}{4} \end{cases}$

첫째 식의 양변에 10을 곱하고 정리하고 풀면 $-5 < x$이다. 다음으로 둘째 식의 양변에 4를 곱하고 정리하고 풀면 $x < 5$이다.

$\therefore -5 < x < 5$

194 · 문제의 연립부등식은 아래와 같이 쓸 수 있다.

$\begin{cases} x+p > 3x \\ 3x > -x+q \end{cases}$

이것을 풀면 $\dfrac{q}{4} < x < \dfrac{p}{2}$이므로 $\dfrac{q}{4} = 2$이고 $\dfrac{p}{2} = 3$이다.

$\therefore p = 6,\ q = 8$

195 · 연속되는 3개의 짝수 가운데 가장 큰 것을 x라고 하면 다른 2개는 $x-2$와 $x-4$이며, 따라서 다음의 부등식이 성립한다.

$35 < x+x-2+x-4 < 44$

$35 < 3x-6 < 44,\ 41 < 3x < 50,\ \dfrac{41}{3} < x < \dfrac{50}{3}$

이 범위에 드는 짝수는 14와 16이다. 따라서 답은 (10, 12, 14)와 (12, 14, 16)의 두 조가 된다.

196 · 8%의 설탕물 400g에는 32g의 설탕이 있다. 여기에 물 xg을 추가하면 설탕물의 양은 $400+x$가 되므로 다음의 부등식이 성립한다.

$2 \leqq \dfrac{32}{400+x} \times 100 < 5$

이것을 연립으로 풀면 $240 < x \leqq 1200$이므로, 240g보다 많이 넣되 1200g 이하여야 한다.

197 · 사람 수를 x라고 하면 사과의 개수는 $3x+6$ 이상이다. 그런데 4개씩 줄 경우 1번부터 $x-3$번까지는 4개씩, $x-2$번은 1개 이상 4개 이하, $x-1$번과 x번은 하나도 받지 못하므로 다음 부등식이 성립한다.

$$4(x-3)+1 \leqq 3x+6 \leqq 4(x-3)+4$$

이것을 풀면 $14 \leqq x \leqq 17$이므로 문제의 상황을 유발할 수 있는 사람의 수는 14, 15, 16, 17명이다. 그리고 이에 대응하는 사과의 개수의 범위는 다음의 표와 같이 구하면 각각 48, 51~52, 54~56, 57~60개이다.

사람 수	3개씩 줄 경우	4개씩 줄 경우	공통 범위
14	$14 \cdot 3+6=48$개 이상	$11 \cdot 4+1 \sim 4=45 \sim 48$개	48개
15	$15 \cdot 3+6=51$개 이상	$12 \cdot 4+1 \sim 4=49 \sim 52$개	51~52개
16	$16 \cdot 3+6=54$개 이상	$13 \cdot 4+1 \sim 4=53 \sim 56$개	54~56개
17	$17 \cdot 3+6=57$개 이상	$14 \cdot 4+1 \sim 4=57 \sim 60$개	57~60개

198 · 곱셈에서는 작은 수끼리 곱할수록 작아지고 큰 수끼리 곱할수록 커진다. 따라서 pq의 범위는

$$12 \cdot 4 < pq < 36 \cdot 6 \quad \rightarrow \quad 48 < pq < 216$$

이다. 한편 나눗셈에서는 작은 수를 큰 수로 나눌수록 작아지고 큰 수를 작은 수로 나눌수록 커진다. 따라서 $\frac{p}{q}$의 범위는 아래와 같다.

$$\frac{12}{6} < \frac{p}{q} < \frac{36}{4} \quad \rightarrow \quad 2 < \frac{p}{q} < 9$$

199 · 두 집합이 상등이라 함은 서로의 원소가 같다는 뜻이므로 A와 B의 해가 서로 같아야 한다. 먼저 A의 부등식을 풀면 $6 \leqq x$가 나온다. 그리고 B의 부등식을 정리하면

$$-\frac{2+5k}{9} \leqq x$$

이다. 그러므로

$$-\frac{2+5k}{9} = 6$$

이란 뜻이며, 이를 풀면 $k=-\frac{56}{5}$이 나온다.

200 · 각각을 풀면

$A = \{x | x \leqq 1\}$, $B = \left\{x | x \geqq -\frac{3}{4}\right\}$, $C = \left\{x | x < \frac{20}{3}\right\}$

이므로

$A \cap B \cap C = \left\{x | -\frac{3}{4} \leqq x \leqq 1\right\}$

이다. 따라서 정수인 원소는 0과 1이다.

201 · 첫째 식을 정리하면 $(p-3)x > -10$ — ①

둘째 식을 정리하면 $q-5 < x$ — ②

그런데 $-3 < x < 3$이므로 ②로부터 $-3 = q-5$이고 따라서 $q = 2$이다. 그러면 ①의 형태는 $x < -\frac{10}{p-3}$이 되어야 하고 따라서 $p = -\frac{1}{3}$이다.

$\therefore p+q = \frac{5}{3}$

202 · $|a-c| < 6 \rightarrow -6 < a-c < 6$ — ①

$|b-a| < 3 \rightarrow -3 < b-a < 3$ — ②

①+②를 하면

$-9 < b-c < 9$

이다. 그런데 a, b, c가 모두 정수이므로 $b-c$도 정수이다. 따라서 답은 -8부터 8까지의 정수이다

203 · $|x-4| \leqq 3 \rightarrow -3 \leqq x-4 \leqq 3$ — ①

①의 세 변에 13을 더한다.

$10 \leqq x+9 \leqq 16$ — ②

②의 세 변에 0.85를 곱한다.

$\therefore 8.5 \leqq 0.85(x+9) \leqq 13.6$

204 · 일의 양 전체를 1이라 하면 시간당 남학생은 1/5 여학생은 1/8을 한다. 7명에 넣을 여학생 수를 x라 하면 남학생 수는 $7-x$이고 다음 부등식이 성립한다.

$$(7-x)\frac{1}{5}+\frac{1}{8}x \geqq 1$$

이것을 풀면 $x \leqq \frac{16}{3} = 5.333\cdots\cdots$이므로 여학생은 5명까지 넣을 수 있다.

205 · 소수 첫째 자리에서 반올림해서 5가 되는 수는 4.5 이상 5.5 미만이다.

$$4.5 \leqq \frac{5}{6}(2k+3) < 5.5$$

$$\therefore \frac{6}{5} \leqq k < \frac{9}{5}$$

206 · 분모를 x라 하면 분자는 $90-x$이다. 그리고 소수 둘째 자리 이하를 버렸으므로 다음 부등식이 성립한다.

$$0.8 < \frac{90-x}{x} < 0.9 \quad \rightarrow \quad \frac{900}{19} < x < \frac{900}{18}$$

그런데 기약분수이므로 분모는 자연수이고 위 범위에 드는 것들은 48과 49이며 이에 대응하는 분자는 42와 41이다. 그런데 $\frac{42}{48}$는 기약분수가 아니므로 답은 $\frac{41}{49}$이다.

207 · 두 집합의 부등식을 정리하면 다음과 같다.

$$A = \left\{x \middle| -1 \leqq x < \frac{p-1}{5}\right\},\ B = \left\{x \middle| x \geqq \frac{q-3}{8}\right\} \quad —①$$

이것과 교집합 $\{x \mid 1.2 \leqq x < 3\}$을 비교하면 p와 q를 구하지 않고도 A와 B를 다음과 같이 고쳐 쓸 수 있다.

$$A = \{x \mid -1 \leqq x < 3\},\ B = \{x \mid x \geqq 1.2\} \quad —②$$

그런데 $A^c \cap B = B-A$이므로 ②로부터 $A^c \cap B = \{x \mid 3 \leqq x\}$를 얻는다.

참고 ①과 교집합을 비교하면 p와 q의 값을 구할 수 있으며, 그 결과는 $p=16$이고 $q=6.6$이다. 그러나 이는 해답을 구하는 데 꼭 필요한 것은 아니므로 생략하는 게 좋다. 이처럼 **문제와 직접 관련이 없는 정보**를 주면서 약간의 혼란을 유도하는 경우도 가끔씩 있는데, 이런 것들은 풀이 도중에 잘 판단하여 **굳이 필요가 없다면 과감히 배제**하도록 한다. **수학은 물론 어떤 과목에서든 문제가 요구하는 것에 대해서는 정확하고도 빠짐없이 답하되, 그렇지 않은 것에 대해서는 꼭 필요하지 않는 한 언급하지 않는 게 좋다.**

208 · 형과 동생의 속도를 분속으로 나타내면 4000/60m와 10000/60m이다. 그리고 동생이 출발한 후 둘 사이의 거리가 100m 이상 500m 이하가 되는 때까지 걸리는 시간을 x분이라고 하면 다음 부등식이 성립한다.

$$100 \leqq \left(2000+\frac{200}{3}x\right)-\frac{500}{3}x \leqq 500$$

이것을 풀면 $15 \leqq x \leqq 19$이므로 답은 동생이 출발한 후 15분 이상 19분 이하의 사이이다.

209 · 첫째 식을 먼저 푼다.

$$\frac{2x}{3}+\frac{1}{2} \geqq x-\frac{k}{6},\ 4x+3 \geqq 6x-k,\ x \leqq \frac{k+3}{2} \quad -①$$

다음으로 둘째 식에 따르면

$$3x-1 \geqq 0,\ x \geqq \frac{1}{3} \quad -②$$

①과 ②를 결합하면

$$\frac{1}{3} \leqq x \leqq \frac{k+3}{2} \quad -③$$

문제에 따르면 ③의 범위에 드는 x의 정수값이 1, 2, 3, 4란 뜻이므로

$$4 \leqq \frac{k+3}{2} < 5$$

이다. 이것을 풀면 $5 \leqq k < 7$이다.

210 · 이번 주까지의 타수와 안타수를 각각 x와 y라고 하면 문제의 내용으로부터 다음의 연립부등식이 성립한다.

$$\begin{cases} 0.3115 \leqq \dfrac{y-4}{x-17} < 0.3125 \\ \dfrac{y}{x} = 0.3 \end{cases}$$

$$\begin{cases} 0.3115(x-17) \leqq y-4 < 0.3125(x-17) \quad -① \\ y = 0.3x \quad -② \end{cases}$$

②를 ①에 대입하고 풀면

$$\frac{1.3125}{0.0125} < x \leqq \frac{1.2955}{0.0115}$$

가 되며 이에 맞는 정수값의 x는 106부터 112까지의 7개이다. 그런데 y는 안타수로서 역시 자연수여야 하므로 ②와의 관계에서 이 조건에 맞는 x의 값은 110뿐이다. 따라서 이 선수가 이번 주까지 친 안타는 모두 33개이다.

211 · 정비례와 반비례는 각각 $y=ax$와 $y=\frac{a}{x}$의 꼴로 표현된다.

① $y=1300x$ → $y=ax$의 꼴이므로 정비례 관계이다.

② $xy=1000$, $y=\frac{1000}{x}$ → $y=\frac{a}{x}$의 꼴이므로 반비례 관계이다.

③ 피자는 모두 24조각이며, $xy=24$의 관계가 성립한다. 이는 $y=\frac{24}{x}$로 쓸 수 있고 $y=\frac{a}{x}$의 꼴이므로 반비례 관계이다.

④ $y=20-5x$, $y=-5x+20$ → 이는 엄밀히 말하자면 $y=ax$ 꼴이 아니며, 1차함수라고 부르는 $y=ax+b$의 형태이다. 그러나 $y=ax$는 절편이 0인 1차함수이므로 1차함수는 정비례 관계를 포함한다. 따라서 1차함수 꼴로 나타내지는 경우 흔히 절편을 무시하고 정비례 관계라고 부른다.

212 · ① $y=2000x$의 관계이므로 정비례.

② 큰 자연수가 작은 자연수보다 항상 많은 약수를 가진다고 볼 수 없으며, 일정한 관계도 없다. 따라서 이 경우 적어도 중학 과정의 수준에서는 "특별한 관계가 없다"라고 답하면 된다.

③ $xy=10$의 관계가 성립하므로 반비례.

④ 예를 들어 200 이하의 소수의 개수는 100 이하의 소수의 개수보다 많다. 그러나 자연수가 커진다고 해서 소수의 개수가 어떻게 증가하는지의 관계는 쉽게 파악하기 어렵다. 실제로 이 문제는 고도로 발달한 현대수학에서도 아직 해결하지 못하고 있다. 따라서 중학 과정의 수준에서는 이때도 "특별한 관계가 없다"라고 답하면 된다.

⑤ 초침은 초당 $6°$씩 회전하므로 $y=6x$의 관계가 있다. 따라서 정비례 관계이다.

213 · $y=3t-6=3(t-2)=3x$, 곧 $y=3x$라는 정비례 관계에 있다.

214 · x와 y가 반비례 관계에 있으므로 $y=\frac{a}{x}$로 쓸 수 있다. 여기에 $x=-4$와 $y=3$을 대입하면 $a=-12$가 나온다. 그러므로 x와 y 사이의 관계식은 $y=-\frac{12}{x}$이며, 이로부터 $y=\frac{1}{5}$일 때 x의 값을 구하면 $x=-\frac{12}{y}=-12\div\frac{1}{5}=-12\times5=-60$이다.

215 · 함수를 나타내는 방법에는 표와 수식과 그래프가 있으며, 이를 함수의 3대 표현법이라고 부른다. 표는 함수의 독립변수와 종속변수를 분명하게 보여주지만 시각적 효과가 없으므로 전체적 상황을 파악하는 데에 불리하다. 수식은 가장 일반적인 방법인데, 너무 불규칙적이거나 모호해서 식으로 나타낼 수 없는 함수의 경우에는 쓸모가 없다는 게 약점이다. 그러나 교과과정에서는 대부분 수식으로 나타낼 수 있는 경우를 다루므로 이런 함수를 잘 이해하는 것이 중요하다. 그래프는 함수를 우리의 이해에 가장 도움을 주는 시각적 방법이란 점에서 좋다. 하지만 항상 그래프를 그린다는 것은 번잡하므로 특별히 필요한 경우에만 효과적으로 이용하는 것이 바람직하다.

216 · 표로 정리하면 다음과 같다.

함수론의 용어	영화의 비유
정의역(domain)	필름
공역(codomain)	스크린
치역(range)	영상
독립변수(입력변수◇)	필름 위의 점
종속변수(출력변수◇)	스크린 위의 점
함수값	영상 위의 점
함수(function)	영사기에 의한 상영

217 · ① 단가에서의 '가(價)'는 함수값을 뜻하는 바, 무릇 함수가 되려면 **정의역의 모든 원소의 함수값이 공역에 존재해야 한다**는 점을 가리킨다.

② 단가에서의 '단(單)'은 **정의역의 한 원소의 함수값은 오직 하나여야 한다**는 점을 가리킨다.

위 두 가지의 내용은 **"함수값은 존재하되 오직 하나 존재한다"**라고 축약할 수 있고, 이것을 더욱 줄인 것이 '단가'라는 말이다.

한편 단가대응을 영화의 비유에 맞추어 살펴보면 다음과 같다.

① 정의역의 모든 원소의 함수값이 공역에 존재해야 한다(치역은 공역보다 커서는 안 된다) : 필름에 담긴 대상은 모두 스크린에 비춰져야 한다(영화는 반드시 스크린 안에 상영해야 한다). → 정의역은 함수관계에 모두 쓰이지만, 공역은 일부만 쓰여도 상관없다. 단 공역보다 큰 영역을 쓸 수는 없다.

② 정의역의 한 원소의 함수값은 오직 하나여야 한다 : 필름에 담긴 한 대상의 영상은 오직 하나여야 한다.

218 · 답은 ②와 ⑤이다. ①③④에서 수직으로 겹쳐서 배열된 점들은 입력변수인 x의 값 하나에 출력변수인 y값이 여러 개인 경우이므로 '단가대응'이라는 함수의 핵심 요건을 충족시키지 못한다.

219 · 함수의 핵심 개념인 '단가대응'에 비추어 생각해본다. 이에 따르면 ①②③⑤는 x의 값 하나에 대하여 y의 값이 둘 이상의 여러 개가 대응하는 경우들이 있다. 따라서 함수는 ④뿐이다.

220 · 공역과 치역이 일치하므로 $f(1)=f(2)=f(3)=f(4)$인 경우는 있을 수 없다. 따라서 다른 경우로는 ㉮정의역의 원소 3개가 공역의 a에 대응하고 다른 하나는 b에 대응하는 경우와 ㉯정의역의 원소 2개가 공역의 a에 대응하고 다른 2개는 b에 대응하는 경우의 두 경우가 있으며, 이를 더 자세히 살펴보면 다음과 같다.

㉮의 경우 :

$f(1)=f(2)=f(3)=a$이고 $f(4)=b$인 경우와 같은 것들은

"$(1, 2, 3) \to a,\ \ 4 \to b$", "$(1, 2, 4) \to a,\ \ 3 \to b$",

"$(1, 3, 4) \to a,\ \ 2 \to b$", "$(2, 3, 4) \to a,\ \ 1 \to b$"

의 네 가지가 나온다. 그리고 $f(1)=f(2)=f(3)=b$이고 $f(4)=a$인 경우와 같은 것들도 위와 마찬가지로 네 가지가 나온다. 따라서 여기 ㉮의 경우에 해당하는 것은 모두 8개이다.

㉯의 경우 :

$f(1)=f(2)=a$이고 $f(3)=f(4)=b$인 경우와 같은 것들은

"$(1,2)\to a,\ (3,4)\to b$", "$(1,3)\to a,\ (2,4)\to b$",

"$(1,4)\to a,\ (2,3)\to b$", "$(2,3)\to a,\ (1,4)\to b$",

"$(2,4)\to a,\ (1,3)\to b$", "$(3,4)\to a,\ (1,2)\to b$"

로서 여기 ㉯의 경우에 해당하는 것은 모두 6개이다.

따라서 공역과 치역이 일치하는 함수는 모두 14개이다.

221 · ① 섭씨온도는 물이 어는 온도와 끓는 온도의 사이를 100등분했음에 비하여 화씨온도는 180등분을 했다. 곧 두 온도계를 놓고 비교할 때 일정한 간격에 화씨온도의 눈금은 섭씨온도의 눈금보다 9/5만큼 많이 들어 있다. 그런데 물이 어는 온도를 출발점으로 삼을 경우 화씨온도는 출발점부터 32라는 값을 가진다.

그러므로 화씨온도를 f, 섭씨온도를 c로 나타낼 때

$$f=\frac{9}{5}c+32 \quad -㉮$$

의 관계가 있다. 한편 위의 식을 c에 대해서 풀면

$$c=\frac{5}{9}(f-32) \quad -㉯$$

가 된다.

② 문제에서 '숫자의 차이'라고만 했을 뿐 어느 온도가 더 높은가 낮은가 하는 말은 없으므로 화씨온도의 눈금이 섭씨온도의 눈금보다 더 높은 경우와 더 낮은 경우의 두 가지를 따져보아야 한다.

먼저 첫째 경우를 생각해보면 이는 $f=c+40$이란 뜻이므로 이를 ㉮에 대입해서 풀면 된다.

$$c+40=\frac{9}{5}c+32,\ \therefore c=10$$

곧 섭씨로는 10℃, 화씨로는 50°F의 경우이다.

다음으로 둘째 경우를 생각해보면 이는 $f=c-40$이란 뜻이므로 이를 ㉮에 대입해서 풀면 된다.

$$c-40=\frac{9}{5}c+32,\ \therefore c=-90$$

곧 섭씨로는 −90℃, 화씨로는 −130°F의 경우이다.

물론 위 두 경우를 ㉯의 식으로 풀어도 마찬가지의 결과가 나온다.

222 · 먼저 $\frac{1+2x}{3x-2} = \frac{5}{4}$를 풀면 $x=2$를 얻는다. 그러므로 구하는 답은 다음과 같다.

$$f\left(\frac{5}{4}\right) = 2\cdot 2^2 - 3\cdot 2 + 1 = 3$$

223 · x와 y 사이의 함수식은 $y = -30x+1200$이다. 그런데 물탱크의 물은 40분이 지나면 바닥나며, 이를 식으로 풀면

$$0 = -30x+1200,\ \therefore x = 40$$

이다. 다시 말해서 이 함수의 정의역은 $0 \leqq x \leqq 40$이다.

224 · 사다리꼴의 넓이는 "{(윗변+아랫변)×높이}÷2"로 주어진다. 여기 문제에서 사다리꼴의 높이는 80cm이고, 아랫변은 $100-x$cm, 윗변은 $100-(x+20)$cm이므로 그 넓이는

$$y = \frac{1}{2}\{(100-x)+(100-x-20)\}\times 80$$

이다. 따라서 x와 y 사이의 함수식은

$$y = -80x+7200$$

로 주어진다.

한편 $0 \leqq x$이지만 사다리꼴의 모습을 유지하려면 $x+20 < 100$이어야 하므로 정의역의 범위는

$$0 \leqq x < 80$$

이다. 치역은 이 범위에서의 y값을 뜻하므로 그 범위는 다음과 같다.

$$800 < y \leqq 7200$$

225 · 15 이하의 소수는 2, 3, 5, 7, 11, 13이고 이들의 약수의 개수는 2이다. 다음으로 다른 수들을 살펴보면

$$f(1)=1,\ f(4)=f(9)=3,$$

$$f(6)=f(8)=f(10)=f(14)=f(15)=4,\ f(12)=6$$

이므로 치역의 집합은 $\{1, 2, 3, 4, 6\}$이다. 따라서 그 합은 16이다.

226 · 먼저 $f(a)=7$이고 $f(b)=4$인 a와 b를 구한다.

$3a-2=7 \;\rightarrow\; a=3,\; 3b-2=4 \;\rightarrow\; b=2$

그러므로 $7@4=5\cdot3-3\cdot2=9$

227 · ① 4사분면

② 1사분면

③ y축 위의 점으로서, 어느 사분면에도 속하지 않는다.

④ 2사분면

⑤ 원점의 좌표로서 어느 사분면에도 속하지 않는다.

⑥ x축 위의 점으로서, 어느 사분면에도 속하지 않는다

228 · (a, b)가 제2사분면의 점이므로 $a<0$이고 $b>0$이다.

① $(-a, -b) \;\rightarrow\; (-a>0, -b<0)$, $\therefore (-a, -b)$는 제4사분면의 점이다. 또는 이 문제의 경우 (a, b)가 제2사분면의 점인데 $(-a, -b)$는 두 좌표의 부호가 모두 (a, b)와 반대라는 사실로부터도 제4사분면의 점임을 바로 알 수 있다.

② $(ab,\; b-a) \;\rightarrow\; (ab<0,\; b-a>0)$, $\therefore (ab,\; b-a)$는 제2사분면의 점이다.

229 · $P(b, ab)$가 제3사분면 위의 점이므로

$b<0$이고 $ab<0 \;\rightarrow\; \therefore a>0$

위의 결과를 이용하며 Q의 좌표를 살펴보면

$b-a=$ 음수$-$ 양수 <0이고, $\dfrac{a}{b}=\dfrac{\text{양수}}{\text{음수}}<0$

따라서 Q 또한 제3사분면 위의 점이다.

230 · (x, y)와 원점에 대하여 대칭인 점은 $(-x, -y)$이다. 따라서 문제로부터 다음 연립방정식이 성립한다.

$$\begin{cases} a+2b=10a-4b \\ 5-3b=a-2b \end{cases}$$

이것을 풀면 $a=2, b=3$이 나온다.

231 · 교점의 좌표값은 두 함수를 모두 만족시킨다. 따라서

$-5 = 5a \quad \rightarrow \quad \therefore a = -1, \quad -5 = \frac{b}{5} \quad \rightarrow \quad \therefore b = -25$

그러므로 $ab = (-1)\times(-25) = 25$이다.

다음으로 $y = -x$를 $y = -\frac{25}{x}$에 대입하면

$-x = -\frac{25}{x}, \ x^2 = 25, \ \therefore x = \pm 5$

이 가운데 $x = 5$는 첫 교점의 좌표이므로 다른 교점은 $x = -5$를 이용해서 구한다. 그러면

$y = -x = -(-5) = 5$

이므로 다른 교점의 좌표는 $(-5, 5)$이다.

한편 $y = -x$와 $y = -\frac{25}{x}$의 그래프를 그려보면 곧 알겠지만, 두 교점의 좌표는 원점에 대하여 대칭이다. 그러므로 이 점을 이용하면 위와 같이 계산할 필요도 없이 다른 교점의 좌표가 $(-5, 5)$임을 바로 알 수 있다.

232 · $\frac{f(p)-f(q)}{p-q} = 5$는 기울기가 5라는 뜻이므로 $a = 5$이다. 따라서 $f(x) = 5x+b$인데 이는 점 $(2, 3)$을 지나므로

$3 = 5\times 2+b, \ \therefore b = -7$

그러므로 구하는 식은 $y = 5x-7$이다.

233 · 그림에서 $y = ax+b$의 기울기 a는 양수이고 절편 b는 음수이다. 한편 $a+b$는 $x = 1$일 때의 함수값인데, 그림에 의하면 이 값은 음수이다. 또한 $b-a$는 $x = -1$일 때의 함수값인데 그림에 의하면 이 값도 음수이다. 이상의 내용을 종합하면 답은 ③과 ⑤이다.

234 · 그림의 그래프는 기울기가 음이므로 $\frac{b}{a} < 0$이고, y절편은 양이므로 $-\frac{c}{b} > 0$, 곧 $\frac{c}{b} < 0$이다.

이때 만일 $b > 0$이라고 하면 $a < 0$이고 $c < 0$이다.

또한 만일 $b < 0$이라고 하면 $a > 0$이고 $c > 0$이다.

따라서 어느 경우이든 a와 c의 부호는 항상 일치하며 따라서 ac의 부호도 항상 양이다.

235 · 두 직선이 일치하면 1차항 계수와 상수항의 비율이 모두 같아야 한다.

$$\frac{a+2}{4} = \frac{1}{3} = \frac{2}{b+3}$$

이것을 풀면 $a=-\frac{2}{3}$, $b=3$이다.

236 · $y-4$가 $x+2$에 비례하는 관계는 다음과 같이 나타내진다.

$$y-4 = a(x+2)$$

그런데 이는 $y=4$이고 $x=-2$이면 a의 값이 얼마이든 $0=0$이라는 결과가 되므로 항상 성립한다.

다시 말해서 위의 비례 관계를 가지는 모든 1차함수의 그래프는 $(-2, 4)$라는 점을 항상 지난다.

237 · 1차함수는 x의 값이 증가함에 따라 함수값이 항상 증가하거나 아니면 항상 감소한다. 따라서 함수값이 항상 양이려면 정의역 양끝의 함수값이 모두 양이면 된다.

$x=-2$일 때 : $y=(5-a)(-2)+a-8 = 3a-18 > 0$,

$\therefore a > 6$

$x=4$일 때 : $y=(5-a)\cdot 4+a-8 = -3a+12 > 0$,

$\therefore a < 4$

따라서 a의 범위는 $a > 6$ 또는 $a < 4$이다.

238 · 그래프가 제1, 3, 4분면을 지나면 기울기는 양수이고 y절편은 음수이다. 한편

$$\frac{b}{a}x+\frac{b}{c}y+\frac{a}{c} = 0,\ \ y = -\frac{c}{a}x-\frac{a}{b}$$

이므로

$$-\frac{c}{a} > 0,\ -\frac{a}{b} < 0$$

이고, 따라서 a와 c의 부호는 다르고, a와 b의 부호는 같다.

다음으로 위의 내용에 비추어 다음을 생각해본다.

$$ax+by+c=0,\ \ y = -\frac{a}{b}x-\frac{c}{b}$$

그러면 이 식의 기울기는 음수이고 y절편은 양수임을 알 수 있다. 따라서 이 그래프는 제1, 2, 4사분면을 지난다.

239 · $3x-4y+5=0$으로부터 $y=\frac{3}{4}x+\frac{5}{4}$를 얻으며, 이 그래프의 기울기는 $\frac{3}{4}$이다. 따라서 이 그래프와 평행인 직선은 $y=\frac{3}{4}x+b$이고 여기에 점 $(3, 4)$를 대입하면 $b=\frac{7}{4}$이고, 구하는 답은 $y=\frac{3}{4}x+\frac{7}{4}$이다.

240 · x축의 오른쪽 방향으로 2만큼 이동하면서 y값의 변화를 보았더니 4만큼 감소했다는 뜻은 기울기가 -2라는 뜻이다. 따라서 직선의 식은 $y=-2x+b$이며, 여기에 x절편의 좌표 $(7, 0)$을 대입하면 $b=14$가 나온다. 그러므로 구하는 답은 $y=-2x+14$이다.

241 · 먼저 $2y-8=0$을 y에 대해서 정리하면 $y=4$로서 x축에 평행한 직선이다. 따라서 이 직선과 수직인 직선은 y축에 평행하므로 그 식은 $x=k$로 주어지며, x의 값은 일정하되 y는 어떤 값이라도 상관없다. 그런데 이 직선이 점 $(3, 4)$를 지나므로 그 식은 $x=4$, 곧 $x-4=0$이다. 이 마지막 식과 $5x+by+c=0$은 서로 일치해야 하므로 계수와 상수의 비가 같아야 한다. 곧

$$\frac{1}{5}=\frac{0}{b}=\frac{-4}{c}$$

이며, 따라서 $b=0$이고 $c=-20$이다.

242 · $y=3(x-4)^2+7$의 그래프를 x축 음의 방향으로 2, y축 방향으로 k만큼 평행이동한 그래프의 식은 $y-k=3\{x-4-(-2)\}^2+7$, $y=3(x-2)^2+7+k$이다. 이 그래프가 $(5, 0)$을 지나므로 이 좌표를 x와 y에 대입하면 k의 값이 나온다.

$$0=3(5-2)^2+7+k, \therefore k=-34$$

243 · $(1, 2)$를 $y=(3+a)x+b$에 대입하면

$$a=-b-1 \quad -①$$

$\left(\frac{3}{2}, p\right)$를 $y=2x^2-3b$와 $y=(3+a)x$에 대입하면

$$p=\frac{9}{2}-3b,\ p=\frac{9}{2}+\frac{3}{2}a$$

이므로

$$a=-2b \quad -②$$

①과 ②를 연립하여 풀면 $a=-2$이고 $b=1$이다. 그리고 이를 대입하면 ②의 2차함

수는 $y=2x^2-3$이고 1차함수는 $y=x$이다. 이 두 그래프의 교점을 구하면

$$2x^2-x-3=(x+1)(2x-3)=0,\ x=-1,\ \frac{3}{2}$$

으로부터 $(-1,\ -1)$과 $\left(\frac{3}{2},\ \frac{3}{2}\right)$이 나온다. 그러므로 $p=\frac{3}{2},\ q=r=-1$이다.

244 · ① 꼭지점의 좌표가 $(3,5)$이므로 일단 $y=a(x-3)^2+5$인데 이것이 $(0,7)$을 통과하므로

$$7=a(-3)^2+5,\ a=\frac{2}{9}$$

이다. 따라서 구하는 포물선의 식은 $y=\frac{2}{9}(x-3)^2+5$

② x절편이 3과 5이므로 일단 $y=a(x-3)(x-5)$인데 이것이 $(0,\ -8)$을 통과하므로

$$-8=a(-3)(-5),\ a=-\frac{8}{15}$$

이다. 따라서 구하는 포물선의 식은 $y=-\frac{8}{15}(x-3)(x-5)$이다.

245 · y절편이 5이므로 $c=5$이다. $y=-2x^2+bx+5$에 $(-1,0)$을 대입하면 $b=3$이 나온다. 따라서 문제의 포물선은

$$y=-2x^2+3x+5$$

이며 이를 표준형으로 고치면 다음과 같다.

$$y=-2x^2+3x+5=-2\left(x-\frac{3}{4}\right)^2+\frac{49}{8}$$

따라서 꼭지점의 좌표는 $\left(\frac{3}{4},\ \frac{49}{8}\right)$이다.

246 · 이 문제의 상황을 그림으로 보면 다음과 같다.

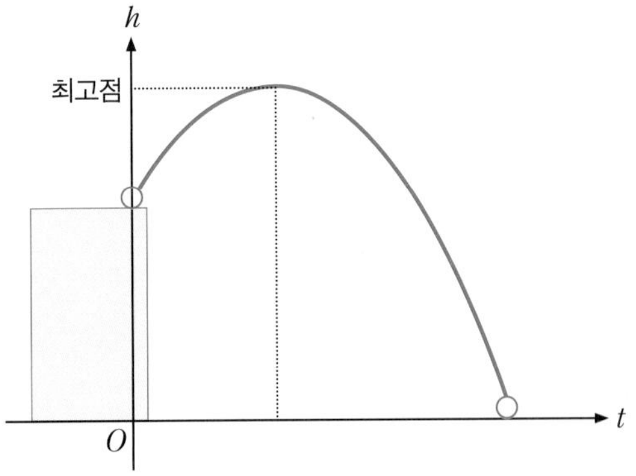

① 최고점의 높이와 거기에 도달할 때까지 걸린 시간은 위 관계식을 표준형으로 고

치면 구해진다.

$$h = -5t^2+30t+35 = -5(x-3)^2+80$$

곧 던지고 나서 3초 후에 최고 80m의 높이에 도달한다.

② 땅에 떨어지면 높이는 0이므로 위 관계식의 h를 0으로 놓고 풀면 된다.

$$0 = -5t^2+30t+35,\ 0 = t^2-6t-7,\ (t-7)(t+1) = 0$$

그런데 $t > 0$이므로 $t = 7$, 곧 7초 후에 땅에 닿는다.

247 · 두 정사각형의 넓이의 합을 $y\text{cm}^2$라고 하면

$$y = x^2+(25-x)^2 = 2x^2-50x+625$$

이다. 이것을 표준형으로 고치면

$$y = 2\left(x-\frac{25}{2}\right)^2+\frac{625}{2}$$

이므로 $x = 12.5\text{cm}$일 때, 곧 선분을 반으로 나누어서 각각 정사각형을 만들었을 때 그 넓이의 합이 최소가 된다.

248 · $y = 2x^2+bx+c$가 $(2, -3)$을 지나므로

$$2b+c = -11 \quad -①$$

$y = 2x^2+px+q$가 $(3, 22)$을 지나므로

$$3p+q = 4 \quad -②$$

그런데 두 포물선이 y축에 대칭이므로

$$2(-x)^2+b(-x)+c = 2x^2-bx+c = 2x^2+px+q$$

의 관계가 성립한다. 따라서

$$b = -p,\ c = q \quad -③$$

이다. ①②③을 연립해서 풀면

$$b = -3,\ c = -5,\ p = 3,\ q = -5$$

가 나온다. 따라서 구하는 답은 $b+c-p-q = -6$이다.

249 · ①을 x축 음의 방향으로 2만큼 이동한 그래프는

$$y = a(x+2)^2+8(x+2)+6a$$
$$= ax^2+4(a+2)x+10a+16$$
$$= a\left(x+2+\frac{4}{a}\right)^2+6a-\frac{16}{a}$$

이다. 따라서 이 그래프의 꼭지점의 좌표는

$\left(-2-\frac{4}{a},\ 6a-\frac{16}{a}\right)$ —③

이다. 한편 ②를 표준형으로 고치면

$$y = x^2-2(b+4)x+b^2+10b+22 = (x-b-4)^2+2b+6$$

이므로 꼭지점의 좌표는

$(b+4,\ 2b+6)$ —④

이다. ③과 ④는 원점에 대하여 대칭이므로 다음의 관계가 성립한다.

$2+\frac{4}{a} = b+4$ —⑤

$-6a+\frac{16}{a} = 2b+6$ —⑥

⑤에서 얻은 $b = \frac{4}{a}-2$를 ⑥에 넣고 풀면

$$-6a+\frac{16}{a} = \frac{8}{a}+2,\ \ 3a^2+a-4 = 0,$$
$$\therefore a = \frac{-1\pm\sqrt{1+48}}{6} = \frac{-1\pm7}{6} = 1,\ -\frac{4}{3}$$

이 나온다. 그러므로 $a=1$과 $b=2$, $a = -\frac{4}{3}$와 $b=-5$의 두 쌍이 나온다.

250 · $(p,\ q)$가 $2x+y+3 = 0$이라는 직선을 따라 움직이므로

$$2p+q+3=0,\ q = -2p-3$$

이다. 또한 $y=f(x)$에서 $x = p+q$이고 $y=pq$이다. 따라서

$$x=p+q=p-2p-3 = -p-3,\ p = -x-3$$

이다. 그런데

$$y=pq=p(-2p-3) = -2p^2-3p$$
$$= -2(-x-3)^2-3(-x-3)$$
$$= -2(x+3)^2+3(x+3) = -2x^2-9x-9$$
$$= -2\left(x+\frac{9}{4}\right)^2+\frac{81}{8}-9 = -2\left(x+\frac{15}{4}\right)^2+\frac{9}{8}$$

이므로 구하는 최대값은 $\frac{9}{8}$이다.

251 · '기하'의 원어는 'geometry'인데, 이는 "geo+metry"로 구성되어 있으며 "땅을 측량한다"라는 뜻을 갖고 있다. 이 점에서 볼 때 기하는 본래 일상생활에서의 여러 가지 측량이라는 현실적 필요성에서 출발한 학문임을 알 수 있고, 그 실제적 근원은 흔히 나일강의 범람 때문에 매년 땅을 새로 측량해야 했던 고대 이집트에서 찾는다. 하지만 인간이 사는 곳이라면 어디서나 나름대로의 필요성이 제기되었을 것은 당연하며 따라서 모든 고대 사회가 고유의 기원을 가졌다고 봄이 타당하다. 다만 고대 그리스 문화는 특유의 논리적 사고법을 접목시켜 BC5~3세기 무렵에 기하의 기초를 확립했으며, 이것이 사실상 수학의 근원이 되었고, 이후 그 체계가 전세계적으로 전파되고 발전하면서 오늘날 수학의 주요 분야 가운데 하나로 자리잡게 되었다. '기하(幾何)'라는 용어는 중국 명나라 말기의 학자 서광계(徐光啓, 1562~1633)가 1607년에 이탈리아의 선교사 마테오 리치(Matteo Ricci, 1552~1610)의 도움을 받아 유클리드(Euclid, BC300년경)의 『원론(原論, Elements)』을 번역하고 『기하원본(幾何原本)』이란 제목으로 출간한 데서 처음 등장한다. 그런데 '기하'가 'geometry'의 소리를 딴 음역(音譯)인지 아니면 뜻을 새겨서 새로 만든 훈역(訓譯)인지에 대하여 약간의 논란이 있다. 대체적으로는 'geo'의 발음을 딴 음역으로 보는 견해가 우세하지만, 수학이 어떤 수량에 대하여 "얼마인가?"를 주로 물으며, 이것이 한자로는 "幾何?"이기 때문에 훈역으로 보는 사람들도 있다. 제4장에서 '함수'의 경우에도 비슷한 논란이 있음을 보았는바, **'기하'와 '함수' 모두 음역과 훈역을 겸한 창의적 조어로 보아도 좋을 것**으로 여겨진다.

252 · ① $\angle x$의 동위각은 $\angle y$의 오른쪽에 이웃하는 각이므로 $120°$이다.

② $\angle y$의 엇각은 $\angle x$의 오른쪽 아래에 있는 각이므로 $70°$이다.

③ $\angle y$의 엇각의 동위각은 $\angle y$의 맞꼭지각이므로 $60°$이다.

253 · 명제는 참과 거짓의 여부를 판단할 수 있는 문장이다. ①은 '내세'가 무엇인지 알 수 없으며, '악한 짓'이란 것도 각 개인의 주관과 각 사회의 합의에 따라 다를 수 있으므로 명제가 아니다. ②는 '태초'라는 것이 무엇인지 아직 과학적으로 불명이며, '하나님'이라는 관념도 사람마다 다르므로 이 또한 명제가 아니다. ③의 경우 이른바 빅뱅 이론(big bang theory)이 현재로서 가장 그럴 듯한 우주론으로 여겨지고 있기는 하다. 그러나 아직 그 사실 여부가 밝혀진 것은 아니므로 이 또한 명제가 아니다. ④티끌이 모이면 점점 커져서 여러 가지 물체가 될 수 있고, 태산도 티끌이 모여서 된 것은 사실이다. 따라서 이 문장은 명제이다. 단 티끌이 모여서 될 수 있는 것이 태산만은 아니므로 이는 적어도 수학적으로는 거짓인 명제이다. ⑤천릿길이라도 걸어갈 경우 한 걸음부터 시작하는 것은 사실이므로 이는 참인 명제이다. 따라서 답은 ④와 ⑤이다.

이 문제를 통해 우리가 알아야 할 특히 중요한 점 하나는 **"일상적 또는 상식적인 참, 거짓과 수학적인 참, 거짓이 반드시 일치하지는 않는다"**는 점이다. "티끌 모아 태산"이라는 속담의 경우 일상적으로는 참으로 받아들이며 많은 사람들이 '저축'의 중요성을 강조할 때 이를 인용한다. 그러나 위에서 보았듯 수학적으로는 참이 아니다. 인간이 수학을 만든 이유는 기본적으로 현실 생활의 여러 가지 문제를 해결하기 위한 것이기는 하다. 그러나 때로 이처럼 '일상적 상황'과 '수학적 상황'이 다를 수 있다는 점을 유의하여 주어진 문제의 정확한 해답을 찾을 때 혼란이 없도록 해야 한다.

254 · ① 공간상의 두 직선이 서로 만나지도 않고 평행하지도 않도록 놓인 위치.

② 두 직선이 만날 때 만들어지는 4개의 각 가운데 서로 이웃하지 않은 한 쌍의 각.

③ 한 쌍의 대변이 평행인 사각형.

④ 두 쌍의 대변이 각각 평행인 사각형. 단 평행사변형의 경우 "두 쌍의 대변의 길이가 각각 같은 사각형"이라고 정의할 수도 있다. 여기서 보듯 어떤 용어의 정의가 반드시 하나의 표현이어야 한다는 법은 없으며, 필요에 따라 서로 동등한 여러 가지의 표현으로 나타낼 수 있다. 단 이때 각 정의가 서로 모순되어서는 안 되고 똑같은 내용을 담고 있어야 한다.

255 · ① 예를 들어 $2 \times 3 = 6$의 경우에서 보듯 이 명제는 거짓이다. 그 역은 "a와 b가 짝수이면 ab도 짝수이다"인데, 짝수는 모두 2의 배수이므로 이는 참이다.

② 자연수 n에 대하여 $24n = 6(4n)$이므로 이 명제는 참이다. 그 역은 "6의 배수는 24의 배수이다"인데, 예를 들어 12는 6의 배수이되 24의 배수는 아니므로 이는 거짓이다.

③ 예각삼각형은 세 각이 모두 예각이므로 이 명제는 참이다. 그 역은 "$\angle A$가 예각이면 $\triangle ABC$은 예각삼각형이다"는 것인데, $\angle A$가 예각이라도 다른 각이 둔각이면 이 삼각형은 둔각삼각형이라고 불리므로 이는 거짓이다.

256 · ①③④명제는 참이지만 역은 거짓이다. ②a와 b 가운데 하나만 0이어도 $ab = 0$이므로 명제는 거짓이다. 그러나 $a = 0$이고 $b = 0$이면 $ab = 0$이므로 역은 참이다.

⑤명제와 역 모두 참이다. 따라서 답은 ⑤이다.

257 · 아래 그림처럼 2개의 평행 보조선을 그어놓고 생각해보면 평행선의 엇각은 서로 같다는 성질에 따라 $\angle x = 50°$임이 밝혀진다.

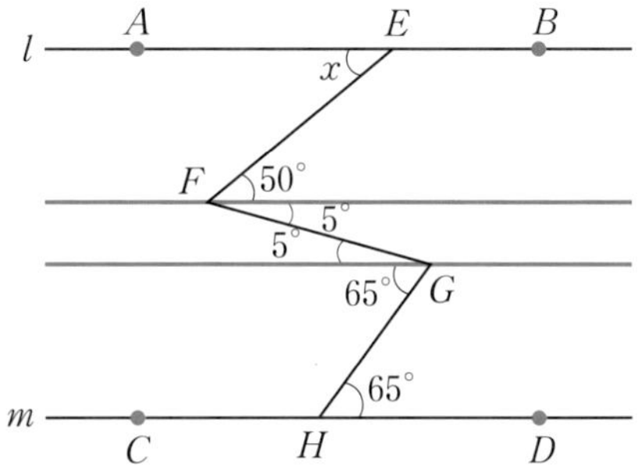

258 · 아래 그림과 같이 l과 m에 평행인 보조선을 긋고 생각해보면 $\angle a+\angle b-\angle c = 180^\circ$ 임을 알 수 있다.

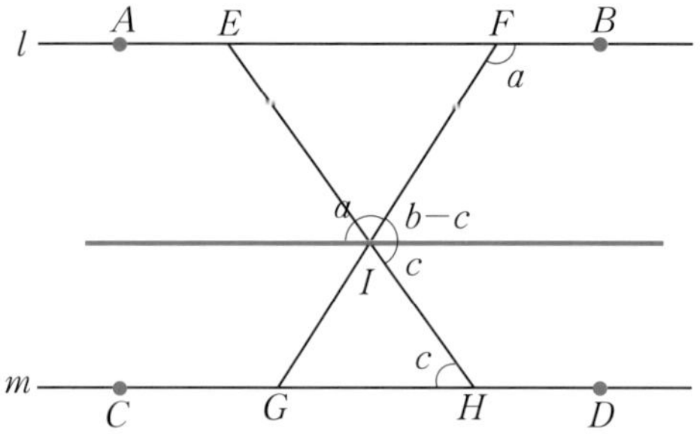

259 · ① 리본의 $EFGH$ 부분을 펼치면 $EBDH$가 되고 따라서 $AB /\!/ CD$이다. 그러므로 평행선의 엇각 관계로부터

$\angle BEH = \angle IHE$

이다. 한편 $\angle BEH$가 그대로 접어져서 $\angle IEH$가 되므로

$\angle BEH = \angle IEH$

이다. 이상으로부터 $\angle IEH = \angle IHE$가 얻어지며, 따라서 $\triangle EIH$는 이등변삼각형이다.

② $AB /\!/ CD$이므로 평행선의 엇각 관계에 따라

$\angle EIH = \angle IEA = 70^\circ$

이다. 그러므로 $\angle BEI = 110^\circ$인데 변 EH는 이 각의 이등분선이다.

따라서 $\angle BEH = \angle IEH = 55^\circ$이다.

260 · 두 직선의 수직 여부는 일단 서로 만날 때에 이야기할 수 있다. 따라서 평행일 때는 물론이고 꼬인 위치에 있을 때도 수직이라고 말할 수 없다. ②에서 l과 n이 서로 꼬인 위치에 있으면 $l \perp n$이라고 할 수 없다.

③에서 한 직선에 수직인 두 직선은 서로 수직일 수도 있고 꼬인 위치에 있을 수도 있다. ⑤에서 세 직선이 모두 서로 꼬인 위치에 있을 수도 있다. 따라서 옳지 않은 것은 ②③⑤이다.

261 · ② 한 직선에 평행인 두 평면은 무수히 다양한 각도로 만날 수 있다.

③ 한 직선에 수직인 두 직선은 서로 꼬인 위치에 있을 수도 있다.

⑤ 한 평면에 평행인 두 직선은 서로 꼬인 위치에 있을 수도 있다.

⑧ 한 평면에 수직인 두 평면은 무수히 다양한 각도로 만날 수 있다.

따라서 답은 ①④⑥⑦이다.

262 · 평면의 경우 서로 다른 두 직선은 만나거나 평행이다. 따라서 $l \perp m$이고 $l \perp n$ 이면 l은 m 및 n과 만나고 교차각은 모두 $90°$이다. 그런데 여기에는 동위각과 엇각이 모두 포함되어 있으며, 이들이 서로 모두 같다는 뜻이므로 결국 $m /\!/ n$이다.

공간의 경우에는 '꼬인 위치'라는 관계가 있으므로 사정이 좀 다르다. 곧 공간에서 $l \perp m$이고 $l \perp n$이면 m과 n은 서로 평행이거나 꼬인 위치의 관계에 있다.

263 · 둔각은 $90° < a < 180°$인 각을 가리킨다. 따라서 ①은 틀리고 ⑤는 옳다. ②의 경우 평면이 평면을 벗어나지않고 놓인 방향을 따라 움직이면 다시 평면이 만들어질 뿐이므로 틀리다. ③의 경우 두 평면이 겹칠 때는 만나는 자리가 평면이 되므로 틀리다.

따라서 잘못된 것은 ①②③이다.

264 · $\overline{MN} = \overline{MP} + \overline{PN} = \frac{1}{2}\overline{AP} + \frac{1}{2}\overline{PB} = \frac{1}{2}\overline{AB}$

따라서 $\overline{AB}$의 길이가 일정한 한 $\overline{MN}$의 길이도 일정하며, 그 길이는 $\frac{1}{2}\overline{AB}$이다.

265 · 두 각의 크기가 30°와 45°이므로 다른 한 각의 크기는 105°이다. 따라서 7cm인 변이 어느 두 각 사이에 들어가느냐에 따라 아래와 같은 세 가지의 삼각형이 만들어진다.

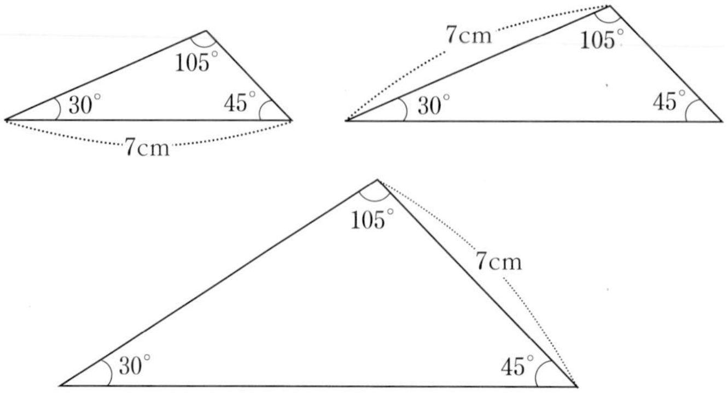

266 · 삼각형의 외심과 내심에 대하여 미리 알고 있는 경우라면 이 문제는 바로 외심과 내심을 구하라는 것임을 알아차릴 수 있다. 그러나 그와 같은 사전지식이 없을 경우 이를 어떻게 해결할까 하는 관점에서 추리해가보도록 한다.

① 처음부터 세 꼭지점으로부터 같은 거리에 있는 점을 곧바로 찍어내기란 쉽지 않다. 따라서 먼저 어떤 두 점으로부터 같은 거리에 있는 점을 구하도록 해본다. 그러면 이는 두 점을 잇는 선분의 수직이등분선 위에 있는 점이란 사실을 알아차릴 수 있다(삼각형의 합동을 이용해서 이를 증명해보아라). 이 사실은 삼각형의 세 꼭지점 중의 어느 두 꼭지점에 대해서도 똑같이 적용된다. 그러므로 구하는 점은 삼각형의 세 변의 수직이등분선의 교점이다. 실제로 이를 작도해보면 이들 세 수직이등분선은 한 점에서 만나고 이것이 바로 삼각형의 외심이다. 이들 세 수직이등분선이 한 점에서 만난다는 사실에 대한 증명은 『중학수학 바로 보기』 제5장에 실었다.

② 이 또한 처음부터 세 변으로부터 같은 거리에 있는 점을 곧바로 찍어내기란 쉽지 않다. 따라서 먼저 어떤 두 변으로부터 같은 거리에 있는 점을 구하도록 해본다. 그러면 이는 두 변 사이에 낀 각의 이등분선 위에 있는 점이란 사실을 알아차릴 수 있다(삼각형의 합동을 이용해서 이를 증명해보아라). 이 사실은 삼각형의 세 변 중의 어느 변에 대해서도 똑같이 적용된다. 그러므로 구하는 점은 삼각형의 세 각의 이등분선의 교점이다. 실제로 이를 작도해보면 이들 세 이등분선은 한 점에서 만나

고 이것이 바로 삼각형의 내심이다. 이들 세 이등분선이 한 점에서 만난다는 사실에 대한 증명은『중학수학 바로 보기』제5장에 실었다.

267 · 삼각형을 접는다는 생각을 버리고 우선 꼭지점 A와 점 P를 잇는 직선을 둘로 접어서 A와 P를 겹치게 한다고 생각해본다. 그러면 접는 선은 왼쪽 그림처럼 선분 AP의 중점을 지나는 수직이등분선임을 알 수 있다. 만일 중점을 지나되 수직이등분선이 아닌 선을 이용하여 접는다면 가운데 그림에서 보듯 A와 P가 어긋나서 겹쳐지지 않기 때문이다. 따라서 답은 오른쪽 그림과 같다.

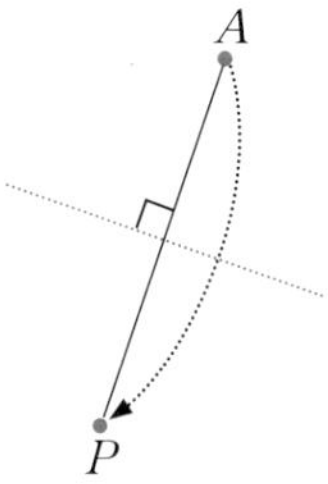

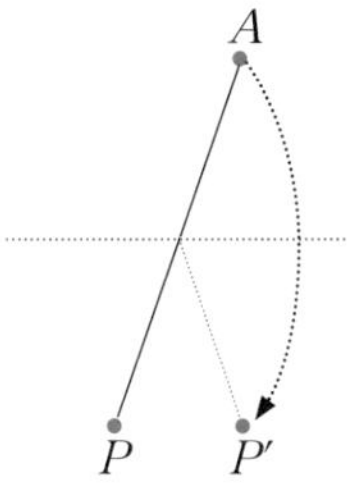

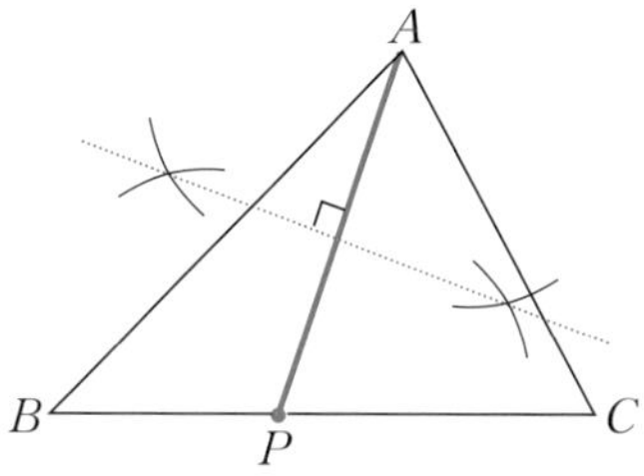

268 · 아래 그림에서 선분 AM은 꼭지점 A와 대변 BC의 중점을 연결하는 것인 바, $\triangle ABM$과 $\triangle AMC$는 밑변의 길이와 높이가 같으므로 넓이도 같다.

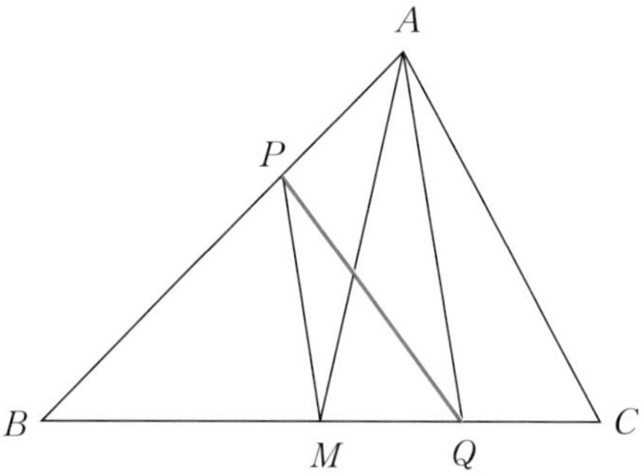

다음으로 선분 PM과 평행이면서 꼭지점 A를 지나는 직선을 긋고 변 BC와 만나는 점을 Q로 잡는다. 그러면 $\triangle APM$과 $\triangle QPM$은 밑변 PM을 공유하고 높이가 같은 삼각형이므로 넓이도 서로 같다. 따라서

$\triangle PBQ = \triangle PBM + \triangle QPM$

$= \triangle PBM + \triangle APM = \triangle ABM = \frac{1}{2}\triangle ABC$

의 관계가 성립한다. 그러므로 선분 PQ가 바로 구하는 답이다.

269 · $\angle A$의 크기를 x라고 하면

$\angle BCA = x,\ \angle CBD = \angle CDB = 2x$

이다. 따라서 꼭지점 C를 중심으로 다음 관계가 성립한다.

$\angle ACD = x + (180^\circ - 4x) = 180^\circ - 117^\circ$

이를 풀면 $\angle A = 39^\circ$이다.

270 · $\triangle ABC$가 이등변삼각형이므로 양 밑각은 각각 72°이다. 그러므로

$\angle DBC = 24^\circ,\ \angle ACD = (180 - 72) \div 2 = 54^\circ$

이다. 이에 따라 구하는 답은 $\triangle BCD$에 대한 다음 관계에서 얻어진다.

$\angle D + 24^\circ + 72^\circ + 54^\circ = 180^\circ$

$\therefore\ \angle D = 30^\circ$

271 · $\triangle ABC$와 $\triangle DCE$가 정삼각형이므로 $\triangle ACE \equiv \triangle BCD$이다. 따라서 $\angle AEC = \angle BDC$이다. 한편 $\angle FGD$와 $\angle CGE$는 맞꼭지각으로 서로 같다. 삼각형의 내각의 합은 180°이므로 $\triangle FGD$와 $\triangle CGE$에서

$\angle DFG = \angle ECG = 60^\circ$이다.

272 · $\triangle ADC$와 $\triangle CEB$에서 $\angle A = \angle C,\ \overline{AD} = \overline{CE},\ \overline{AC} = \overline{CB}$ 이므로 SAS합동이다. 따라서

$\angle ACD = \angle CBE$ — ①

이다. 그리고 $\triangle CEB$에서

$\angle C = 60^\circ = 180^\circ - \angle CBE - \angle BEC$ — ②

이며, $\triangle CEF$에서

$\angle CFE = 180^\circ - \angle ACD - \angle BEC$ — ③

이다. 그러므로 ①②③으로부터 $\angle CFE = 60^\circ$가 나오며, 따라서 $\angle BFC = 120^\circ$이다.

273 · 교점 D에서 변 AB에 수선을 내려서 살펴보면 $\triangle ADC \equiv \triangle ADE$이다. 따라서 $DE = DC$인데 DE는 바로 $\triangle ABD$의 높이에 해당한다. 그러므로 $\triangle ABD$의 넓이는 $12 \times 4 \div 2 = 24$이다.

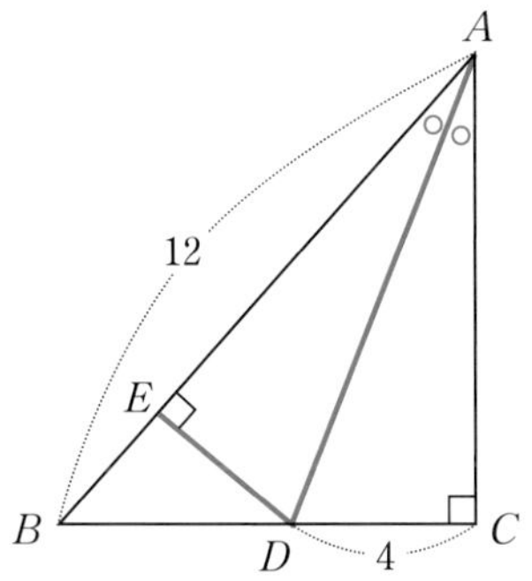

274 · $\triangle ACD$와 $\triangle BCE$를 비교해보면

$\overline{AC} = \overline{BC}$, $\overline{CD} = \overline{CE}$, $\angle ACD = \angle BCE$

이므로 SAS합동이다. 다음으로 $\triangle ABF$에서

$\angle FAB + \angle ABF + \angle x = 180^\circ$ — ①

이다. 그런데 $\triangle ACD \equiv \triangle BCE$이므로

$\angle FAB = \angle FBC + 60^\circ$ — ②

이다. ②식을 ①식에 대입하면

$(\angle FBC + 60^\circ) + \angle ABF + \angle x = 180^\circ$ — ③

을 얻는다. 그런데 $\angle FBC + \angle ABF = 60^\circ$이므로 ③식은

$60^\circ + 60^\circ + \angle x = 180^\circ$

로 되며, 이로부터 $\angle x = 60^\circ$가 나온다.

275 · 아래 그림처럼 $\overline{DG}=\overline{BE}$ 가 되도록 하는 $\triangle ADG$를 덧붙인다. 그러면 $\triangle ABE \equiv \triangle ADG$이므로

$\overline{AE}=\overline{AG}$ 이다. 다음으로

$$\angle GAF = \angle GAD + DAF$$
$$= \angle EAB + DAF = 45^\circ = \angle FAE$$

이며, 이에 따라 $\triangle AEF \equiv \triangle AGF$가 성립한다. 그러므로 답은 다음 식으로 얻어진다.

$$\angle AFD = \angle AFE = 180^\circ - (45^\circ + 60^\circ) = 75^\circ$$

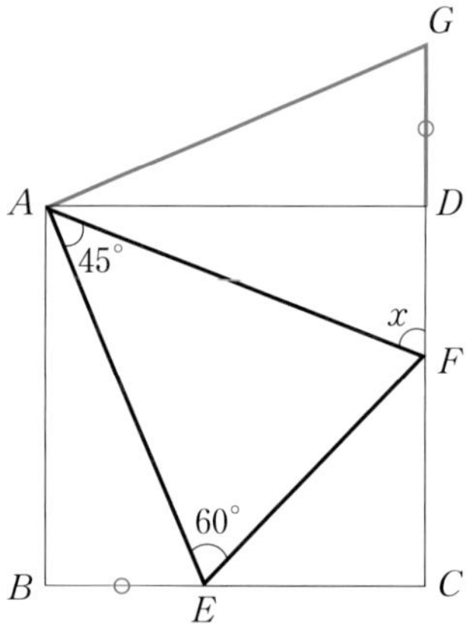

276 · ① $\triangle ABD$와 닮은 삼각형은 $\triangle CAD$와 $\triangle CBA$이다. 먼저 $\triangle ABD$와 $\triangle CAD$를 보면 직각을 하나씩 가지며,

$$\angle CAD + \angle BAD = \angle ABD + \angle BAD = 90^\circ$$

이므로 $\angle CAD = \angle ABD$여서 AA닮음이다. 다음으로 $\triangle ABD$와 $\triangle CBA$를 보면 직각을 하나씩 가지며, $\angle ABD(=\angle ABC)$를 공유하므로 AA닮음이다.

② $\triangle ABD \backsim \triangle CAD$이므로

$$x : 18 : y = 3 : 4 : 5$$

이다. 따라서 $x=13.5$이고 $y=22.5$이다.

277 · $\triangle DBE$의 넓이는 $\triangle DBC$ 넓이의 절반이다. 그런데 $\triangle DBC$의 넓이는 다시 $\triangle ABC$ 넓이의 절반이다. 따라서 $\triangle DBE$의 넓이는 $\triangle ABC$ 넓이의 1/4이다. 한편 $\triangle AGC$의 넓이는 $\triangle ABC$ 넓이의 1/3이므로 $\triangle ABC$의 넓이는 24이다. 그러므로 $\triangle DBE$

의 넓이는 6이다.

278 · 변 AD는 $\angle A$의 이등분선이므로 내각 이등분선의 정리에 따라

$$\overline{BD} : \overline{DC} = \overline{AB} : \overline{AC} = 15 : 12 = 5 : 4$$

이다. 한편 $\triangle ACE \equiv \triangle AFE$이므로

$$\overline{AC} = \overline{AF} = 12, \ \therefore BF = 3$$

이다. 그리고 $\triangle CEM \backsim \triangle CFB$이므로

$$\overline{EM} : \overline{FB} = 1 : 2, \ \therefore EM = 1.5$$

이다. 또한 $\triangle DEM \backsim \triangle DAB$이므로

$$\overline{DM} : \overline{DB} = \overline{EM} : \overline{AB} = 1 : 10$$

이며, 따라서 $\overline{DM} : \overline{MB} = 1 : 9$이다.

279 · $\square HFCG$를 $\triangle HFG$와 $\triangle GFC$의 두 삼각형으로 나누어 각각의 넓이를 구한 후 더하는 방식을 택하기로 한다. 먼저 $\overline{HG}$ 를 알아보면 $\triangle AEH \backsim \triangle ABF$이므로

$$\overline{EH} = \frac{2}{3}\overline{BF} = \frac{4}{9}\overline{BC}, \ \therefore \overline{HG} = \frac{5}{9}\overline{BC} = \frac{5}{9}\overline{EG}$$

이다. 따라서

$$\triangle HFG = \frac{5}{9}\triangle EBG = \frac{5}{9} \times \left(\frac{1}{6} \times 54\right) = 5$$

이다. 다음으로 $\triangle GFC \backsim \triangle DBC$인데 닮음비가 $1 : 3$이므로 넓이의 비는 $1 : 9$이다.

$$\therefore \triangle GFC = \frac{1}{9} \times \frac{54}{2} = 3$$

따라서 $\square HFCG$의 넓이는 8이다.

280 · 아래와 같이 B와 D를 잇고, F에서 AC와 평행인 선분 FG를 긋는다.

그러면 $\triangle BGF \backsim \triangle BAC$이므로

$\overline{BG} : \overline{GA} = 2:1 \quad -①$

이다. 그리고 $\triangle DEA \backsim \triangle FEG$이고 $\overline{DE} : \overline{EF} = 2:1$이므로

$\overline{AE} : \overline{EG} = 2:1 \quad -②$

이다. 따라서 ①②로부터 다음 식이 성립한다.

$\overline{BG} : \overline{GE} : \overline{EA} = 2 : \frac{1}{3} : \frac{2}{3} = 6:1:2$

그러므로 $\overline{BE} : \overline{EA} = 7:2$이다.

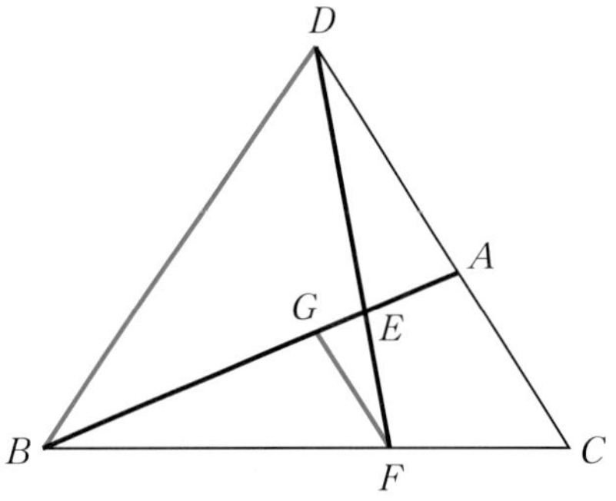

다음으로 $\triangle EFC = a$라고 하면 $\triangle EBC = 3a$이다.

그런데 $\overline{BE} : \overline{EA} = 7:2$이므로

$\triangle EAC = \frac{2}{7}\triangle EBC = \frac{2}{7} \times 3a = \frac{6}{7}a$

이며,

$\triangle ABC = \frac{9}{2}\triangle EAC = \frac{9}{2} \times \frac{6}{7}a = \frac{27}{7}a$

이다. 한편 $\triangle DFC = 3\triangle EFC = 3a$이므로

$\triangle ABC : \triangle DFC = \frac{27}{7}a : 3a = 9:7$

281 · 음영 부분의 넓이를 x라고 하면

$$x = P + Q + \triangle ABC - R$$
$$= \frac{\pi\left(\frac{a}{2}\right)^2}{2} + \frac{\pi\left(\frac{b}{2}\right)^2}{2} + \triangle ABC - \frac{\pi\left(\frac{c}{2}\right)^2}{2}$$
$$= \frac{\pi}{8}(a^2 + b^2 - c) + \triangle ABC$$

이다. 그런데 피타고라스 정리에 따라 $a^2+b^2=c^2$이므로

$$x=\triangle ABC$$

이다. 곧 음영 부분의 넓이는 $\triangle ABC$와 같다.

282 · 피타고라스 정리를 두 직각삼각형 ABE와 ADC에 적용한다.

$$\overline{BE}^2=\overline{AE}^2+\overline{AB}^2,\ \overline{CD}^2=\overline{AD}^2+\overline{AC}^2$$
$$\begin{aligned}\overline{BE}^2+\overline{CD}^2 &= (\overline{AE}^2+\overline{AB}^2)+(\overline{AD}^2+\overline{AC}^2)\\ &= (\overline{AE}^2+\overline{AD}^2)+(\overline{AB}^2+\overline{AC}^2)\end{aligned}$$

그런데 두 직각삼각형 ADE와 ABC에서

$$\overline{AE}^2+\overline{AD}^2=\overline{DE}^2,\ \overline{AB}^2+\overline{AC}^2=\overline{BC}^2$$
$$\therefore \overline{BE}^2+\overline{CD}^2=\overline{DE}^2+\overline{BC}^2$$

283 · 아래 그림처럼 P를 지나 두 쌍의 대변에 평행인 직선을 그어서 생각한다.

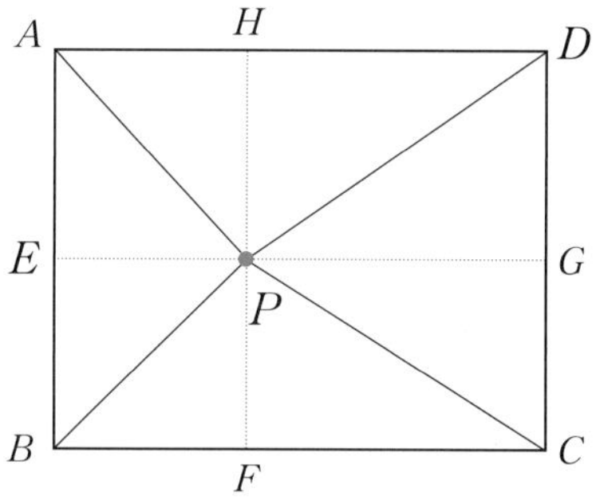

$$\begin{aligned}&\overline{AP}^2+\overline{CP}^2\\ &=(\overline{AH}^2+\overline{HP}^2)+(\overline{PG}^2+\overline{GC}^2)\\ &=(\overline{AH}^2+\overline{GC}^2)+(\overline{HP}^2+\overline{PG}^2)\\ &=(\overline{BF}^2+\overline{PF}^2)+(\overline{DG}^2+\overline{PG}^2)\\ &=\overline{BP}^2+\overline{DP}^2\end{aligned}$$

284 · $\overline{AB}^2+\overline{CD}^2=(\overline{AP}^2+\overline{BP}^2)+(\overline{CP}^2+\overline{DP}^2)$: 피타고라스 정리의 적용

$=(\overline{AP}^2+\overline{DP}^2)+(\overline{BP}^2+\overline{CP}^2)$: 순서 조정

$=(\overline{AD}^2+\overline{BC}^2)$: 피타고라스 정리의 적용

따라서 구하는 답은 164이다.

285 · 먼저 교점의 좌표를 구하면

$x^2 - x - 2 = 0,\ (x-2)(x+1) = 0,\ x = -1, 2$

이므로 $A = (-1, 1), B = (2, 4)$이다. 이 두 교점을 좌표축에 평행한 선으로 연결하면 아래 그림과 같은 직각삼각형이 만들어지고, 여기에 피타고라스 정리를 적용하면 두 교점 사이의 거리가 구해진다.

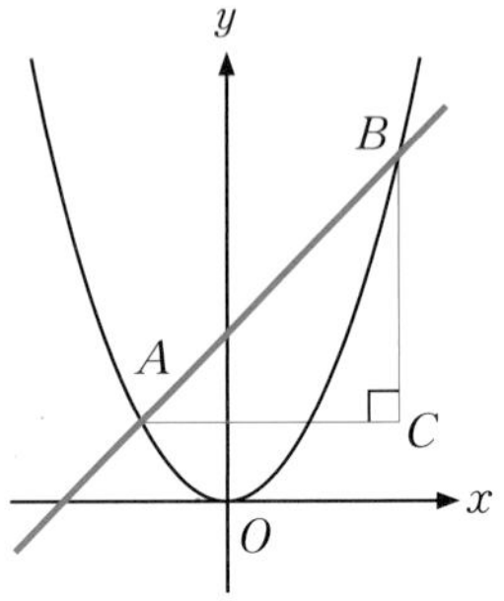

$$\begin{aligned}\overline{AB} &= \sqrt{\overline{AC}^2 + \overline{BC}^2} \\ &= \sqrt{(2+1)^2 + (4-1)^2} = 3\sqrt{2}\end{aligned}$$

286 · 세 변의 길이의 비가 3 : 4 : 5이므로 이는 직각삼각형이다. 이에 대한 내접원의 그림을 그려보면 아래와 같으며, $\triangle ABC$의 넓이는 다음 식으로 쓸 수 있다.

$$\begin{aligned}\triangle ABC &= \triangle IAB + \triangle IBC + \triangle ICA \\ &= \frac{1}{2} \times 20 \times r + \frac{1}{2} \times 16 \times r + \frac{1}{2} \times 12 \times r = 24r\end{aligned}$$

한편 $\triangle ABC$의 넓이는 밑변 BC와 높이 AC를 이용해서도 구할 수 있으며 그 값은 96이다. 따라서 이상의 결과로부터 $r = 4$가 나온다.

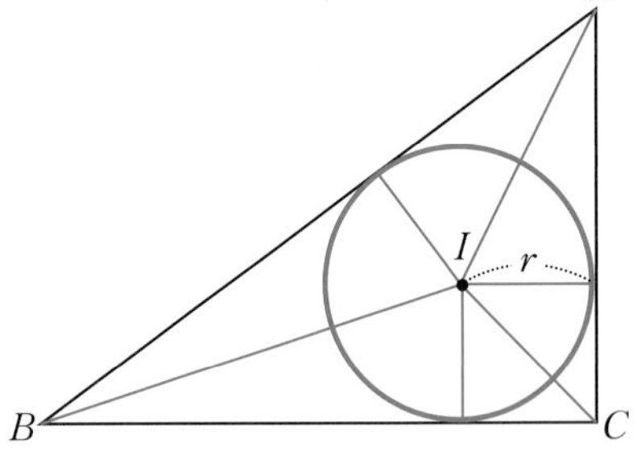

287 · 일단 그림을 그려서 생각해보자. 그러면 $\triangle ABC$의 넓이는 다음 식으로 쓸 수 있다.

$$\triangle ABC = \triangle IAB + \triangle IBC + \triangle ICA$$

$$96 = \frac{1}{2}cr + \frac{1}{2}ar + \frac{1}{2}br = \frac{4}{2}(a+b+c)$$

$$\therefore a+b+c = 48$$

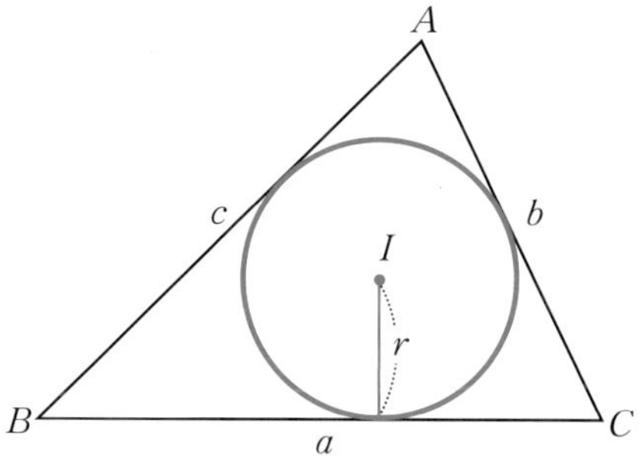

참고 이 결과는 넓이와 내접원의 반지름이 같은 삼각형의 둘레는 모두 같음을 보여준다.

288 · 그림에서 원은 $\triangle ABC$의 외접원이다. 따라서 O와 A, B, C를 연결할 때 만들어지는 $\triangle OAB$, $\triangle OBC$, $\triangle OCA$는 이등변삼각형이다. $\angle OAB$, $\angle OBC$, $\angle OCA$의 크기를 각각 a, b, c라고 하면

$$2(a+b+c) = 180^\circ, \ \therefore a+b+c = 90^\circ$$

이다. 한편

$$\angle A = a+c = 74^\circ$$

이므로 $b = 16^\circ$이며,

$$\triangle OAD \equiv \triangle OAE$$

이므로(RHS합동) $a = c = 37^\circ$이다.

따라서 $\angle C = b+c = 16^\circ + 37^\circ = 53^\circ$이다.

289 · 먼저 $\triangle ADF$를 떼 놓고 보면 E와 H는 각각 놓인 변들의 중점이므로 G는 $\triangle ADF$의 무게중심이다. 그러므로

$$\triangle ADF = 6\triangle GEF = 42$$

이다. 다음으로 $\triangle ABC$와 $\triangle ADF$를 비교해보면 높이는 같지만 밑변의 길이는 $\triangle ABC$가 $\triangle ADF$의 2배이다. 따라서 $\triangle ABC$의 넓이도 $\triangle ADF$의 2배인 84가 된다.

290 · 문제의 그림에 BF와 평행인 선분을 아래 그림처럼 긋고 생각해본다.

$\overline{BD}=\overline{DE}=\overline{EC}$ 이므로 $\overline{FD'}=\overline{D'E'}=\overline{E'C}$

$\triangle AHF \backsim AEE'$ 이므로 $\overline{HF}:\overline{EE'}=\overline{AF}:\overline{AE'}=3:5$

$\triangle AGF \backsim \triangle ADD'$ 이므로 $\overline{GF}:\overline{DD'}=\overline{AF}:\overline{AD'}=3:4$

$\triangle CEE' \backsim \triangle CDD' \backsim \triangle CBF'$ 이므로 $\overline{EE'}:\overline{DD'}:\overline{BF}=1:2:3$

이상의 관계를 토대로 각 선분의 비율을 그림에 표시하면 아래와 같다.

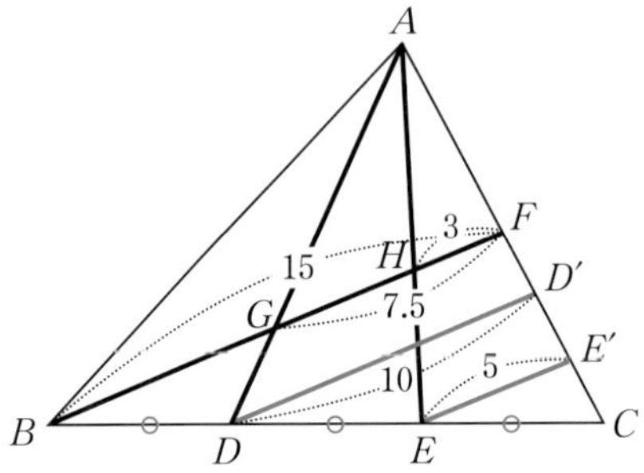

이 자료로부터

$\overline{BG}:\overline{GH}:\overline{HF}=7.5:4.5:3=5:3:2$

를 얻는다.

291 · 무게중심은 꼭지점과 대변의 중점을 연결한 직선들이 교차하는 점이다. 따라서 문제에 주어진 꼭지점의 좌표를 이용해서 이 직선들의 방정식을 구한 다음 그 교점을 구하면 된다. 먼저 꼭지점 A를 택하고, 그 대변인 BC의 중점을 D라고 하면 D의 좌표는 다음과 같다.

D의 좌표 $=\left(\dfrac{-5+3}{2},\dfrac{1+1}{2}\right)=(-1,1)$

그러므로 A와 D를 지나는 직선의 방정식은

$y-5=\dfrac{5-1}{3+1}(x-3),\ y=x+2$ — ①

이다. 마찬가지로 꼭지점 B를 택하고, 그 대변인 AC의 중점을 E라고 하면 E의 좌표는

E의 좌표 $=\left(\dfrac{3+3}{2},\dfrac{5+1}{2}\right)=(3,3)$

이고, B와 E를 지나는 직선의 방정식은

$y-1=\dfrac{3-1}{3+5}(x+5),\ y=\dfrac{1}{4}x+\dfrac{9}{4}$ — ②

이다. ①과 ②를 연립해서 풀면

$$x+2 = \frac{1}{4}x+\frac{9}{4},\ x = \frac{1}{3},\ y = \frac{7}{3}$$

이므로 $\triangle ABC$의 무게중심의 좌표는 $\left(\frac{1}{3}, \frac{7}{3}\right)$이다.

292 · 이 정리의 역은 "삼각형의 한 변과 평행이고 길이가 절반인 선분으로 다른 두 변을 이으면 이 변들의 중점과 만난다"이다. 아래 그림과 같이 $\triangle ABC$의 한 변과 평행이고 길이가 절반인 선분으로 다른 두 변을 잇고 그 교점을 D와 E라고 하자. 그러면 $\triangle ABC$와 $\triangle ADE$는 $\angle A$를 공유하며 $DE /\!/ BC$이므로 $\angle ADE = \angle B$여서 AA닮음이다. 그런데 DE와 BC는 대응변이며 $\overline{DE} : \overline{BC} = 1 : 2$이다. 그러므로 다른 변들도 같은 비율을 가지며, 따라서 변 DE는 다른 두 변의 중점과 만난다.

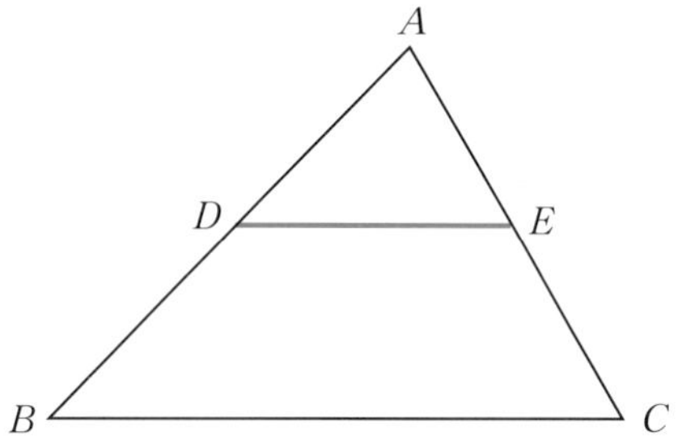

293 · 점 A에서 밑변 BC에 평행한 직선을 그을 때 DF와 만나는 점을 G라고 하자. 그러면 $\triangle AEG$와 $\triangle BEF$는 엇각과 맞꼭지각이 같고 그 사이의 변의 길이가 같으므로 ASA 합동이다. 한편 $\triangle DGA$와 $\triangle DFC$는 닮음이며 닮음비는 $1 : 2$이다. 그러므로

$$\overline{BF} : \overline{FC} = \overline{GA} : \overline{FC} = 1 : 2$$

이며, 따라서 $\overline{CF}$ 의 길이는 16이다.

294 · $\triangle BEF \backsim \triangle BDC$이므로 $\overline{BF} : \overline{FC} = 9 : 6 = 3 : 2$이다.

그리고 $\triangle BDF \backsim \triangle BAC$이므로 $\overline{BD} : \overline{DA} = 3 : 2$이다.

그러므로 $\overline{AD} = (9+6) \times \frac{2}{3} = 10$이다.

295 · $\triangle ADE \backsim \triangle ABC$인데 $\overline{DE} : \overline{BC} = 4.5 : 9$이므로 닮음비가 $1 : 2$이고, 따라서 $\overline{AD} = \overline{DB} = 9$이다. 그런데 $\triangle ABC$가 직각삼각형이므로 빗변의 중점인 D는 외심이며, 따라서 $\overline{CD} = 9$이다. 한편 E는 변 AC의 중점이므로 BE도 중선의 하나이

다. 그러므로 두 중선의 교점인 F는 $\triangle ABC$의 무게중심이다. 무게중심은 중선을 꼭지점에서 변의 방향으로 $2:1$로 내분한다. 따라서 $\overline{DF}$의 길이는 3이다.

296 · $\square ABCD$는 직사각형이므로

$\overline{AB}=\overline{CD}=\overline{AG}$

이다. 그리고

$\angle EAF=90^{\circ}-30^{\circ}=60^{\circ}$

이다. 따라서 $\triangle ABE$와 $\triangle AGF$에서 변 AB와 AG의 길이가 같고 양 끝각이 각각 같으므로 이 두 삼각형은 서로 합동이다. 그러므로 $\overline{AE}=\overline{AF}$ 인데 그 사이에 낀 $\angle EAF$가 60°이므로 결국 $\triangle AEF$는 정삼각형이다.

297 · 다음과 같이 AD에 평행한 보조선 GE 및 다른 두 대각선 AE와 BD를 긋고 생각해 본다.

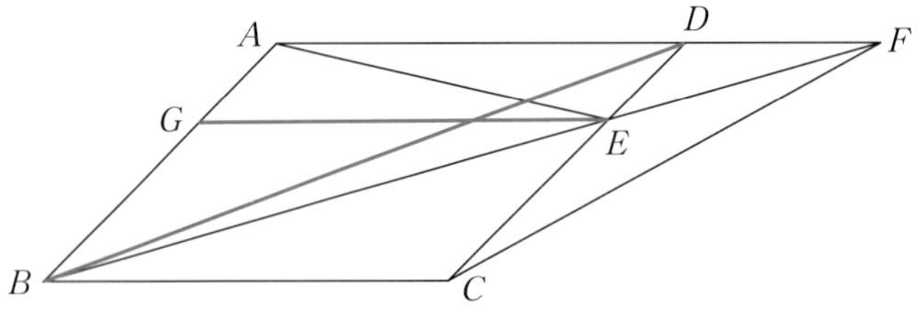

그러면 $\triangle ADE$와 $\triangle BDE$는 밑변과 높이의 길이가 같은 삼각형이므로 넓이도 같다. 이와 마찬가지로 $\triangle BDF$와 $\triangle CDF$의 넓이도 같다. 그런데 $\triangle BDF$와 $\triangle CDF$에서 $\triangle DEF$의 넓이가 공통이므로 $\triangle BDE$와 $\triangle CEF$의 넓이가 같으며, 결국 $\triangle ADE$와 $\triangle FEC$의 넓이도 서로 같다. 한편 $\overline{DE}=\overline{EC}=1:3$이므로 $\triangle ADE$의 넓이는 평행사변형 $ABCD$ 넓이의 1/8이다. 그러므로 $\triangle ADE+\triangle CEF$ 와 평행사변형 $ABCD$의 넓이의 비는 $1:4$이다.

298 · 아래와 같이 AE와 BC의 연장선을 긋고 그 교점을 F라고 하자. 그러면 $\triangle ADE$와 $\triangle FCE$는 서로 합동이다. 그러므로 사다리꼴 $ABCD$와 $\triangle ABF$의 넓이는 서로 같다. 한편 사다리꼴의 $ABCD$의 높이를 h라고 하면

사다리꼴의 $ABCD$의 넓이 $= \frac{1}{2}(\overline{BC}+\overline{AD})h$

인데, $\overline{AD}=\overline{CF}$ 이므로 $\overline{AD}$ 에 CF를 대입하고 보면 이는 $\triangle ABF$의 넓이에 대한 식과 같다. 그런데 $\triangle BEF$에 대해서 보면

$\triangle BEF$의 넓이$= \frac{1}{4}(\overline{BC}+\overline{AD})h$

이다. 그러므로 결국 $\triangle ABE$와 사다리꼴 $ABCD$의 넓이의 비는 1 : 2이다.

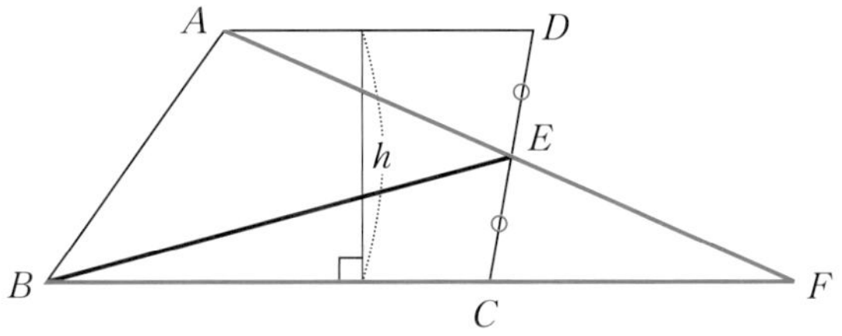

299 · $\triangle ECM$과 $\triangle EAB$는 닮음이며 닮음비가 1 : 2이다. 따라서 정사각형 $ABCD$의 한 변의 길이를 a라고 하면 점 E는 좌변 AB로부터 $2a/3$만큼 떨어진 곳에 있다. 이에 비춰보면 $\triangle ECM$은 밑변이 $a/2$, 높이가 $a/3$이므로 넓이는

$$\frac{a}{2}\times\frac{a}{3}\times\frac{1}{2}=\frac{a^2}{12}$$

이다. 그러므로 $\triangle ECM$과 $\square ABCD$의 넓이의 비는 1 : 12이다.

300 · $\overline{AD}/\!/\overline{BC}$ 이므로 $\angle DAF=\angle BFA$이다. 따라서 $\triangle ABF$는 이등변삼각형이고 $\overline{AB}=\overline{BF}=a$ 이다. 마찬가지로 생각해보면 $\triangle DCE$는 이등변삼각형이고 $\overline{CD}=\overline{CE}=a$ 이다. 그러면 변 BC에 대하여 생각해볼 때 다음 관계가 성립한다.

$$\begin{aligned}\overline{BC} &= \overline{BF}+\overline{FC} = \overline{BF}+(\overline{CE}-\overline{EF})\\ &= \overline{AB}+(\overline{CD}-\overline{EF})\end{aligned}$$

$$\therefore b = a+a-\overline{EF}$$

$$\therefore \overline{EF} = 2a-b$$

301 · 삼각형의 한 외각은 이웃하지 않은 다른 두 내각의 합과 같다는 성질을 이용한다. 그러면 아래 그림에서 $\angle h = \angle a + \angle b$ 및 $\angle g = \angle c + \angle d$가 된다. 그러고 보면 $\angle e$, $\angle f$, $\angle g$, $\angle h$는 한 사각형의 4개의 내각을 이루며, 따라서 문제에 주어진 각의 크기의 총합은 $360°$이다.

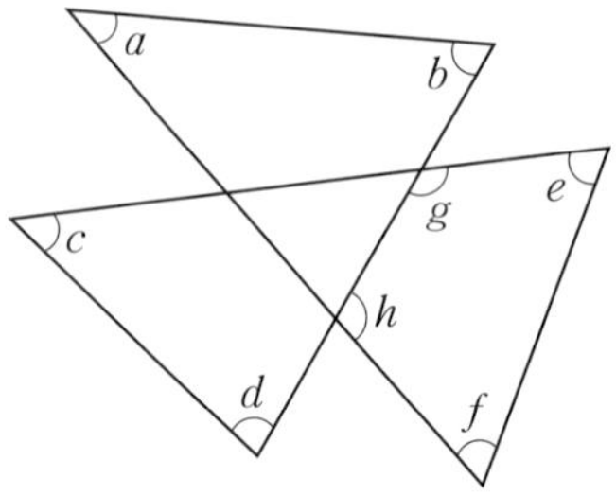

302 · 아래 그림의 한 부분을 예로 들어 ○와 ●로 표시한 각을 볼 때, 이 각들은 겉으로 비죽비죽 튀어나온 삼각형의 내각이기도 하고 안에 자리잡은 칠각형의 외각이기도 하다. 그런데 안에 자리잡은 칠각형의 입장에서 보면 ○와 ●로 표시한 각들을 모두 합칠 경우 두 벌의 외각에 해당하므로 그 크기의 총합은 $360° \times 2 = 720°$이다. 따라서 문제의 각의 크기를 모두 합한 것은 다음과 같이 계산된다.

문제의 각의 총합 = 7개 삼각형 내각의 합 − $720° = 540°$

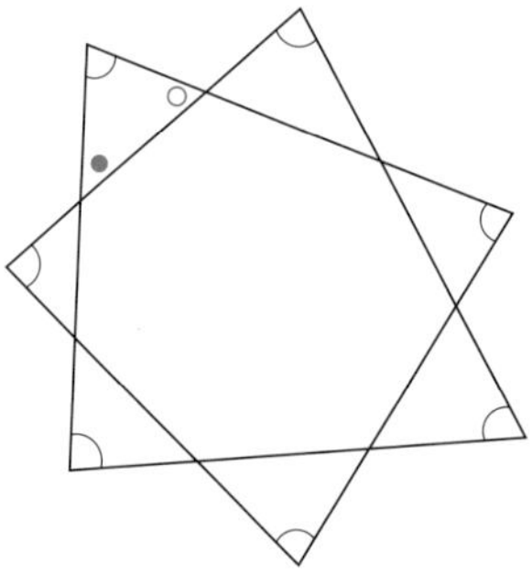

303 · 틀린 것은 ②와 ③과 ⑤이다. 이 내용들은 아래 그림을 보면 모두 쉽게 이해할 수 있다. 먼저 ②와 ⑤의 경우, 현의 길이와 활꼴의 넓이는 중심각이 커지면 따라서 커지기는 하지만 반드시 정비례하지는 않는다. 그리고 ③의 경우 부채꼴의 넓이는 중심각의 크기에 정비례하는데, 중심각과 현의 길이가 정비례하지 않으므로, 부채꼴의 넓이와 현의 길이도 정비례하지 않는다.

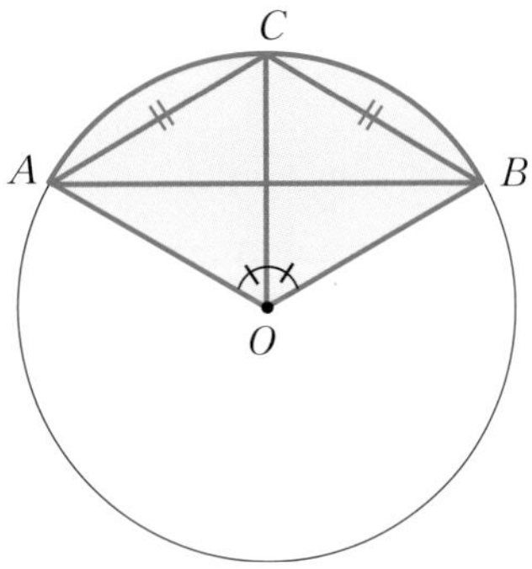

304 · 호의 길이, 곧 경도가 같은 어느 두 지점 사이의 거리는 중심각의 크기에 비례한다. 그림에서 시에네와 알렉산드리아를 잇는 호의 길이는 925km인데, 햇빛이 모두 평행이라고 가정하면 이에 대한 중심각의 크기는 $7°12'$이다. 그런데

$$7°12' = \left(7+\frac{12}{60}\right)° = 7.2°$$

이므로 지구의 둘레는 다음과 같이 계산된다.

$$\text{지구 둘레} = 925 \times \frac{360}{7.2} = 925 \times 50 = 46250\ (\text{km})$$

오늘날의 자료에 따르면 지구 둘레는 약 40000km이므로 6000여km의 오차가 있는 셈이다. 그러나 과학적 측정법이 미흡한 당시의 상황을 고려한다면 이는 오히려 꽤 놀라운 성과라고 봄이 옳을 것이다.

이 측정에 관련된 오차의 원인으로는, 하지에 태양이 시에네를 정확히 수직으로 비추는 것은 아니고, 시에네와 알렉산드리아의 경도가 $3°$ 정도 차이가 나고, 중심각의 크기도 $7°12'$이 아니라 $7°5'$이란 것들도 있다. 하지만 특히 에라토스테네스가 사용했던 길이 단위의 값이 모호하다는 점은 가장 큰 원인이다. 그는 두 도시 사이를 5000스타디아(stadia)라고 했으며, 여기 문제에서는 통상적으로 알려진 값을 취해서 1스타디아를 185m로 환산했다. 그러나 당시의 정확한 환산값에 대해서는 논란이 있

으므로 위의 계산 결과도 대략의 추정값에 지나지 않는다. 단 과학적 추론을 토대로 지구 둘레를 측정한 최초의 사례이며, 여러 모로 볼 때 오차도 그다지 크지 않을 것이란 점 때문에 그의 이 업적은 높이 평가되고 있다.

305 · 점 A와 O를 잇는 보조선을 긋고 생각해보면 $\overline{AO}=\overline{BO}$ 이므로 $\triangle ABO$는 이등변삼각형이다. 마찬가지로 $\triangle ACO$도 이등변삼각형이며, $\overline{AB}=\overline{AC}$ 이므로 $\angle ACO$도 23°이다. 따라서

$$\angle AOB = \angle AOC = 180^\circ - 46^\circ = 134^\circ$$

이다. 그러므로 문제의 각은 다음과 같이 구해진다.

$$\angle BOC = 360^\circ - 2\times 134^\circ = 92^\circ$$

306 · AT를 연결하는 보조선을 긋고 보면

$$\overline{AO}=\overline{AT}=\overline{OT}$$

이므로 $\triangle AOT$는 정삼각형이다.

그런데 PT는 접선이므로 $\angle PTO = 90^\circ$이고 따라서 $\angle ATP = 30^\circ$이다.

한편 $\angle PAT = 120^\circ$이다.

그러므로 $\angle P = 30^\circ$이다.

307 · ㉮와 ㉯ 부분의 둘레의 합은 큰 원 둘레의 1/4과 작은 원 둘레의 반을 2개 합친 것과 같다.

$$\text{둘레의 합} = \frac{1}{4}(2\pi\times 20) + \frac{1}{2}(2\pi\times 10)\times 2 = 30\pi$$

다음으로 넓이의 합을 구하기 위하여 먼저 ㉮를 생각해보면 이는 아래 그림 ㉰의 2배와 같다.

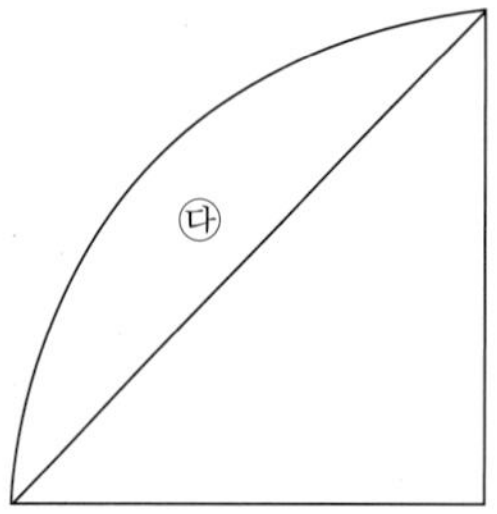

㉰의 넓이 = (1/4)원 − 직각삼각형

$$= \frac{10^2\pi}{4} - \frac{10^2}{2} = 25\pi - 50$$

한편 ㉯는 큰 원의 1/4에서 작은 원의 1/2을 2개 빼준 것에 ㉮를 더한 것과 같다. 그러므로 ㉮와 ㉯의 넓이의 합은 다음과 같이 계산된다.

$$\text{㉮}+\text{㉯} = \{2\times(25\pi-50)\} + \left\{\frac{20^2\pi}{4} - 2\times\frac{10^2\pi}{2} + 2(25\pi-50)\right\}$$
$$= 100\pi - 200$$

참고 위 결과로부터 우리는 ㉮와 ㉯의 넓이가 같음을 알 수 있다.

308 · 아래 그림과 같이 보조선을 긋고 생각해본다. $\angle AOB = y$, $\angle AOD = z$라고 하면

$\overset{\frown}{AB} = \overset{\frown}{BC} = \overset{\frown}{CD}$

로부터 다음 식이 성립한다.

$3y+z = 360^\circ$ —①

그리고 원주각은 중심각의 반이므로

$\angle BDC = \frac{1}{2}\angle BOC = \frac{y}{2}$

$\angle ABD = \frac{1}{2}\angle AOD = \frac{z}{2}$

이다. 따라서 $\triangle BDE$에서 $\angle BED$의 외각인 $\angle BDC$에 대하여

$\frac{y}{2} = \frac{z}{2} + 30^\circ$ —②

가 성립한다. ①과 ②를 연립해서 풀면

$y = 105^\circ, z = 45^\circ$

가 나온다. 따라서 구하는 각 x는 z의 절반인 22.5°이다.

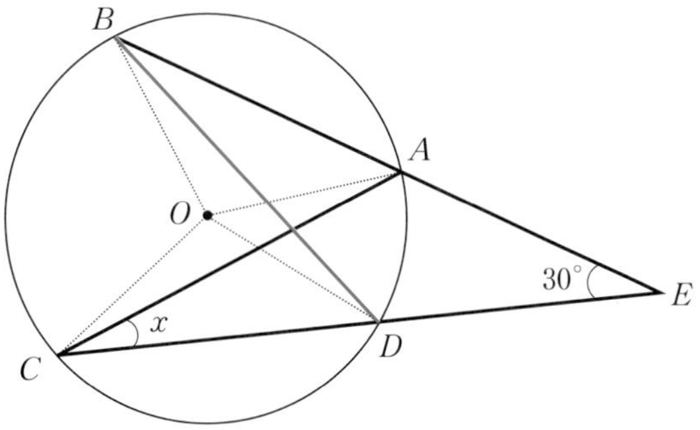

309 · 고무밴드가 대롱과 밀착된 부분을 자세히 들여다보면 아래 그림과 같이 직선 부분과 곡선 부분으로 구성되어 있음을 알 수 있다. 직선 부분은 간격이 대롱 지름과 같은 5mm로 일정하며, 고무밴드와 밀착된 대롱이 20개이므로 그 총 길이는 100mm이다. 한편 곡선 부분에서는 아래 그림의 a, b, c와 같은 각도만큼씩 회전이 이루어지는데, 고무밴드는 출발점에서 시작해 다시 출발점으로 돌아올 때까지 한 바퀴, 곧 360°를 회전하므로 곡선 부분의 총 길이는 대롱의 둘레인 5πmm이다. 따라서 구하는 답은 $(100+5\pi)$mm이다.

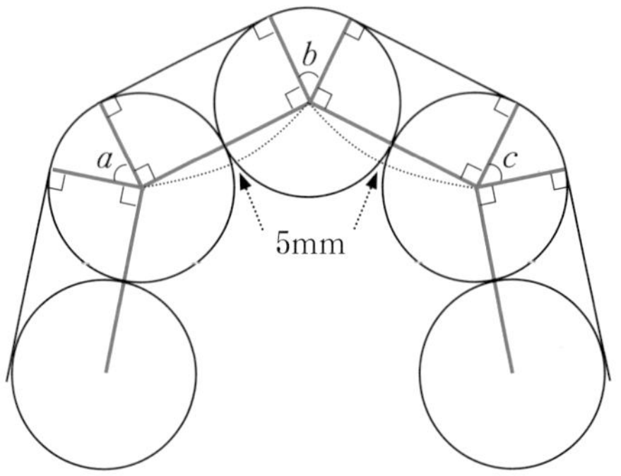

310 · 사분원 호의 양 끝점을 a와 b로 놓고 사분원이 한 바퀴 구르는 동안 중심 O가 지나간 자취를 그려보면 다음과 같다. 따라서 이 자취는 다음 식으로 구해진다.

$$\frac{10\pi}{4}+\frac{10\pi}{4}+\frac{10\pi}{4}=7.5\pi\ (\text{cm})$$

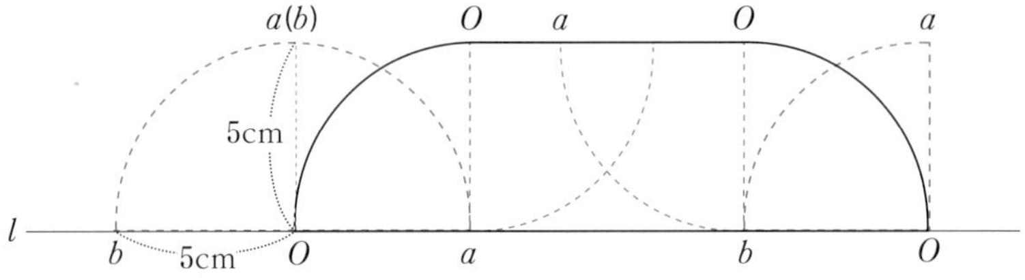

311 · 보조선 AD를 긋고 보면

$$\angle ADB=\angle ADP=90^\circ$$

이므로

$$\angle PAD=90^\circ-62^\circ=28^\circ$$

이다. 문제의 $\angle COD$는 $\overset{\frown}{CD}$의 중심각이므로 아래와 같이 구해진다.

$\angle COD = 2\angle CAD = 2\angle PAD = 56^\circ$

312 · $\angle BAD = \angle CAD$이므로,

$\overset{\frown}{BD} = \overset{\frown}{CD}$, $\angle BAD = \angle CBD$

이다. 접현정리에 비춰보면 이는 $\overline{BD}$가 $\triangle ABP$의 외접원의 접선이란 뜻이며, 따라서 여기에 교현정리를 적용하면 $\overline{BD}$의 길이는 다음과 같이 구해진다.

$\overline{BD}^2 = \overline{DP}\cdot\overline{DA} = 4\times(4+10) = 56$

$\therefore \overline{BD} = 2\sqrt{14}$

313 · ① $\triangle ABD$와 $\triangle APC$에서

$\angle BAD = \angle PAC$, $\angle ADB = \angle ACP$

이므로 이 두 삼각형은 서로 닮음이다.

$\overline{AB} : \overline{AP} = \overline{AD} : \overline{AC}$

$12 : \overline{AP} = 16 : 8$

$\therefore \overline{AP} = 6$

② $\overline{AP}$가 $\angle A$의 이등분선이므로

$\overline{AB} : \overline{AC} = \overline{BP} : \overline{PC} = 3 : 2$

이다. 그런데 $\overline{BC} = 10$이므로 이 비례에 따라 나누면 $\overline{BP} = 6$이고 $\overline{PC} = 4$이다. 다음으로

$\triangle BDP$와 $\triangle ACP$에서

$\angle BDP = \angle ACP$($\overset{\frown}{AB}$의 원주각),

$\angle DBP = \angle CAP$($\overset{\frown}{CD}$의 원주각)

이므로 이 두 삼각형은 서로 닮음이다. 따라서 $\overline{AP} = x$라고 하면 다음 식이 도출된다.

$$\frac{\overline{BD}}{\overline{AC}} = \frac{\overline{PD}}{\overline{PC}} = \frac{\overline{BP}}{\overline{AP}}$$

$$\frac{\overline{BD}}{8} = \frac{\overline{PD}}{4} = \frac{6}{x}$$

$$\therefore \overline{BD} = \frac{48}{x},\ \overline{PD} = \frac{24}{x}$$

그런데 $\triangle ABD \backsim \triangle BPD$이므로

$\overline{BD} : \overline{PD} = \overline{AD} : \overline{BD}$

$\frac{48}{x} : \frac{24}{x} = \left(x + \frac{24}{x}\right) : \frac{48}{x}$

$\left(\frac{48}{x}\right)^2 = \frac{24}{x}\left(x + \frac{24}{x}\right)$

양변에 $\frac{x^2}{24}$ 를 곱하고 정리하면

$48 \cdot 2 = x^2 + 24,\ x = \pm\sqrt{72} = \pm 6\sqrt{2}$

가 나오는데, 문제의 내용상 $\overline{AP}$ 는 양수이므로 답은 $6\sqrt{2}$ 이다.

314 · 원에 내접하는 사각형은 대각의 합이 180°이므로

$\angle PBC = \angle CDA,\ \angle QDC = \angle CBA$

이다. 그리고

$\angle QDC = \angle CBA = \angle A + 43^\circ$ — ①

$\angle PBC = \angle CDA = \angle A + 39^\circ$ — ②

이다. 그런데 $\angle CBA + \angle CDA = 180^\circ$이므로 ①+②로부터

$(\angle A + 43^\circ) + (\angle A + 39^\circ) = 180^\circ$

이며, 따라서 $\angle A = 49^\circ$이다.

315 · $\overset{\frown}{AC} = \overset{\frown}{CD}$ 이므로 $\angle ADC = \angle DAC$이다. 또한 접현정리에 따라

$\angle ADC = \angle ACP = x + 25^\circ$

이다. 한편 마찬가지로 접현정리에 따라

$\angle BCP = \angle BAC = 25^\circ$

이다. 그런데 $\overline{BD}$ 는 지름이므로 $\angle BAD = 90^\circ$이다. 그러므로

$\angle BAD = 90^\circ = x + 25^\circ + 25^\circ$

이며, 이로부터 $x = 40^\circ$가 얻어진다.

316 · $\overline{AM}=x$로 놓으면 $\overline{BM}=10-x$이다. 네 점 A, B, C, D가 한 원 위에 있으려면

$$\overline{AM}\cdot\overline{BM}=\overline{CM}\cdot\overline{DM}$$

이어야 하므로 다음 식이 성립한다.

$$x(10-x)=4^2$$

$$x^2-10x+16=0$$

$$(x-8)(x-2)=0$$

$$\therefore x=8, 2$$

곧 $\overline{AM}$의 길이는 8 또는 2이다.

317 · 아래처럼 $\overline{CO}$를 연장했을 때 원주와 만나는 점을 D라고 놓고 보면

$$\angle CDA=\angle CBA$$

$$\angle CAD=\angle QHB=90^\circ$$

$$\therefore \angle DCA=\angle BQP$$

이다. 그러므로 접현정리에 따라 $\overline{OC}$는 $\triangle CQP$의 외접원에 대한 접선이다. 그러면 교현정리에 의하여

$$\overline{OC}^2=\overline{OP}\cdot\overline{OQ}=5\cdot 11$$

이 성립하며, 따라서 구하는 답은 $\overline{OC}$의 길이인 $\sqrt{55}$ 이다.

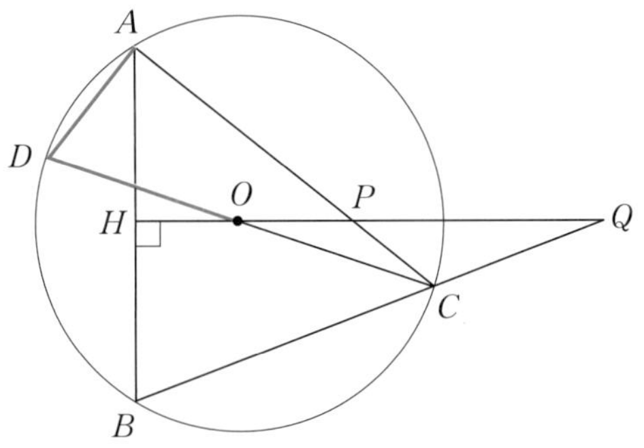

318 · 문제의 내용에 따라 그림을 그려보면 다음과 같다.

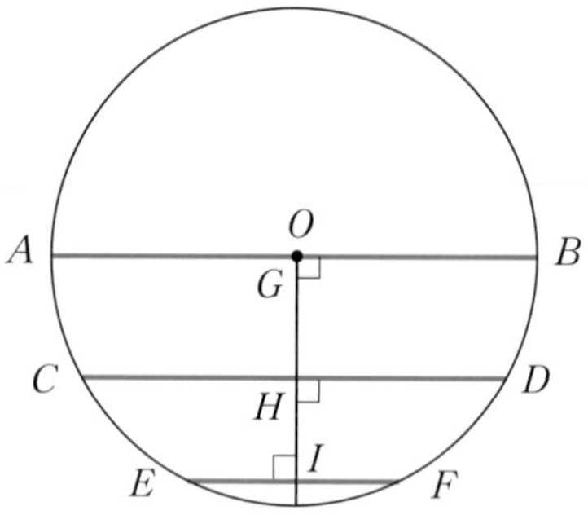

여기서 구하는 원의 반지름은 r, 중심에서 각 현에 수선을 긋고 가장 가까운 수선의 발 $\overline{OG}$ 는 a, '같은 간격'인 $\overline{GH}=\overline{HI}$ 는 b로 놓고, $\triangle AOG$, $\triangle COH$, $\triangle EOI$에 대하여 피타고라스 정리를 적용하면 다음과 같다.

$r^2 = a^2+10^2$ —①

$r^2 = (a+b)^2+8^2$ —②

$r^2 = (a+2b)^2+2^2$ —③

②−①과 ③−②로부터

$2ab+b^2 = 36$ —④

$2ab+3b^2 = 60$ —⑤

이 나오며, 다시 ⑤−④를 하면 아래와 같이 b가 구해진다.

$2b^2 = 24,\ \therefore\ b = 2\sqrt{3}$ —⑥

다음으로 ⑥을 ④에 대입하면 a가 구해진다.

$4\sqrt{3}a+12 = 36\ ,\ \therefore\ a = 2\sqrt{3}$ —⑦

구하고자 하는 반지름은 ⑦을 ①에 대입하여 구한다.

$r^2 = (2\sqrt{3}\,)^2+10^2 = 112 = 2^4\cdot7,\ \therefore\ r = 4\sqrt{7}$

319 · 문제의 그림에 아래와 같은 보조선을 그려넣고 생각해본다.

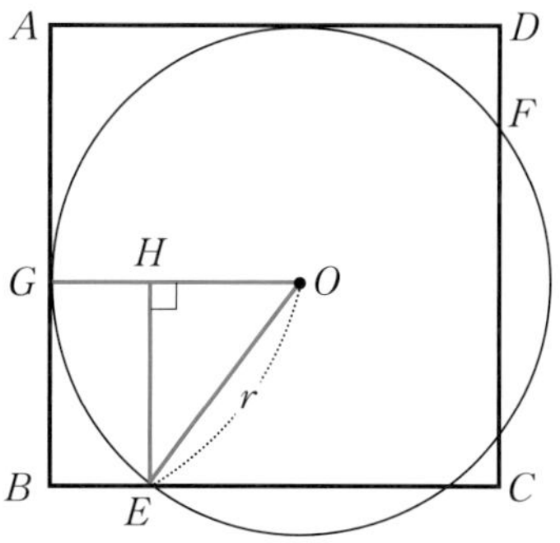

그러면 $\overline{BE}=4$인데, $\overline{CE}=\overline{CF}=14$이므로 정사각형 한 변의 길이는 18이다. 그리고 $\overline{EH}=18-r$이고 $\overline{OH}=r-4$이므로 $\triangle EHO$에 피타고라스 정리를 적용하면 다음과 같다.

$$r^2=(r-4)^2+(18-r)^2$$

$$r^2-44x+340=0$$

$$(r-10)(r-34)=0$$

$$\therefore r=10, 34$$

그런데 문제의 내용에서 알 수 있듯 이 원의 반지름은 18보다 작아야 한다. 따라서 답은 10이다.

320 · 아래 그림처럼 $\overline{OB}$와 $\overline{BD}$를 긋고, $\overline{OB}$와 $\overline{AB}$의 교점을 E로 놓고 생각해본다.

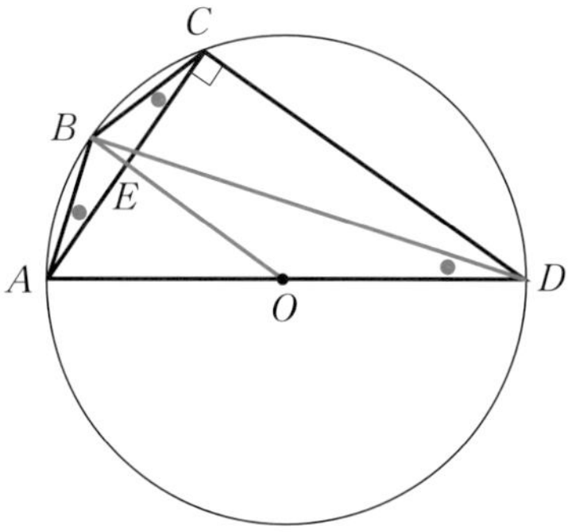

그러면 $\overline{AB}=\overline{BC}$ 이므로

$\angle BAC=\angle BCA=\angle ADB$

이다. 또한 $\overline{AD}$ 는 지름이므로

$\angle ABD=\angle ACD=90°$

이다. 따라서 이상으로부터 다음 관계가 성립한다.

$\triangle ABD \backsim \triangle BEA,\ \overline{AB}:\overline{BE}=\overline{AD}:\overline{BA}$

$4:\overline{BE}=16:4,\ \therefore\ \overline{BE}=1$

그러면 이로부터

$\overline{EO}=\overline{BO}-\overline{BE}=8-1=7$

인데, $\overline{EO}\,/\!/\,\overline{CD}$ 이므로

$\overline{EO}:\overline{CD}=\overline{AO}:\overline{AD}$

이고, 따라서 $\overline{CD}$의 길이는 아래와 같이 구해진다.

$7:\overline{CD}=8:16,\ \therefore\ \overline{CD}=14$

321 · 아래 그림과 같이 A를 지나는 지름을 긋고 원둘레와의 교점을 E라고 하자. 그러면 $\angle ACE$는 지름의 원주각이어서 직각이므로 $\overline{BD}\,/\!/\,\overline{CE}$ 또한 $\angle BCD$와 $\angle BED$는 $\overline{BD}$의 원주각으로 서로 같다. 따라서 사각형 $BECD$는 등변사다리꼴이고

$\overline{BE}=\overline{CD}$ —①

이다. 한편 $\triangle ABE$는 직각삼각형이므로

$\overline{AB}^2+\overline{BE}^2=\overline{AE}^2$ —②

이다. ①과 ②로부터 원의 지름은 다음과 같이 구해진다.

$\overline{AB}^2+\overline{CD}^2=\overline{AE}^2,\ \overline{AE}=\sqrt{9^2+3^2}=3\sqrt{10}$

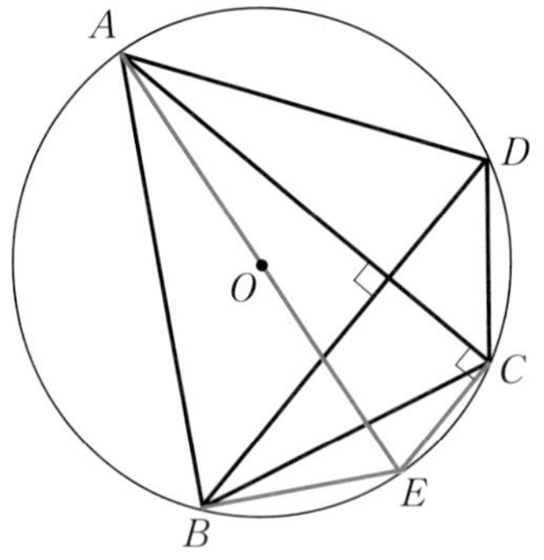

322 · 접선에 대한 교현정리에 따르면

$$\overline{CD}^2 = \overline{CB} \cdot \overline{CA} = 8 \cdot 18 = 144$$

이므로 $\overline{CD} = 12$이다. 다음으로 $\triangle DAC$와 $\triangle BDC$에서 접현정리에 따라 $\angle DAC = \angle BDC$이고 $\angle C$는 공통이므로 이 두 삼각형은 서로 닮음이다.

$$\therefore \overline{DA} : \overline{DB} = \overline{AC} : \overline{DC}$$

$$\therefore \overline{DA} : \overline{DB} = 18 : 12 = 3 : 2$$

323 · 그림에서 부채꼴 OAB와 OCD는 중심각의 크기가 같으므로 호의 길이는 반지름의 길이에 비례한다. 따라서 $12 : \overline{OC} = 8\pi : 6\pi$로부터 $\overline{OC} = 9$가 얻어진다. 다음으로 음영 부분의 넓이는 큰 부채꼴의 넓이에서 작은 부채꼴의 넓이를 뺀 것이므로 다음 식에 의하여 구해진다.

음영 부분의 넓이 $= \frac{1}{2} \times (12 \times 8\pi - 9 \times 6\pi) = 24\pi$

324 · 첫째로 생각해볼 것은, 축구공의 재료가 천연가죽이든 인조가죽이든, 단 한 장의 가죽으로 만들 수 있을까 하는 점이다. 그런데 이는 불가능하다. 가죽은 평면임에 비하여 구면은 곡면이므로 가죽으로 정육면체의 전개도와 같은 '구의 전개도'를 그릴 수가 없기 때문이다. 따라서 축구공은 결국 여러 개의 평면을 이용해서 '구면과 비슷한 면'을 이루게 하는 방식으로 만들 수밖에 없다.

둘째로 생각해볼 것은, 각각의 조각들이 기왕이면 같은 모습, 같은 크기였으면 한다는 점이다. 그래야 제조 과정이 더욱 효율적이 될 것이기 때문이다.

셋째로 생각해볼 것은, 너무 많은 조각으로 만들면 제조 과정이 너무 복잡해지고 비효율적이 될 것이란 점이다. 그러므로 충분히 구면에 가깝되 너무 많지 않은 조각들로 구성해야 한다.

위 둘째 조건과 관련해서 볼 때, 평면도형 가운데 정다각형들은 정삼각형, 정사각형, 정오각형, … 등으로 변의 수를 계속 늘려 가면 점점 더 원의 모습에 가까워진다. 따라서 이와 마찬가지로 입체도형의 경우 정다면체들의 면의 수를 계속 늘려 가면 점점 더 구에 가까워질 것으로 생각할 수 있다. 그러나 평면도형에서는 이런 과정이 가능하지만 입체도형의 경우 정다면체는 다섯 가지뿐이므로 정이십면체보다 더 구에 가까운 정다면체는 없다. 그런데 정이십면체를 보더라도 각각의 모서리가 상당히

비죽비죽 튀어 나와 있으므로 아직 충분히 만족할 정도로 구에 가깝다고 보기는 어렵다. 그러므로 애석하기는 하지만 '같은 모습, 같은 크기'를 가진 정다면체는 포기하고 다른 형태를 찾아봐야 한다.

다음으로 위 셋째 조건을 둘째 조건과 관련해서 볼 때, 기왕 '같은 모습, 같은 크기'는 아니지만, 그래도 이에 가장 가까운 방법, 곧 "조각은 두 가지 종류로 하되, 각 종류는 서로 같은 모습과 크기를 갖도록 하는 방법"이 가장 바람직하다는 결론에 이른다.

이상의 내용을 토대로 여러 가지 입체들을 검토한 끝에 최종적으로 선택된 것이 현재 우리가 흔히 보는 "12개의 5각형과 20개의 6각형으로 만들어진 축구공"이다. 그리고 그 표면은 아래 그림처럼, ①정이십면체의 각 변을 삼등분하고, ②각 모서리에서 가장 가까운 삼등분점 5개를 이은 다음, ③이 선을 따라 정오각뿔(㉠그림에는 편의상 3개만 표시했다)을 잘라내고 남은 입체에(가운데 그림), ④바람을 넣어 부풀린 모습(㉡그림)이다.

참고적으로 ㉡그림의 입체를 **잘라낸 정이십면체**(Truncated icosahedron)라고 부르는데, 역사적으로는 아르키메데스가 처음 생각한 것으로 알려져 있고, 이것을 포

㉠

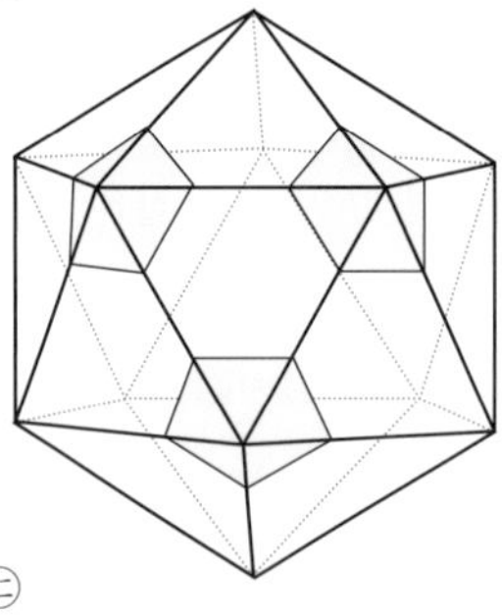

㉡

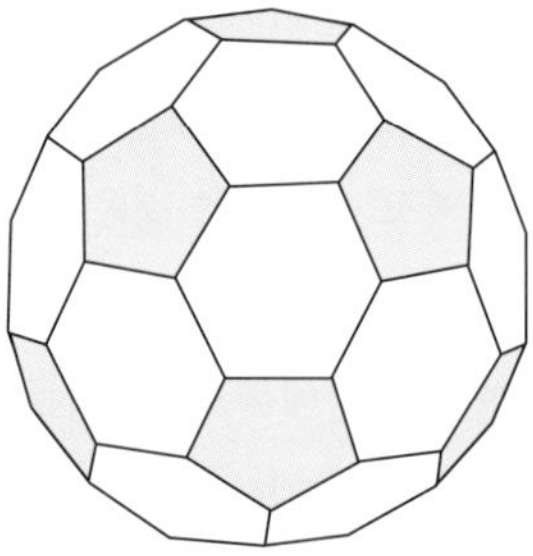

㉢

㉣

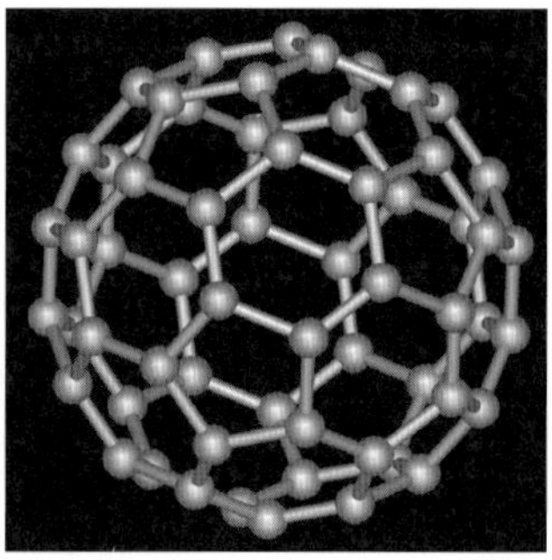

함하여 그가 이와 비슷한 방식으로 만든 총 13가지의 입체를 **아르키메데스의 입체**(Archimedean solids)라고 부른다. 그러나 잘라낸 정이십면체가 축구공에 응용된 것은 1963년의 일이었으므로 뜻밖에도 최근의 일이라고 하겠는데, 단 이후로는 거의 모든 축구공이 이 모습으로 만들어지고 있다.

한편 언뜻 매우 인공적으로 보이는 이 구조는 놀랍게도 자연계에서도 발견된다. 곧 탄소(炭素, carbon)로만 만들어진 풀러린(Fullerene)이란 화합물이 그것으로, ㉣그림처럼 탄소원자 60개가 꼭지점의 자리를 차지하고 있으므로 C_{60}로 써서 나타낸다. 이 물질은 구조뿐 아니라 특성도 아주 흥미로운데, 1985년에 이것을 발견하고 이후 이에 관한 연구를 수행한 컬(Robert F. Curl Jr., 1933∼), 크로토(Sir Harold W. Kroto, 1939∼), 스몰리(Richard E. Smalley, 1943∼)의 세 사람은 그 성과가 높이 평가되어 1996년에 노벨 화학상을 공동으로 수상했다.

325 · 문제의 전개도는 8개의 정삼각형으로 되어 있으므로 이를 조합하면 정팔면체가 나온다. 이때 전개도만 보면서 생각하면 비효율적이므로 정팔면체를 그려서 각 꼭지점에 대응하는 기호를 써넣은 뒤 생각해보면 좋다. 그 결과는 다음과 같으며 따라서 답은 ①이다.

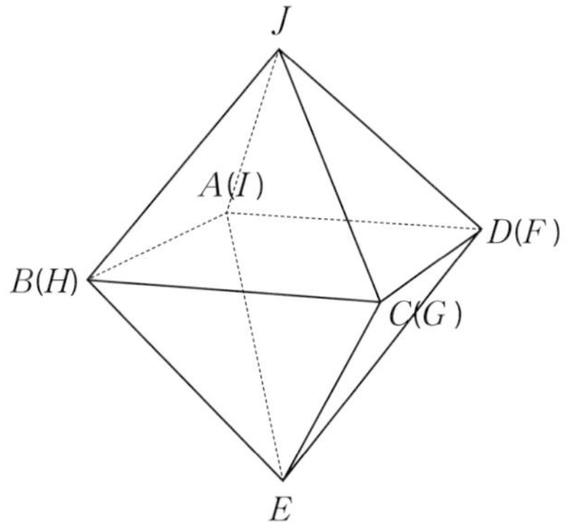

326 · 물이 채워지는 동안 수면이 수평을 유지한다고 가정하면 깔때기의 단면에 나타나는 삼각형은 항상 닮은꼴이 된다. 문제로부터 20초 때의 삼각형과 다 채워진 삼각형의 닮음비는 1 : 3이므로 부피의 비는 1 : 9이다. 이로부터 볼 때, 물은 앞으로 8배가 더

채워져야 하고, 따라서 160초 동안 더 넣어야 한다.

327 · 정사면체 $BDEG$는 정육면체로부터 4개의 삼각뿔 $ABDE$, $CBDG$, $FBEG$, $HDEG$를 잘라내면 만들어진다. 따라서 정사면체 $BDEG$의 부피를 V라고 하면 이는 다음 식으로 구해진다.

$$\begin{aligned} V &= 10^3 - 4\times\frac{1}{3}\times\left(\frac{1}{2}\times 10\times 10\right)\times 10 \\ &= 1000 - \frac{4000}{6} = \frac{2000}{6}\,(\text{cm}^3) \end{aligned}$$

328 · 지구-태양 사이의 거리를 x, 지구-달 사이의 거리를 y라 할 때, 문제의 그림에 따르면 다음 식이 성립한다.

$$sin3^\circ = \frac{y}{x}$$

그런데 구하는 것은 $\frac{x}{y}$이므로 $\sin 3^\circ$의 역수를 취하면 된다.

$$\frac{x}{y} = \frac{1}{\sin 3^\circ} \fallingdotseq \frac{1}{0.052336} \fallingdotseq 19.11$$

이처럼 아리스타르코스의 관측에 의하면 태양은 달보다 19배 정도 멀리 떨어져 있다.

참고로 당시에는 삼각비가 체계화되지 않아서 아리스타르코스는 $\sin 3^\circ$의 값을 정확히 계산할 수 없었다. 이에 그는 어림셈을 통하여

$$\frac{1}{20} < \sin 3^\circ < \frac{1}{18}$$

임을 알아내고 태양이 달보다 18배에서 20배 정도 멀리 떨어져 있다고 주장했다. 그런데 알고 보면 더 큰 오차의 요소가 있었으며, 그것은 바로 반달이 될 때 달-지구-태양 사이의 각이 87°가 아니라 $89^\circ 52'$이란 사실이다. 이 올바른 값으로 계산하면 태양은 달보다 400배 정도 멀리 떨어져 있는 것으로 나온다. 아리스타르코스의 계산은 관측 오차 때문에 올바른 값과 큰 차이가 나지만 그 배경에 깔린 수학 및 과학적 원리에는 아무런 오류가 없다는 점에서 매우 높이 평가된다.

한편 시중의 어떤 교재는 "아리스타르코스는 지구-태양 사이의 거리가 지구-달 사이 거리의 360배라고 계산했다"라고 잘못 소개하고 있다. 이는 "Aristarchos deduced that the sun was between 18 to 20 times as far away as the moon"라는 문장을 오역한 결과란 점을 특기하기 바란다. 곧 "18 to 20 times"는 "18 내지 20배"란 뜻인데, 이를 "18×20배"로 잘못 옮겼다.

329 · 탈레스의 키와 그림자 그리고 피라미드의 높이와 그림자 사이에는 다음과 같은 간단한 비례식이 성립한다.

탈레스의 키 : 탈레스의 그림자 = 피라미드의 높이 : 피라미드의 그림자

이를 여기서의 길이 단위인 걸음걸이로 고치면 다음과 같다.

$2 : 3 = h : \left(\frac{256}{2} + 118\right)$

$\therefore h = 246 \times \frac{2}{3} = 164$(걸음) $\fallingdotseq 148\text{m}$

참고로 이 피라미드의 실제 높이는 146.5m였는데 현재는 약 137m라고 하며, 밑면의 한 변의 길이도 230m 정도라고 한다.

한편 여기서는 비례식으로 풀었지만 실제로 삼각비를 이용한다면 그림자의 끝점에서 해를 올려다본 각도 a를 재고, $\overline{AB}$와 h 사이에 다음 식을 세워서 풀면 된다.

$\tan a = \frac{h}{\overline{AB}}, \ \therefore h = \overline{AB} \cdot \tan a$

이 문제의 경우 삼각비보다 단순비례식을 이용하는 방법이 더 간단하며 당시에는 삼각비의 개념이 틀을 잡기 이전이었으므로 탈레스도 단순비례식으로 풀었을 것이다. 하지만 좀더 복잡한 문제들의 경우 삼각비의 효율성은 크게 증대되며, 실제로 오늘날 수학에서 삼각비를 이용하는 방법, 곧 삼각법은 매우 중요한 자리를 차지하고 있다.

330 · $\angle CAB$는 $\angle EAB$를 그대로 접은 것이므로 a이며, $\angle ABC$는 $\angle EAB$의 엇각이므로 역시 a이다. 따라서 $\triangle ABC$는 이등변삼각형이다. 한편 리본의 너비는 1이고

$\angle CAE = 2a = \angle ACD$이므로

$\overline{AC}\sin 2a = \overline{AD} = 1, \ \overline{AC} = \frac{1}{\sin 2a} = \overline{BC}$

이다. 그러므로 $\triangle ABC$의 넓이는 다음과 같이 계산된다.

$$\begin{aligned}\triangle ABC &= \frac{1}{2} \cdot \text{밑변} \cdot \text{높이} \\ &= \frac{1}{2} \cdot \overline{BC} \cdot \overline{AD} \\ &= \frac{1}{2} \cdot \overline{AC} \cdot 1 = \frac{1}{2\sin 2a}\end{aligned}$$

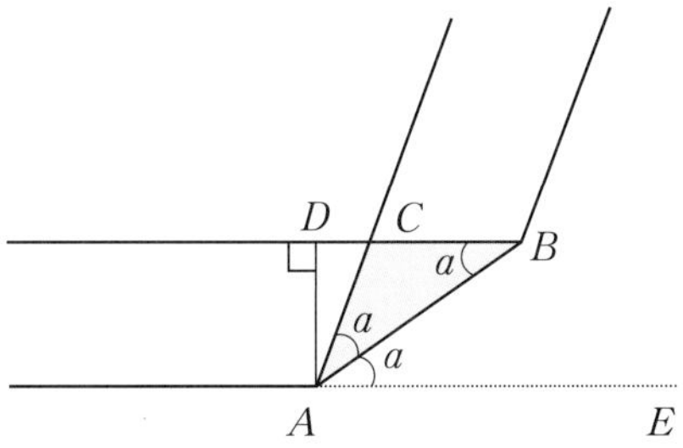

331 · 운동선수의 기본적인 운동능력에는 여러 가지가 있겠지만 여기서는 근력, 순발력, 지구력의 세 가지를 생각해보자. 그러면 예를 들어 역도선수의 경우 근력이 보다 중요하겠고, 탁구선수는 순발력, 마라톤선수는 지구력이 그렇다고 할 것이다. 이제 어느 학교에서 역도선수를 선발하는데 철수는 위 세 가지 능력의 측정에서 10점, 20점, 30점을 받은 반면, 영수는 30점, 20점, 10점을 받았다고 해보자. 만일 두 학생의 평균을 단순평균으로 구하면 모두 20점이 되고 둘 사이에 아무 차이도 없는 것으로 나타난다. 그러나 역도에서는 근력이 가장 중요하므로 가중값으로 3을 부여하고, 역기를 순간적으로 들어올리려면 순발력도 중요하므로 여기에 가중값으로 2를 부여하고, 단 몇 초만에 끝나는 역도의 특성상 지구력은 그다지 중요하지 않으므로 가중값으로 1을 부여한 다음, 이를 이용해서 구한 가중평균으로 판단하면 두 학생을 보다 정확히 평가할 수 있게 된다. 이렇게 구해보면 철수의 가중평균은

$$(10\times3+20\times2+30\times1)\div6=16.666\cdots$$

인 반면 영수의 가중평균은

$$(30\times3+20\times2+10\times1)\div6=23.333\cdots$$

이 나오고, 역도선수로는 영수가 더 적합하다는 결론을 얻을 수 있다.

이처럼 가중평균은 보다 정확한 값을 준다는 점이 장점이다. 하지만 시간적 여유가 없거나, 가중값의 부여가 불필요하거나 곤란한 경우 굳이 절차가 복잡한 가중평균을 취할 이유는 없다. 따라서 어떤 때는 단순평균이 선호될 수도 있다. 요컨대 수학은 단순평균과 가중평균을 주는 데에 관여할 뿐 최종적 판단은 사람의 몫이라고 말할 수 있다. 여기서는 운동선수의 예를 들었지만 각자 다른 예들도 더 생각해보기 바란다.

332 · ① 누적도수는 아래 계급에 위 계급의 도수를 계속 더해 가는 것이므로 그 그래프는 오른쪽으로 갈수록 항상 증가한다.

② 상대도수는 비율을 보여줄 뿐 도수 자체를 보여주는 것은 아니므로 이로부터 도수의 총합을 알 수는 없다.

③ 누적도수를 분석하면 도수분포를 얻을 수 있으므로 분포의 모습도 그려낼 수 있다.

④ 상대도수분포다각형은 '비례로 나타낸 도수분포다각형'이라고 말할 수 있다. 따라서 이 '비례'를 이용해서 두 다각형을 닮은꼴로 만들 수 있다.

⑤ 히스토그램의 경우 도수가 0인 부분에서는 직사각형 기둥이 만들어지지 않는다. 따라서 계급의 수와 직사각형 기둥의 수가 항상 같은 것은 아니다.

333 · ① 도수분포다각형의 맨 왼쪽과 맨 오른쪽은 다각형을 완성시키기 위해서 포함시킨 구간일 뿐 실제로는 계급이 아니다. 따라서 이를 제외한 가운데 부분에 찍힌 점의 수를 헤아리면 된다. ∴ 계급의 수는 6

② 총 학생 수는 각 계급에 속한 학생 수를 더한 것과 같다.

$\therefore 2+4+6+10+12+7=41$ (명)

③ 정확한 평균성적은 각 개인의 점수를 일일이 더해서 학생 수로 나누면 된다. 그러나 도수분포표, 히스토그램, 도수분포다각형에서는 각 개인의 점수를 낱낱이 알 수 없으므로 각 계급값에 그 계급에 속한 학생 수를 곱하고 이를 모두 더한 다음 총 학생 수로 나누어서 구한다.

$(2\cdot 45+4\cdot 55+6\cdot 65+10\cdot 75+12\cdot 85+7\cdot 95)\div 41 \fallingdotseq 76.46$ (점)

④ 도수분포다각형의 넓이는 이에 대응하는 히스토그램의 넓이와 같으며, 일반적으로 '변량×도수'의 총합과 같다. 따라서 이 경우에는 이 반의 학생들이 얻은 영어 성적의 총합에 해당한다.

334 · ① 그림에 남아 있는 부분을 보면 80점 이상에 속하는 계급의 상대도수는 $0.25+0.1=0.35$이다. 따라서 계급값이 75점인 계급까지의 누적상대도수는 0.65이다.

② 90점 이상 100점 이하의 상대도수는 0.1이다. 곧 전체 학생 수의 10%가 4명이란 뜻이므로 전체 학생 수는 40명이다. 따라서 65%를 차지하는 계급값이 75점인 계급까지의 누적도수는 26명이다.

335 · ① 함수관계와 상관관계 모두 두 양들을 순서쌍으로 묶어서 살펴본다는 점에서 서로 같다. 그런데 함수관계에서는 정의역과 공역의 원소를 단가대응 관계가 되도록 묶는 반면 상관관계에서는 이런 제한이 없다. 상관관계는 '어느 한 변량이 증가함에

따라 다른 변량이 증가 또는 감소하는 관계'가 있는지를 판단하는 개념이므로 기본적으로 1차함수의 관계와 비슷하다. 따라서 1차함수의 관계에 있는 두 양 사이에는 상관관계도 있지만, 2차함수나 기타 다른 함수관계에 있는 양들이 반드시 상관관계도 보여주는 것은 아니다.

② 상관관계나 인과관계가 있다면 두 양들이 서로 어떤 의존관계에 있다는 점에서 공통이다. 그리고 위 ①의 답에서 이야기했듯 상관관계는 1차함수 관계와 비슷하므로 1차함수로 표현되는 인과관계는 상관관계를 보여준다. 그러나 2차함수나 다른 함수관계로 표현되는 인과관계들은 상관관계를 보여주지 않을 수도 있다. 또한 상관관계는 인과관계가 존재한다는 가능성을 보여주기는 하지만 반드시 그렇다는 증거가 되지는 않는다.

③ 함수관계와 인과관계에는 논리적인 선후관계가 있다는 점은 공통이다. 곧 함수관계에서는 정의역의 원소를 먼저 택하고 여기에 단가대응이라는 원칙에 따라 공역의 원소를 대응시킨다. 그러나 함수관계에는 '원인과 결과'라는 관계는 없으므로 시간적 선후관계가 없다는 점에서 인과관계와 다르다. 그렇다고 인과관계가 함수관계의 일종이라고 볼 수도 없다. 왜냐하면 인과관계의 경우 하나의 원인에 여러 가지의 결과가 대응될 수 있기 때문이다.

요컨대 함수관계, 상관관계, 인과관계를 통일적으로 이해하는 틀은 없으며, 따라서 그 공통점과 차이점을 잘 헤아려 개별적으로 정확히 이해하는 것이 중요하다.

336 · ① 1개의 선분을 만들려면 2개의 점이 필요하다. 먼저 첫째 점을 택할 방법의 수는 4이고, 둘째 점을 택할 방법의 수는 첫째 점을 제외해야 하므로 3이며, 따라서 전체적인 방법의 수는 $4\times3=12$이다. 그런데 예를 들어 $\overline{AB}=\overline{BA}$ 처럼 선분은 점의 순서를 달리 써도 같은 선분으로 본다. 따라서 위에서 구한 방법의 수를 2로 나누어야 서로 다른 선분의 수가 나온다. 그러므로 구하는 답은 $4\times3\div2=6$(개)이다.

② 1개의 반직선을 만들려면 2개의 점이 필요하다. 먼저 첫째 점을 택할 방법의 수는 4이고, 둘째 점을 택할 방법의 수는 첫째 점을 제외해야 하므로 3이며, 따라서 전체적인 방법의 수는 $4\times3=12$이다. 그런데 예를 들어 $\overrightarrow{AB}$ 와 $\overrightarrow{BA}$ 처럼 반직선은 선분과 달리 점의 순서가 다르면 서로 다른 반직선으로 본다. 그러므로 구하는 답은 $4\times3=12$(개)이다.

③ 1개의 각을 만들려면 3개의 점이 필요하다. 먼저 첫째 점을 택할 방법의 수는 4이며, 둘째 점을 택할방법의 수는 첫째 점을 제외해야 하므로 3이고, 셋째 점을 택할 방법의 수는 첫째와 둘째 점을 제외해야 하므로 2이다. 그런데 예를 들어 $\angle ABC$와 $\angle CBA$는 점을 택하는 순서만 다를 뿐 똑같은 세 점으로 만들어진 같은 각이다. 따라서 위와 같이 만드는 방법의 수를 2로 나누어야 서로 다른 각의 수가 나온다. 그러므로 구하는 답은 $4\times3\times2\div2 = 12$(개)이다.

337 · 먼저 '2학년' 부분부터 생각해보면 여기에 칠할 수 있는 색은 다섯 가지이다. 다음으로 '1반' 부분에는 네 가지, '2반' 부분에는 세 가지가 된다. 그다음으로 '3반' 부분에는 '2학년'과 '2반' 부분에 칠한 색 이외의 색을 칠할 수 있으므로 세 가지가 가능하다. 그리고 끝으로 '4반' 부분에는 '2학년'과 '3반' 부분에 칠한 색 이외의 색을 칠할 수 있으므로 세 가지가 가능하다. 그러므로 구하는 방법의 수는 $5\times4\times3\times3\times3 = 540$이다.

338 · 어른 둘이서 입장권을 서로 다르게 가질 방법의 수는 2이다. 어린이의 경우 첫째 애가 한 입장권을 택할 방법의 수는 3, 둘째 애가 남은 2장 중에 하나를 택할 방법의 수는 2, 셋째 애는 남은 1장을 택할 수밖에 없으므로 그 방법의 수는 1이어서 어린이들끼리 입장권을 서로 다르게 가질 방법의 수는 6이다. 그런데 어른의 방법의 수에 어린이의 방법의 수를 각각 대응시킬 수 있으므로 총 방법의 수는 12가 된다.

339 · ① 여학생 3명을 한 묶음으로 생각하면 이 상황에 대한 방법의 수는 우선 4명의 학생을 일렬로 늘어 세우는 방법의 수와 같으므로 $4\times3\times2\times1 = 24$이다. 그런데 여학생 3명의 묶음 안에서 여학생의 위치를 서로 다르게 배치하는 방법의 수는 $3\times2\times1 = 6$이다. 그러므로 최종적으로 구하는 방법의 수는 $24\times6 = 144$이다.

② 붙어 다니는 3장을 한 묶음으로 생각하면 이 상황에 대한 방법의 수는 우선 4장의 카드를 일렬로 늘어놓는 방법의 수와 같으므로 $4\times3\times2\times1 = 24$이다. 이때 붙어 다니는 3장의 묶음은 접착제로 붙어 있으므로 보통의 방법으로 섞을 때 그 순서는 바뀔 수 없다. 그러므로 이때는 최종적으로 구하는 방법의 수도 24이다.

340 · 4자리 자연수는 천 단위의 수이다. 이때 천의 자리에 들어갈 수 있는 숫자는 0이어서는 안 되므로 1부터 9까지의 아홉 가지이며, 백의 자리에는 0부터 9까지의 10개 숫자 가운데 천의 자리에 들어간 수를 제외한 아홉 가지가 들어갈 수 있고, 십의 자리에는 위 자리에 들어간 두 수를 제외한 여덟 가지, 일의 자리에는 일곱 가지가 들어갈 수 있다. 따라서 서로 다른 수로 만들어진 4자리의 자연수는 모두 $9\times9\times8\times7=4536$ 가지이다. 이 가운데 4321보다 작거나 같은 수의 개수는 다음과 같이 단계적으로 구할 수 있다.

1□□□, 2□□□, 3□□□ 형태의 것 : $(9\times8\times7)\times3=1512$ (개)

40□□, 41□□, 42□□ 형태의 것 : $(8\times7)\times3=168$ (개)

430□, 431□ 형태의 것 : $7\times2=14$ (개)

432□ 형태의 것 : '4320', '4321'의 2개

그러므로 4321보다 큰 것의 개수는

$4536-(1512+168+14+2)=2840$ (개)

이다.

341 · ① 500원짜리 3개로는 0개, 1개, 2개, 3개의 네 가지 방법으로 지불할 수 있으며, 이와 마찬가지로 다른 동전들도 '개수+1'가지 방법으로 지불할 수 있다. 다만 동전을 모두 0개씩 사용하는 것, 곧 0원을 지불한다는 것은 실제적으로 돈을 지불하지 않는다는 뜻이므로 이 경우는 제외해야 한다. 따라서 구하는 방법의 수는 다음과 같다.

$4\times9\times16-1=575$ (가지)

② 100원짜리 5개와 500원짜리 1개의 '금액'은 같다. 따라서 예를 들어 500원짜리 1개와 100원짜리 4개가 있으면 실제로는 100원짜리 9개로 지불할 수 있는 금액과 같은 금액을 모두 지불할 수 있다. 그리고 이 상황은 100원짜리 1개와 10원짜리 9개를 가진 경우에도 비슷하다. 그러므로 '금액'을 기준으로 따지면 이 문제는 전체적으로 500원짜리와 100원짜리를 모두 10원짜리로 환산해서 모은 결과, 곧 10원짜리 195개를 사용해서 지불할 수 있는 금액의 가짓수와 같다. 따라서 구하는 답은 195가지이다.

342 · 한 조에 네 팀이 배정되면 이 안의 각 팀은 서로 한 번씩 경기를 가진다. 곧 예를 들어 A라는 팀의 입장에서는 B, C, D의 팀과 싸우므로 세 번의 경기를 하게 된다. 따라서 각 팀 당 세 번의 경기를 치르므로 언뜻 각 조에서는 12경기가 치러지는 듯 보인다. 하지만 $A:B$의 경기는 $B:A$의 경기와 같다. 따라서 실제로 각 조에서 이뤄지는 서로 다른 경기의 수는 6경기이다. 이런 경기가 8개의 조에서 펼쳐지므로 결국 32팀에서 16강을 뽑는 과정에서는 모두 $6 \times 8 = 48$경기가 이뤄진다.

343 · 이 문제를 그냥 푸는 것은 어렵지 않다. 그러나 확률론에서 배타사건과 동반사건의 개념이 중요하며, 그에 따르는 합법칙과 곱법칙도 중요하므로, 이 문제를 통하여 이 개념들을 면밀히 짚어보기로 한다. 이런 분석은 이처럼 간단한 문제의 경우 굳이 필요 없다고 할 수 있다. 하지만 고교나 대학 과정 등에 나오는 아주 복잡한 문제에서는 차분히 이런 분석을 하면 큰 도움을 얻을 수 있는 경우가 많으므로 미리 그에 대비한다는 뜻에서 명확한 이해를 갖춰두도록 한다.

철수가 다섯 번 공을 차서 네 번 이상 성공하는 경우는 다섯 번 모두 성공하는 경우와 네 번 성공하는 경우의 두 가지가 있다. 그런데 다섯 번 성공하는 경우와 네 번 성공하는 경우는 서로 다른 경우이므로 배타사건의 관계에 있다. 그러므로 네 번 이상 성공할 확률은 이 두 사건의 확률을 합법칙에 따라 더해서 구하면 된다.

여기서 성공을 ○, 실패를 ×으로 쓰면, 다섯 번 차서 다섯 번 모두 성공하는 경우는 '○○○○○'의 한 가지뿐이다. 그리고 이때 다섯 개의 ○는 잇달아 일어나는 관계에 있으므로 동반사건 관계이다. 따라서 다섯 번 차서 다섯 번 모두 성공하는 경우의 확률은 ○이 일어날 확률인 90%, 곧 0.9를 곱법칙에 따라 다섯 번 연속 곱해서 구하면 되며, 그 값은 0.59049이다.

다음으로 다섯 번 차서 네 번 성공하는 경우는 '㉮○○○○×', '㉯○○○×○', '㉰○○×○○', '㉱○×○○○', '㉲×○○○○'의 다섯 가지가 있고 이 각각은 서로 배타사건의 관계이다. 따라서 다섯 번 차서 네 번 성공하는 경우의 확률은 이 다섯 가지의 확률을 각각 구해서 합법칙에 따라 더하면 된다. 그런데 예를 들어 '㉮○○○○×'의 경우 네 번의 성공과 한 번의 실패가 잇달아 일어나는 관계에 있으므로 이들은 서로 동반사건 관계이며, 그 확률은

$$(0.9)^4 \times 0.1 = 0.06561$$

이다. 또한 앞의 ㉯㉰㉱㉲도 성공과 실패의 순서만 다를 뿐 어차피 그 확률들은 0.06561로 서로 같다. 따라서 다섯 번 차서 네 번 성공하는 경우의 확률은 ㉮~㉲의 확률을 합법칙에 따라 모두 더한 0.32805가 된다.

끝으로 처음에 말했듯 다섯 번 공을 차서 네 번 이상 성공하는 경우는 다섯 번 모두 성공하는 경우와 네 번 성공하는 경우의 두 가지이며, 이 두 확률은 배타사건 관계이므로 최종적으로 우리가 구하는 확률은 이 둘을 합법칙에 따라 더해서 구한 값, 곧 $0.59049 + 0.32805 = 0.91854$가 된다.

344 · 세 사람 모두 가위나 바위나 보를 자유롭게 낼 수 있으므로 가위바위보를 한 번 할 때 나올 수 있는 경우의 수는 $3 \times 3 \times 3 = 27$이다. 이때 세 사람 가운데 두 사람이 이기는 경우는 두 사람이 먼저 세 가지 중 하나를 자유롭게 내고 나머지 한 사람은 이 상황에서 이길 수 있는 것 하나를 내는 것에 비유할 수 있으므로 그 가짓수는 $3 \times 3 \times 1 = 9$이다. 예를 들어 두 사람이 먼저 가위와 바위를 냈다고 하면 남은 한 사람은 바위만 내야 한다는 점을 생각해보면 이를 쉽게 이해할 수 있다. 따라서 구하는 확률은 $9/27 = 1/3$이다.

345 · ① 철수와 영수가 실패할 확률은 각각 1/3과 2/5인데, 둘 다 실패할 사건은 동반관계에 있으므로 그 확률은 $\frac{1}{3} \times \frac{2}{5} = \frac{2}{15}$이다.

② 둘 중 한 사람이라도 통과하는 사건은 둘 다 실패할 사건의 여사건이므로 구하는 답은 $1 - \frac{2}{15} = \frac{13}{15}$이다.

346 · 빨강과 파랑 주사위 2개를 동시에 던졌을 때 나올 수 있는 순서쌍의 수는 36이다. 이때 두 눈의 곱이 제곱수가 되는 경우는 (1, 1), (1, 4), (2, 2), (3, 3), (4, 1), (4, 4), (5, 5), (6, 6)의 여덟 가지이다. 따라서 구하는 확률은 $8/36 = 2/9$이다.

347 · 멧돼지가 총에 맞는다는 것은 세 사냥꾼 가운데 적어도 한 사람 이상이 맞췄다는 것을 뜻한다. 그러므로 구하는 확률은 다음과 같이 계산된다.

적어도 한 사람 이상 맞출 확률 = 1 − 모두 못 맞출 확률

$= 1 - (1 - 0.3)(1 - 0.4)(1 - 0.5)$

$$= 1-0.7\times0.6\times0.5$$
$$= 1-0.21 = 0.79$$

348 · 목요일과 토요일 사이에 금요일이 끼여 있는데 금요일에 비가 오는지 안 오는지에 따라 그다음날이 토요일의 비 올 확률이 달라지므로 금요일을 기준으로 둘로 나누어 따져본다.

① 금요일 비, 토요일 비일 확률 $= \frac{1}{3}\cdot\frac{1}{3} = \frac{1}{9}$

② 금요일 맑음, 토요일 비일 확률 $= \left(1-\frac{1}{3}\right)\cdot\frac{1}{5} = \frac{2}{15}$

이 두 경우의 확률은 배타관계에 있으므로 구하는 확률은 $\frac{1}{9}+\frac{1}{15} = \frac{11}{45}$이다.

349 · **역설**(逆說, paradox)은 **모순이 내포된 기술**을 가리킨다. 가장 대표적인 것으로는 어떤 거짓말쟁이가 "내 말은 거짓말이다"라고 말했다는 **거짓말쟁이의 역설**(liar's paradox)이 있는데, 이 문장의 전제인 '내 말'을 거짓말이라고 하면 결론에 따라 이 문장은 참말이 되고, 참말이라고 하면 거짓말이 되어버리며, 따라서 이 문장은 모순이 내포된 역설의 하나이다. 그런데 이와 같은 '진짜 역설' 외에 언뜻 모순이 내포된 것처럼 보이지만 실제로는 올바른 것도 역설이라고 부르는 경우가 있다. 이런 것들은 이를테면 '가짜 역설'이나 '겉보기 역설' 등으로 부를 수 있겠는데, 생일역설로 알려진 이 문제도 겉보기 역설에 속한다.

이 문제를 생일역설이라고 부르는 이유는 결과가 일반적인 예상과 너무 다르게 나오기 때문이다. 곧 언뜻 생각하면 1년은 365일인데 학생은 23명뿐이므로 서로 같은 생일을 가진 학생이 있을 확률은 23/365이거나 또는 이게 정답이 아니라도 이와 비슷한 정도의 작은 값일 것으로 예상된다. 그러나 실제로 풀어보면 그 확률은 이런 예상을 뒤엎고 사뭇 높게 나오며 이 때문에 역설이란 말이 붙게 되었다.

먼저 1번 학생의 생일이 1월 1일이라고 가정하면 2번 학생의 생일이 이와 다를 확률은 그의 생일이 1월 1일을 제외한 364일 중에 있으면 되므로 364/365이다. 그리고 3번 학생의 생일이 1번 및 2번 학생과 다를 확률은 363/365이다. 이런 식으로 계속하면 마지막 23번 학생의 생일이 앞선 22명의 학생들의 생일과 다를 확률은 343/365이다. 그런데 이 생일들은 동반사건 관계에 있으므로 '23명의 생일이 모두 다를 확률'은 2번부터 23번까지의 개별 확률을 모두 곱해야 하고 그 결과는

$$\frac{364}{365}\cdot\frac{363}{365}\cdot\cdots\cdot\frac{344}{365}\cdot\frac{343}{365} \fallingdotseq 0.493$$

으로 약 49.3%이다. 따라서 학생이 23명인 반에서 생일이 같은 학생이 있을 확률은 약 50.7%로서 언뜻 아주 작으리라 여겼던 예상과 달리 절반이 넘는다. 참고적으로 이 계산을 계속해보면 학생이 50명인 반에서 같은 생일을 가진 학생이 있을 확률은 무려 97%가 넘게 나온다.

350 · 곧바로 45개의 숫자를 생각하면 좀 힘들므로 우선 간단히 5개의 숫자 가운데 3개를 고르는 경우의 수부터 따져보자. 그러면 맨 첫 숫자를 고르는 방법의 수는 5이고, 둘째 숫자는 첫 숫자를 제외한 나머지에서 고르므로 그 방법의 수는 4이며, 셋째 숫자를 고르는 방법의 수는 이와 마찬가지로 생각하면 3이 된다. 따라서 이에 대한 경우수는 $5\times4\times3=60$이다. 그런데 예를 들어 (2, 3, 5)를 골랐을 경우 순서에 상관없으므로 이 세 수를 서로 다르게 배열하는 방법의 수, 곧 첫째 수 세 가지, 둘째 수 두 가지, 셋째 수 한 가지를 모두 곱한 여섯 가지의 배열인 (2, 3, 5), (2, 5, 3), (3, 2, 5), (3, 5, 2), (5, 2, 3), (5, 3, 2)는 서로 구별할 필요가 없다. 그러므로 5개의 숫자 가운데 순서에 상관없이 3개의 숫자를 고르는 경우의 수는 $5\times4\times3\div(3\times2\times1)=10$이다.

이제 이렇게 얻은 요령을 복권에 적용해보면 45개의 숫자 가운데 6개를 고르는 경우의 수는 아래와 같이 계산된다.

$$\frac{45\cdot44\cdot43\cdot42\cdot41\cdot40}{6\cdot5\cdot4\cdot3\cdot2\cdot1}=8145060$$

그러므로 45개의 숫자 가운데 6개를 모두 맞춰서 1등에 당첨될 확률은 이 수의 역수인 1/8145060이다.

351 · ① 이런 경우 $A=B$이다.

② 공집합은 모든 집합의 부분집합이다.

③ $n(A\cap B^c)=n(A-B)=n(A)-n(A\cap B)$

④ $(A\cap B^c)\cup(A^c\cap B)=(A-B)\cup(B-A)=\varnothing$이면 $A=B$이다.

⑤ $2x+3y=15$를 만족하는 쌍은 $(6, 1)$과 $(3, 3)$의 두 가지이다.

이상으로부터 정답은 ④이다.

352 · X에 속한 홀수의 개수가 홀수이면 원소의 총합은 홀수이고, 홀수의 개수가 짝수이면 원소의 총합도 짝수이다. 따라서 2005개의 원소가 모두 홀수라면 원소의 총합도 홀수가 되므로 적어도 한 원소는 짝수여야 한다. 그러므로 이 집합의 원소가 될 수 있는 홀수는 최대 2004개이다.

353 · 주사위는 정육면체로 만든다. 그런데 될 수 있는 한 큰 정육면체여야 하므로 48, 60, 72의 최대공약수를 사용해야 한다. 그 값은 12이므로 한 변의 크기가 12cm인 주사위가 만들어진다. 한편 그 개수는 아래와 같이 구해진다.

$$\frac{48}{12}\times\frac{60}{12}\times\frac{72}{12}=4\times5\times6=120\ (\text{개})$$

354 · 집합 X의 원소가 자연수이므로 x는 6 이하의 자연수여야 한다. 우선 $x=1$이면 $7-1=6$인데, 1과 6은 7에서 뺄 경우 서로 상대방이 나오므로 X의 원소이다. 이와 마찬가지로 2와 5, 3과 4도 되므로 X의 원소가 될 수 있는 수들은 1, 2, 3, 4, 5, 6이다. 그러므로 이 수들을 대상으로 X의 개수를 구하면 다음과 같다.

① $n(X)=1$: 이를 충족하는 X는 없다.

② $n(X)=2$: $X=\{1, 6\}, \{2, 5\}, \{3, 4\}$

③ $n(X)=3$: 이를 충족하는 X는 없다.

④ $n(X)=4$: $X=\{1, 2, 3, 4\}, \{1, 2, 5, 6\}, \{3, 4, 5, 6\}$

⑤ $n(X)=5$: 이를 충족하는 X는 없다.

⑥ $n(X)=6$: $X=\{1,2,3,4,5,6\}$

따라서 X의 총 개수는 7이다.

355 · $3\frac{4}{7}\times a=1,\ \frac{25}{7}\times a=1,\ \therefore a=\frac{7}{25}$

$-3.\dot{6}\times b=1,\ -3\frac{6}{9}\times b=1,\ -\frac{33}{9}\times b=1,\ \therefore b=-\frac{3}{11}$

$\therefore \frac{a}{b}=\frac{7}{25}\div\left(-\frac{3}{11}\right)=\frac{7}{25}\left(-\frac{11}{3}\right)=-\frac{77}{75}$

356 · 가능한 한 많은 제곱수를 근호 밖으로 빼내면서 계산한다.

$$\sqrt{0.3456}=\sqrt{\frac{3456}{10000}}=\frac{\sqrt{2^7 3^3}}{100}=\frac{\sqrt{8^2 3^2}\sqrt{2}\sqrt{3}}{100}$$

$$=\frac{24}{100}\sqrt{2}\sqrt{3}=\frac{6}{25}pq$$

357 · $(a+b)(a-b)=a^2-b^2$을 이용한다.

$$x\cdot(\sqrt{14}+\sqrt{15})^{17}=(\sqrt{14}-\sqrt{15})^{17}(\sqrt{14}+\sqrt{15})^{17}$$

$$=\{(\sqrt{14}-\sqrt{15})(\sqrt{14}+\sqrt{15})\}^{17}$$

$$=(14-15)^{17}=-1$$

그런데 $x=(\sqrt{14}-\sqrt{15})^{17}\neq 0$ 이다.

$\therefore(\sqrt{14}+\sqrt{15})^{17}=-\frac{1}{x}$

358 · 올림은 기준으로 삼은 최소눈금값 또는 최소자리값을 초과하면 무조건 그 값에 1을 더한 값으로 읽는 것이다. 따라서 어떤 수를 올림해서 10의 자리까지 나타냈더니 3450이 되었다면

$3440<$ 참값 $\leqq 3450$

이다. 이때 참값과 어림값의 차이는 아무리 크더라도 10보다 작으므로

오차의 절대값 <10

으로 쓸 수 있다. 다시 말해서 $10\leqq a$이며, 따라서 a의 최소값은 10이다.

참고 "오차의 한계는 '오차의 절대값'의 한계"라고 풀이한다면 이 문제에서 보듯 올림과 버림의 오차 한계는 반올림 오차한계의 2배인 최소눈금값 또는 최소자리값이 됨을 알 수 있다.

359 · 2를 제외한 소수는 모두 홀수이다. 그런데 두 홀수를 더하면 짝수가 된다. 따라서 세 소수 사이에 성립하는 $a+b=c$의 관계를 볼 때 이 가운데 하나는 반드시 2여야 한다. 그런데 $a<b$라고 하므로 이 세 소수가운데 a가 가장 작으며, 따라서 $a=2$이다.

360 · ① 이 문제의 지문이 제시하는 것처럼 "㉠우선 증명하려는 사실과 반대되는 사실을 가정한 다음 ㉡이 가정에 따라 논리를 전개할 때 모순된 결론이 유도됨을 보임으로써 ㉢본래의 사실이 옳음을 보이는 증명법"을 **귀류법**(歸謬法, reductio ad absurdum)이라고 부른다. 말 그대로 풀이하면 "오류로 귀착됨을 보여서 증명하는 방법"이란 뜻의 귀류법은 수학에서 아주 널리 쓰이는 증명법인데 이 문제는 대개의 교재에서 이에 대한 대표적인 예로 소개된다. 따라서 이 문제를 통하여 귀류법을 잘 익혀두도록 한다(단 증명의 간결성과 우아함이라는 측면에서 볼 때 제2장의 수학 이야기에 나오는 '소수의 무한성'에 대한 유클리드의 증명은 이보다 더 좋은 예라고 말할 수 있다).

먼저 $\sqrt{2}$가 유리수라고 가정하면

$\sqrt{2}=a/b$, (a와 b는 서로 소인 자연수) — ㉮

로 쓸 수 있다. ㉮의 양변을 제곱해서 정리하면

$2b^2=a^2$ — ㉯

이므로 a^2은 2의 배수, 곧 짝수이다. 그런데 정수를 n으로 쓰면

$(2n)^2=4n^2=2(2n^2)$

$(2n+1)^2=4n^2+4n+1=2(2n^2+2n)+1$ — ㉰

에서 보듯 짝수의 제곱은 짝수이고 홀수의 제곱은 홀수이다. 따라서 ㉯의 a도 짝수이다. 그러므로 이제

$a=2m$ (m은 자연수) — ㉱

으로 놓으면 ㉯는

$2b^2=(2m)^2=2\cdot 2m^2$ — ㉲

이 된다. 그런데 이는

$b^2=2m^2$ — ㉳

이란 뜻이며, 따라서 ㉰에 비춰볼 때 b도 짝수이다. 이상의 결론에 따르면 a와 b가

모두 짝수로서 적어도 2라는 공약수를 가진다. 하지만 이는 a와 b가 서로 소라는 ㉮의 가정과 모순된다. 그러므로 $\sqrt{2}$ 는 유리수가 될 수 없는데, 유리수가 아닌 수는 무리수이므로 결국 $\sqrt{2}$ 는 무리수이다.

③ 먼저 $\sqrt{3}$이 유리수라고 가정하면

$\sqrt{3} = a/b$ (a와 b는 서로 소인 자연수) — ㉮

로 쓸 수 있다. ㉮의 양변을 제곱해서 정리하면

$3b^2 = a^2$ — ㉯

이므로 a^2은 3의 배수이다. 따라서

$a^2 = 3m$ — ㉰

으로 쓸 수 있는데 여기서 m 또한 3의 배수여야 한다. 왜냐하면 본래 a도 자연수인데 이를 제곱하면 a의 인수들이 모두 최소한 제곱의 형태가 되기 때문이다. 그러면 이제

$m = 3n^2$ (n은 자연수) — ㉱

으로 쓴다고 할 때

$a^2 = 3\cdot(3n^2) = 3^2n^2,\ a = 3n$ — ㉲

이어서 a는 3의 배수이다. 이렇게 얻은 ㉲를 ㉯에 대입하면

$b^2 = 3n^2$ — ㉳

이 된다. 그런데 b 또한 본래 자연수이므로 ㉰ 이하의 논리에 따라 b도 3의 배수여야 한다. 이상의 결론에 따르면 a와 b가 모두 3의 배수로서 적어도 3이라는 공약수를 가진다. 하지만 이는 a와 b가 서로 소라는 ㉮의 가정과 모순된다. 따라서 $\sqrt{3}$ 은 무리수이다.

361 · $p \neq 0$이라면 문제의 식은 $\sqrt{3} = -q/p$ 로 쓸 수 있다. 그런데 좌변의 $\sqrt{3}$은 무리수이지만 우변의 $-q/p$는 유리수이므로 모순이며, 따라서 $p = 0$이어야 한다. 한편 $p = 0$이면 문제의 식은 $0\cdot\sqrt{3} + q = 0$이 되므로 $q = 0$이다. 곧 $p = q = 0$이다.

362 · $\sqrt{5} = 2 + (\sqrt{5} - 2)$ 로 쓰고 보면 $p = \sqrt{5} - 2$ 이다. 그러면

$$\frac{1}{\sqrt{5}-2} = \sqrt{5}+2,\ 4 < \sqrt{5}+2 < 5$$

이므로 $q = \sqrt{5}+2-4 = \sqrt{5}-2$ 이다. 따라서 문제의 식은 다음과 같이 쓰인다.

$$(\sqrt{5}-2-3)x+(\sqrt{5}-2)y-7 = 0$$

$$(x+y)\sqrt{5}+(-5x-2y-7) = 0$$

$$\therefore x+y = 0,\ 5x+2y+7 = 0$$

마지막 식을 연립해서 풀면 $x = -\frac{7}{3}$, $y = \frac{7}{3}$ 을 얻는다.

363 · 문제의 정의에 대략 부합하는 비례로 그림을 그려보면 다음과 같다.

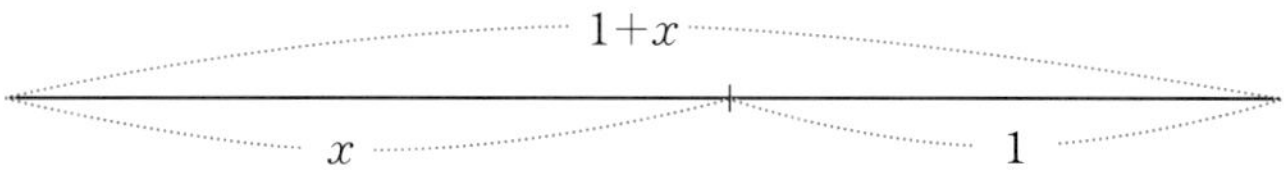

그러면 문제의 정의는

$$1 : x = x : (1+x)$$

로 표현되며 이것을 풀면

$$x^2-x-1 = 0,\ x = (1\pm\sqrt{5})/2$$

가 나온다. 그리고 이 가운데 양의 값인 1.6180339887…을 황금비라고 부른다.

참고 황금비의 값에는 신기한 성질이 있다. 1.6180339887…의 역수를 구하면 이는 0.6180339887…로서 소수 부분만 비교하면 본래의 수와 같다. 따라서 황금비의 역수도 황금비의 값으로 여기는 경우도 많다. 황금비는 의식적 또는 무의식적으로 고대로부터 수많은 미술 작품에 쓰여왔다. 그러나 황금비라는 용어 자체는 19세기 중반에 들어서야 비로소 만들어졌다.

364 · ① 연속하는 두 자연수를 n과 $n+1$로 놓으면

$$(n+1)^2-n^2 = n^2+2n+1-n^2$$

$$= 2n+1 = n+(n+1)$$

이다. 곧 연속하는 두 자연수의 제곱의 차는 그 합과 같다.

② 연속하는 두 홀수를 $n-1$과 $n+1$로 놓으면

$$(n+1)^2-(n-1)^2 = n^2+2n+1-n^2+2n-1$$

$$= 4n = 2\{(n-1)+(n+1)\}$$

이다. 곧 연속하는 두 홀수의 제곱의 차는 그 합의 2배와 같다.

365 · 원의 반지름을 r, 원주율을 π라고 하면 원둘레의 길이는 $2\pi r$이다. 그러므로 전력선과 적도 길이의 차는 cm로 나타낼 경우 다음과 같이 구해진다.

$$2\pi(r+508)-2\pi r = 2\pi\times 508$$
$$= 2\times 3.1416\times 508 = 3191.8656$$

그런데 1의 자리에서 반올림하라고 했으므로 답은 3190cm이다.

참고 여기서 보듯 지구의 반지름은 실제 계산에는 들어가지 않음을 특기할 것.

366 · $C = \frac{a+b+c}{3},\ A = \frac{a+b}{2}$

$$B = \frac{A+c}{2} = \frac{\frac{a+b}{2}+c}{2} = \frac{a+b+2c}{4}$$
$$B-C = \frac{a+b+2c}{4}-\frac{a+b+c}{3}$$
$$= \frac{2c-a-b}{12} = \frac{(c-a)+(c-b)}{12} > 0$$

$\therefore B > C$

367 · $x = p+\sqrt{3}q,\ y = r+\sqrt{3}s$로 놓고 곱셈과 나눗셈을 해서 그 결과가 다시 A에 속하는 수의 형태가 됨을 보이도록 한다.

$$xy = (p+\sqrt{3}q)(r+\sqrt{3}s) = (pr+3qs)+\sqrt{3}(qr+ps)$$

이므로 이는 A에 속하는 수의 형태이고 따라서 $xy \in A$이다. 그리고

$$\frac{x}{y} = \frac{p+\sqrt{3}q}{r+\sqrt{3}s} = \frac{(p+\sqrt{3}q)(r-\sqrt{3}s)}{(r+\sqrt{3}s)(r-\sqrt{3}s)}$$
$$= \frac{pr-3qs}{r^2-3s^2}+\sqrt{3}\frac{qr-ps}{r^2-3s^2}$$

이므로 이는 A에 속하는 수의 형태이고 따라서 $\frac{y}{x} \in A$이다.

368 · 문제의 식을 아래와 같이 2개의 식으로 나누어서 시작한다.

$$\begin{cases} x^2+\sqrt{3}y = \sqrt{5} & -① \\ y^2+\sqrt{3}x = \sqrt{5} & -② \end{cases}$$

①−②를 하면

$$x^2-y^2-\sqrt{3}x+\sqrt{3}y = 0$$

$(x+y)(x-y)-\sqrt{3}(x-y)=0$

$(x-y)(x+y-\sqrt{3})=0$

그런데 $x \neq y$이다.

$\therefore x+y=\sqrt{3}$ — ③

다음으로 ①+②를 하면

$x^2+y^2+\sqrt{3}(x+y)=2\sqrt{5}$ — ④

③을 ④에 대입하면

$x^2+y^2+(\sqrt{3})^2=2\sqrt{5}$

$\therefore x^2+y^2=2\sqrt{5}-3$

369 · x는 삼각형의 한 변의 길이이므로 양수이다. 따라서

$x < x+4 < x+12$

의 관계가 있다. 그런데 이 세 수는 삼각형의 세 변의 길이이므로

가장 긴 변의 길이 < 다른 두 변의 길이의 합

의 관계를 충족해야 한다.

$x+12 < x+(x+4)$

$\therefore 8 < x$

370 · 복잡한 식을 다룰 때는 인수분해의 기본이 공통인수 추출임을 상기하고 이로부터 출발하면 좋은 도움을 얻는 때가 많다. 따라서 이 문제도 좌변을 x로 묶는 것부터 시작해본다.

$$\begin{aligned}\left(\frac{1}{a}+\frac{1}{b}+\frac{1}{c}\right)x &= 3+\frac{b+c}{a}+\frac{c+a}{b}+\frac{a+b}{c}\\ &= \left(1+\frac{b+c}{a}\right)+\left(1+\frac{c+a}{b}\right)+\left(1+\frac{a+b}{c}\right)\\ &= \left(\frac{a+b+c}{a}\right)+\left(\frac{b+c+a}{b}\right)+\left(\frac{c+a+b}{c}\right)\\ &= \left(\frac{1}{a}+\frac{1}{b}+\frac{1}{c}\right)(a+b+c)\end{aligned}$$

그러므로 이 방정식은 좌변에 있는 x의 계수의 값에 따라 다음과 같은 해를 가진다.

$$\begin{cases}\dfrac{1}{a}+\dfrac{1}{b}+\dfrac{1}{c} \neq 0 : x=a+b+c\\ \dfrac{1}{a}+\dfrac{1}{b}+\dfrac{1}{c} = 0 : x=\text{모든 수}\end{cases}$$

371 · 철교의 길이를 xm라고 하면 A열차와 B열차의 초속은 각각 $\frac{330+x}{54}$m와 $\frac{210+x}{48}$ m이다. 두 열차의 속도가 같다고 하므로

$$\frac{330+x}{54} = \frac{210+x}{48} \quad \text{— ①}$$

이 성립한다. 양변에 432를 곱하고 정리하면

$$8(330+x) = 9(210+x)$$

$$\therefore x = 750$$

이므로 철교의 길이는 750m이다. 그리고 이 값을 ①에 대입하면 열차의 속도는 20m/s가 나온다. 따라서 시속으로는 72km/h이다.

372 · 구하는 최소 인원을 x라고 하면

$$30 \times 4000 \times 0.8 \leqq 4000x$$

가 성립한다. 이를 풀면

$$96000 \leqq 4000x$$

$$24 \leqq x$$

이므로, 구하는 최소 인원은 24명이다.

참고 24명의 경우 개별 입장료와 단체 입장료가 같다. 따라서 꼭 유리하다고 볼 수 없으므로 정답은 25명이라고 말할 수도 있다. 하지만 24명인 경우 주변의 다른 사람들을 6명까지 포섭(?)하여 함께 입장할 수 있으므로 유리해질 가능성을 가진 셈이다(혹은 우연히 아는 사람을 만나서 추가할 수도 있다). 따라서 정답을 24명으로 보는 게 옳다.

373 · 현재 위치를 A라 하고, 출발지에서 A까지 오는 데 걸린 시간을 a라고 하자. 그리고 A에서 목적지까지 시속 $x$km로 간다면 이 여행에는 모두 $\left(a+\frac{150}{x}\right)$시간이 걸린다. 한편 출발지에서 목적지까지 본래 예정했던 시간은 $\left(a+\frac{150}{90}-\frac{1}{3}\right)$시간이며, 10분 늦게 도착한다면 $\left(a+\frac{150}{90}-\frac{1}{3}+\frac{1}{6}\right)$시간이 걸린다. 그러면 이상으로부터

$$a+\frac{150}{90}-\frac{1}{3} \leqq a+\frac{150}{x} < a+\frac{150}{90}-\frac{1}{3}+\frac{1}{6}$$

이 성립하는데, 이때 부등호의 선택에 유의해야 한다. 문제에서 "약속 시간보다 일찍 도착하지는 않더라도"라고 했으므로 "정확히 도착한 경우"는 포함해야 하고, "10분 이상 늦어지지 않으려면"이라고 했으므로 "정확히 10분 늦는 경우"는 제외해야 한다

(일상적으로는 사소한 것이라고 하겠지만 수학적으로는 엄밀히 해야 한다).

왼쪽의 두 식을 풀면

$$a+\frac{150}{90}-\frac{1}{3} \leqq a+\frac{150}{x},\ \frac{4}{3} \leqq \frac{150}{x},\ x \leqq 112.5$$

이고 오른쪽의 두 식을 풀면

$$a+\frac{150}{x} < a+\frac{150}{90}-\frac{1}{3}+\frac{1}{6},\ \frac{150}{x} < \frac{3}{2},\ 100 < x$$

이므로 지금부터는 시속 100km 초과 112.5km 이하로 가면 된다.

374 · 근과 계수의 관계를 이용한다.

$$\frac{b+\sqrt{b^2-4ac}}{a}+\frac{b-\sqrt{b^2-4ac}}{a} = \frac{2b}{a} = 4-6 = -2$$

$$\therefore \frac{b}{a} = -1$$

$$\frac{b+\sqrt{b^2-4ac}}{a}\times\frac{b-\sqrt{b^2-4ac}}{a} = \frac{4c}{a} = 4\times(-6) = -24$$

$$\therefore \frac{c}{a} = -6$$

이상으로부터 본래의 2차방정식은 $ax^2-ax-6a = 0$의 형태였음을 알 수 있다. 그런데 2차방정식이 되려면 $a \neq 0$이어야 하므로 이 식의 양변을 a로 나누면 $x^2-x-6 = 0$이 된다. 그러므로 옳은 근을 p와 q라고 하면 근과 계수의 관계로부터

$$p+q = 1,\ pq = -6$$

임을 알 수 있고, 답은 아래와 같이 구해진다.

$$p^2+q^2 = (p+q)^2-2pq = 1+12 = 13$$

375 · $12\left(\frac{1}{9}x-\frac{1}{4}\right) \geqq \frac{8x+3}{6}$

$$\frac{4}{3}x-3 \geqq \frac{4}{3}x+\frac{1}{2}$$

$$\left(\frac{4}{3}x-\frac{4}{3}x\right) \geqq 3+\frac{1}{2}$$

$$0\cdot x \geqq \frac{7}{2}$$

이 경우 x에 어떤 값을 넣어도 이 부등식은 성립하지 않는다. 곧 이 부등식의 해는 없다.

376 · 언뜻 인수분해가 되지 않는 것처럼 보여도 인수분해의 요령을 활용하면 인수분해의 길을 찾게 되는 경우가 있다. 여기에는 특히 공통인수 추출과 합차공식이 유용하게 쓰인다는 점을 새겨두도록 한다.

① $a^4+64=a^4+16a^2+64-16a^2=(a^2+8)^2-(4a)^2$

$=\{(a^2+8)+4a\}\{(a^2+8)-4a\}$

$=(a^2+4a+8)(a^2-4a+8)$

② $a^3-3a+2=a^3-a-2a+2=a(a^2-1)-2(a-1)$

$=a(a+1)(a-1)-2(a-1)=(a-1)\{a(a+1)-2\}$

$=(a-1)\{a(a+1)-2\}=(a-1)(a^2+a-2)$

$=(a-1)(a+2)(a-1)=(a-1)^2(a+2)$

377 · 자연수의 곱의 함수값이 더 작은 자연수의 함수값의 합으로 주어진다는 점을 이용한다.

$f(1000)=f(10\times100)=f(10)+f(100)$

$=f(2\times5)+f(10\times10)$

$=f(2)+f(5)+f(10)+f(10)$

$=f(2)+f(5)+f(2\times5)+f(2\times5)$

$=3f(2)+3f(5)=3\times7+3\times11=54$

378 · 현재의 관람료와 관람객을 각각 p원과 q명이라고 하면, 인상 후의 관람료는 $p(1+0.01x)$원, 관람객은 $q(1-0.005x)$명, 인상 후의 수입은 $1.08pq$원이 되므로 다음 식이 성립한다.

$p(1+0.01x)q(1-0.005x)=1.08pq$

양변을 pq로 나누고 정리하면서 풀면

$(1+0.01x)(1-0.005x)=1.08$

$1+0.0015x-0.00005x^2=1.08$

$x^2-100x+1600=0$

$(x-20)(x-80)=0$

이므로 관람료를 현재보다 20% 또는 80%만큼 올리면 된다.

379 · $f(x)=ax^5-bx^3+cx-8$에 직접 8을 대입해서 구하는 것은 곤란하다. 따라서 먼저 $f(-x)$를 수식으로 구하면서 살펴본다.

$$
\begin{aligned}
f(-x) &= a(-x)^5-b(-x)^3+c(-x)-8 \\
&= -ax^5+bx^3-cx-8 \\
&= -(ax^5-bx^3+cx-8)-16 \\
&= -f(x)-16
\end{aligned}
$$

$$\therefore f(x) = -f(-x)-16$$

$$\therefore f(8) = -f(-8)-16 = -8-16 = -24$$

380 · 함수 $y=\frac{2}{7}(x^2+3)$의 정의역과 치역의 범위가 모두 a에서 b이므로

$f(a)=a \quad$ —①

$f(b)=b \quad$ —②

가 되어야 한다. 먼저 ①로부터

$$
\begin{aligned}
&a = \frac{2}{7}(a^2+3) \\
&2a^2-7a+6 = (a-2)(2a-3) = 0 \\
&\therefore a = 2, \frac{3}{2}
\end{aligned}
$$

다음으로 ②로부터

$$
\begin{aligned}
&b = \frac{2}{7}(b^2+3) \\
&2b^2-7b+6 = (b-2)(2b-3) = 0 \\
&\therefore b = 2, \frac{3}{2}
\end{aligned}
$$

그런데 $0<a<b$ 라는 조건이 있으므로 $a=\frac{3}{2}$ 이고 $b=2$이다.

381 · 큰 원의 지름을 r, 큰 원에 들어 있는 작은 원들의 지름을 r_1, r_2, r_3, r_4라고 하면

$$r = r_1+r_2+r_3+r_4$$

이다. 이 식의 양변에 2π를 곱하고 약간 재배치하면

$$
\begin{aligned}
2\pi r &= 2\pi(r_1+r_2+r_3+r_4) \\
&= 2\pi r_1+2\pi r_2+2\pi r_3+2\pi r_4
\end{aligned}
$$

이 되며, 이는 작은 원들의 둘레를 모두 합한 것이 큰 원의 둘레가 같음을 뜻한다.

382 · $mx^2-nx+54=0$의 x에 3과 9를 대입하면 m과 n에 대한 연립방정식이 얻어진다.

$$\begin{cases}9m-3n+54=0\\81m-9n+54=0\end{cases} \rightarrow \begin{cases}3m-n=-18\\9m-n=-6\end{cases}$$

이것을 풀면 $m=2$와 $n=24$가 나온다. 이를 토대로 생각해보면

$$\begin{array}{r|rr}2 & 6 & 8\\\hline & 3 & 4\end{array}$$

의 관계가 성립하므로 구하는 두 자연수는 6과 8이다.

383 · 기울기나 절편의 판단을 쉽게 하기 위하여 그래프의 식을 $y=f(x)$의 형태로 고쳐놓고 생각해본다

$$y=-\frac{2}{a}x+\frac{2b}{a} \quad -①$$

$$y=-\frac{a}{3}x+\frac{b}{3} \quad -②$$

$$y=4ax+3b-2 \quad -③$$

여기서 ①과 ②는 기울기의 부호가 같은데 ③은 이들과 다르다. 따라서 일단 ③이 l과 짝지어진다. 그러면 이로부터 a는 음수임을 알 수 있다. 그런데 l의 그래프를 보면 절편 $3b-2$는 양수이므로

$$3b-2>0,\ b>\frac{3}{2}$$

이다. 이상의 내용을 토대로 생각해보면 ①의 절편은 음수이고 ②의 절편은 양수이다. 따라서 ①은 m, ②는 n과 짝지어져야 한다.

384 · 두 함수는 2차항의 계수가 같다는 점에서 볼 때 평행이동하면 서로 겹치는 관계에 있음을 알 수 있다. 이에 따라 표준형으로 고쳐놓고 보면

$$f(x)=2\left(x-\frac{1}{2}\right)^2+\frac{1}{2},\ g(x)=2\left(x+\frac{1}{2}\right)^2+\frac{1}{2}$$

이므로 $f(x)$는 이를 x축 음의 방향으로 1만큼 평행이동시키면 $g(x)$가 되는 관계, 곧

$$f(x+1)=g(x)$$

의 관계에 있다. 따라서 구하는 답은 아래와 같다.

$$\frac{f(1)f(2)\cdots f(100)}{g(1)g(2)\cdots g(100)}=\frac{f(1)g(1)\cdots g(99)}{g(1)g(2)\cdots g(100)}$$

$$=\frac{f(1)}{g(100)}=\frac{2\cdot1^2-2\cdot1+1}{2\cdot100^2+2\cdot100+1}=\frac{1}{20201}$$

385 · ① 전개도를 그리고 피타고라스 정리를 적용한다.

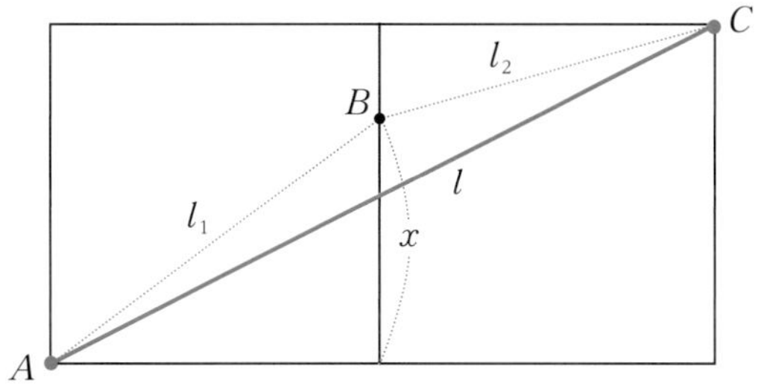

최단거리를 l이라고 하면 이는 전개도에서 A와 C를 잇는 직선이다. 따라서 피타고라스 정리에 의하여

$$l^2 = 5^2+10^2 = 125$$

가 성립하고, 이를 풀면 $l = 5\sqrt{5}$이다.

② A를 출발한 선이 중간에 거쳐가는 모서리와 만나는 점을 B, $\overline{AB}$의 길이를 l_1, $\overline{BC}$의 길이를 l_2라고 하면 총 길이는 l_1+l_2이다. 그리고 B로 양분되는 모서리의 한쪽 길이를 x라고 하면 피타고라스 정리에 따라

$$l_1^2 = 5^2+x^2,\ l_2^2 = 5^2+(5-x)^2 \quad \text{— ㉮}$$

의 관계가 성립한다. 이때

$$y = l_1^2+l_2^2 \quad \text{— ㉯}$$

으로 놓으면

$$y = 2x^2-10x+75 \quad \text{— ㉰}$$

가 된다. ㉰를 표준형으로 고치면

$$y= 2\left(x-\frac{5}{2}\right)^2-\frac{25}{2}+\frac{150}{2} = 2\left(x-\frac{5}{2}\right)^2+\frac{125}{2} \quad \text{— ㉱}$$

이므로 y의 최소값은 B가 중점에 있을 때 나오고 그 값은 125/2이다. 그런데 이때는 $l_1=l_2$이므로 ㉯로부터 $y = 2l_1^2 = 125/2$이고, 따라서 $l_1 = \sqrt{\frac{125}{4}} = \frac{5\sqrt{5}}{2}$이다. 그리고 구하는 최단거리는 이것의 2배이므로 $5\sqrt{5}$이다.

386 · 먼저 $y = x^2-3x$와 $y = 4x-10$의 두 교점을 구하면

$$x^2-3x = 4x-10,\ x^2-7x+10 = (x-2)(x-5) = 0$$

이므로 $x = 2, 5$이다. 그리고 이에 대한 y값은 각각 -2와 10이므로

$$P(2, -2),\ Q(5, 10)$$

으로 놓을 수 있다. 이때 $y = 2x+b$가 $P(2, -2)$를 지나면

$-2 = 2\cdot2+b,\ b = -6$

이고 $y = 2x+b$가 $Q(5, 10)$을 지나면

$10 = 2\cdot5+b,\ b = 0$

이다. 따라서 구하는 b의 범위는 $-6 \leqq b \leqq 0$이다.

387 · 문제의 식이 계수가 정수인 두 1차식의 곱으로 인수분해된다면 다음과 같이 쓸 수 있다.

$(x-k)(x-12)+1 = (x-a)(x-b)$

양변을 전개하면 계수들 사이에 다음 관계가 성립한다.

$k+12 = a+b$ —①

$12k+1 = ab$ —②

①로부터 구한 $k = a+b-12$를 ②에 대입하면

$12(a+b-12)+1 = ab$

인데, 이를 약간 다른 형태로 정리하면

$(a-12)(b-12) = 1$ —③

이 된다. 그런데 a와 b가 모두 정수이므로 ③의 관계는 아래와 같이 표로 정리할 수 있다.

$a-12$	1	-1
$b-12$	1	-1
k	14	10

따라서 k의 최대값은 14이다.

388 · ① $144x^2-\frac{1}{36} = (12x)^2-\left(\frac{1}{6}\right)^2 = \left(12x+\frac{1}{6}\right)\left(12x-\frac{1}{6}\right)$

유리수는 실수에 포함되므로 유리수 범위에서 끝나면 실수 범위에서 한 것과 같다.

② $16x^2-7 = (4x)^2-(\sqrt{7})^2 = (4x+\sqrt{7})(4x-\sqrt{7})$

389 · 두 자연수를 x와 y, 최대공약수를 G라고 하면, 서로 소인 어떤 수 a와 b를 이용해서 $x=aG,\ y=bG$로 쓸 수 있고, 최소공배수는 abG가 되므로 다음 관계가 성립한다.

$abG=60=3\times4\times5$ — ①

$5x-4y=52$ — ②

①로부터 생각해볼 때 y는 $1, 3, 4, 5, 3\times4, 3\times5, 4\times5, 3\times4\times5$ 가운데 하나여야 한다. 이에 따라 이 값들과 이를 ②에 대입한 값들을 표로 만들어보면 다음과 같다.

y	1	3	4	5	12	15	20	60
x	56/5	64/5	68/5	72/5	20	112/5	132/5	292/5

이 가운데 ①을 충족하는 것은 $x=20,\ y=12$이므로 구하는 답은 $20+12=32$이다.

390 · 대각선은 "이웃하지 않은 꼭지점들을 연결한 선분"이므로 어느 한 점에서는 자신과 양쪽 옆에 이웃하는 두점을 포함하여 3개의 점에는 그을 수 없다. 따라서 문제의 n각형에서는 한 꼭지점에서 $n-3$개의 대각선을 그을 수 있으므로 n개의 꼭지점에서는 모두 $n(n-3)$개의 대각선이 그어진다. 그런데 예를 들어 $\overline{AD}$라는 대각선은 $\overline{DA}$와 같다. 그러므로 서로 다른 대각선의 총 수는 $n(n-3)/2$개이며, 이로부터 다음 식이 성립한다.

$$\frac{n(n-3)}{2}=119$$

이를 풀면

$$n^2-3n-238=0$$

$$(n-17)(n+14)=0$$

이므로 $n=17,\ -14$가 나오는데, 문제의 성격상 n은 양수이므로 답은 17각형이다.

391 · 작은 조각 무게의 절반을 x라고 하면 깨지기 전의 다이아몬드 값은

$a(3x+2x)^2=750$ (만 원) (a는 비례상수)

이고, 이로부터

$25ax^2=750,\ ax^2=30$

이 나온다. 이를 이용하면 손해액은 다음과 같이 구해진다.

$a(3x+2x)^2-\{a(2x)^2+a(3x)^2\}$

$= 25ax^2-13ax^2 = 12ax^2 = 360$ (만 원)

392 · ① 둔각의 크기, 둔각의 대변, 다른 한 변의 길이가 각각 같을 때

② 이웃하는 두 변의 길이와 그 끼인각의 크기가 각각 같을 때

③ 이웃하는 두 변의 길이가 각각 같을 때

④ 한 변의 길이와 한 내각의 크기가 각각 같을 때

⑤ 변의 수와 한 변의 길이가 각각 같을 때

⑥ 반지름의 길이가 같을 때

⑦ 밑면의 반지름의 길이와 높이가 각각 같을 때

⑧ 밑면의 반지름의 길이와 높이가 각각 같을 때

⑨ 면의 수와 한 모서리의 길이가 각각 같을 때

⑩ 반지름의 길이가 같을 때

393 · 반지름이 10이고 높이가 h인 원기둥의 부피 V는

$V = 10^2\pi h = 100\pi h$

이며, 반지름을 x만큼 늘린 원기둥의 부피 V'은

$V' = (10+x)^2\pi h$

이다. 그런데 $V' = 1.96V$이므로

$(10+x)^2\pi h = 196\pi h$

이다. 이를 풀면

$x^2+20x-96 = 0,\ (x+24)(x-4) = 0,\ x = 4, -24$

인데, 문제의 성격상 답은 양수여야 한다. 그러므로 답은 4이다.

394 · $\angle ABE = \angle DBE = x$라고 하면

$\triangle ABF$에서 $x + \angle AFB(= \angle AFE) = 90^\circ$ — ①

$\triangle EBD$에서 $x + \angle BED = 90^\circ$ — ②

이다. 그런데 $\angle BED$와 $\angle AEF$는 맞꼭지각으로 서로 같다. 따라서

$x + \angle AEF = 90^\circ$ — ③

그러므로 ①과 ③으로부터 $\angle AEF = \angle AFE$이다.

395 · A에서 F로 보조선을 긋고 생각해본다.

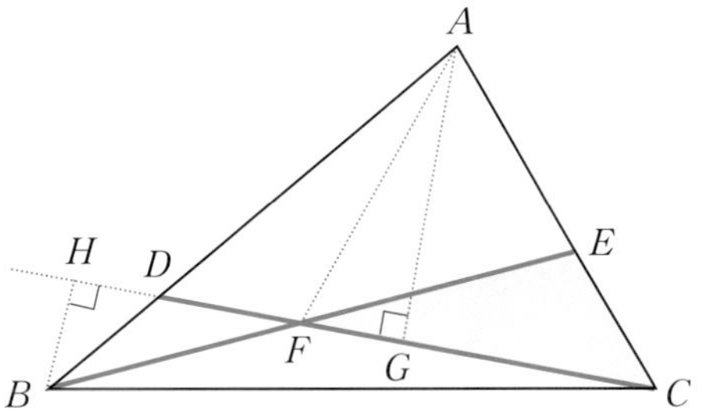

그러면 $\overline{AE} : \overline{EC} = 3 : 2$이므로

$\triangle AFE : \triangle CEF = 3 : 2$

이다. 다음으로 $\triangle AFC$와 $\triangle BFC$를 비교해보면 $\overline{CF}$를 밑변으로 공유한다고 할 때 높이에 해당하는 $\overline{AG}$와 $\overline{BH}$는

$\overline{AG} : \overline{BH} = \overline{AD} : \overline{DB} = 5 : 2$

이므로

$\triangle AFC : \triangle BFC = 5 : 2$

이다. 그러므로 $\triangle BFC = \triangle CEF$이고, 따라서 $\overline{BF} = \overline{FE}$이며,

또한 $\triangle ABF = \triangle AFE$이다. 이상의 내용을 종합하면 답은 다음과 같다.

$$\triangle ABC : \triangle CEF = (\triangle ABF + \triangle AFC + \triangle BFC) : \triangle CEF$$
$$= 10 : 2 = 5 : 1$$

396 · 문제의 상황을 옆에서 보고 그림으로 나타내면 다음과 같다.

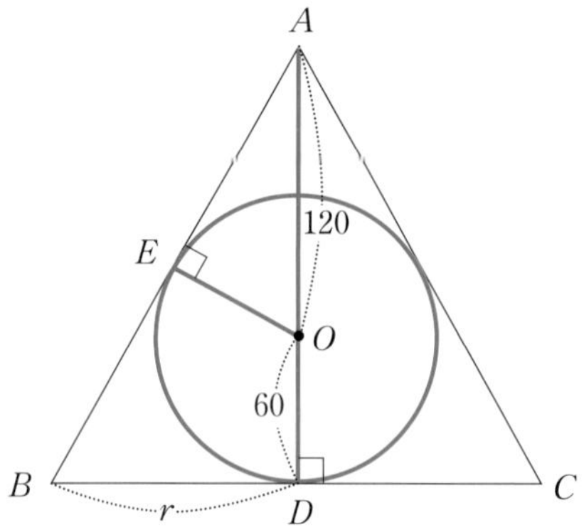

이로부터 $\triangle ABC$는 정삼각형임을 알 수 있고, 따라서

$$r = \frac{180}{\sqrt{3}} = 60\sqrt{3}$$

이다. 그러므로 구하는 그림자의 넓이는 $\pi r^2 = 10800\pi(\mathrm{cm}^2)$이다.

397 · 문제의 상황을 그림으로 나타내면 아래와 같다.

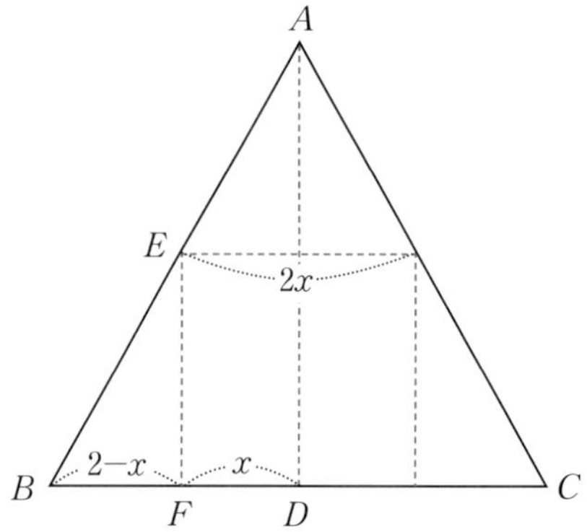

여기서 $\angle B = 60^\circ$이고, $\overline{BF} = 2-x$, $\overline{EF} = 2x$이므로

$$\tan 60^\circ = \frac{2x}{2-x} = \sqrt{3}$$

이 성립한다. 따라서

$$2x = \sqrt{3}(2-x),\ (2+\sqrt{3})x = 2\sqrt{3},$$

$$x = \frac{2\sqrt{3}}{2+\sqrt{3}} = \frac{2\sqrt{3}(2-\sqrt{3})}{2^2-(\sqrt{3})^2} = 4\sqrt{3}-6$$

이므로 구하는 정사각형의 한 변의 길이는 $(8\sqrt{3}-12)$cm이다.

398 · 길들이 모두 직선이므로 A에서 B까지 가는 도중에 되돌아가지 않는 한 어느 길로 가든 최단거리가 되기는 마찬가지이다. 따라서 가로와 세로의 한 칸을 각각 a와 b라고 하면 예를 들어 $aaabb$나 $ababa$나 방법만 다를 뿐 똑같은 최단거리이다. 그렇다면 최단거리로 가는 서로 다른 방법의 수는 3개의 a와 2개의 b를 서로 다르게 배열하는 방법의 수와 같다.

먼저 3개의 a가 a_1, a_2, a_3로 서로 다르고 2개의 b도 b_1과 b_2로 서로 다르다고 하자. 그러면 이렇게 서로 다른 5개의 대상을 서로 다르게 배열하는 방법의 수는, 맨 첫 자리에 올 대상의 수는 5, 다음 자리에 올 대상의 수는 4, 그다음은 3, 그다음은 2, 그다음은 1이므로 모두 $5\times4\times3\times2\times1=120$가지이다.

그런데 여기서 3개의 a는 서로 같으므로 이 120가지 가운데 예를 들어 $a_1ba_2ba_3$과 $a_2ba_1ba_3$는 실제로는 서로 같은 것이다. 다시 말해서 총 방법의 수 120가지는 3개의 a를 서로 다르게 배열하는 방법의 수인 $3\times2\times1=6$으로 나누어야 하며, 이런 사정은 2개의 b에 대해서도 마찬가지이므로 또다시 2로 나누어야 한다. 그러므로 구하는 최종 답은 $120\div6\div2=10$가지이다.

참고 위의 "6으로 나누고 또 2로 나눈다"는 점이 의문이라면 구체적으로 생각해보자. 답의 10가지를 일일이 써보면 $aaabb$, $aabab$, $aabba$, $abaab$, $ababa$, $abbaa$, $baaab$, $baaba$, $babaa$, $bbaaa$이다. 그런데 만일 3개의 a와 2개의 b가 모두 서로 다르다면 맨 처음의 $aaabb$는 $a_1a_2a_3b_1b_2$, $a_1a_3a_2b_1b_2$, $a_2a_1a_3b_1b_2$, $a_2a_3a_1b_1b_2$, $a_3a_1a_2b_1b_2$, $a_3a_2a_1b_1b_2$, $a_1a_2a_3b_2b_1$, $a_1a_3a_2b_2b_1$, $a_2a_1a_3b_2b_1$, $a_2a_3a_1b_2b_1$, $a_3a_1a_2b_2b_1$, $a_3a_2a_1b_2b_1$의 12가지로 세분된다. 하지만 3개의 a와 2개의 b가 각자 같다면 이 12가지는 ($6\times2=12$로 나눈) 1가지로 귀결된다. 이 점은 다른 9가지에서도 마찬가지이므로 모두 서로 다르다고 볼 경우의 총 방법의 수는 120가지이지만, 3개의 a와 2개의 b가 각자 같다면 10가지로 줄어든다.

399 · 안타를 칠 경우를 ○, 치지 못할 경우를 ×로 나타내서 세 번의 대결 가운데 두 번 이상 안타가 나올 경우에 대하여 표를 작성하면 다음과 같다.

	주전투수		구원투수
	1	2	
안타 2개	○	○	×
	○	×	○
	×	○	○
안타 3개	○	○	○

이를 토대로 안타 2개를 칠 경우와 3개를 칠 경우로 나누어 각각의 확률을 구해보자.

① 2개를 칠 확률

$(0.3\times0.3\times0.75)+(0.3\times0.7\times0.25)+(0.7\times0.3\times0.25)=0.1725$

② 3개를 칠 확률

$(0.3\times0.3\times0.25)=0.0225$

따라서 2개 이상 칠 확률은 $0.1725+0.0225=0.195$이다.

400 · ① 이 상황에 있는 오존층의 부피(V)를 정식으로 구하는 식은 다음과 같다.

$$V=\frac{4\pi}{3}(6400\text{km}+3\text{mm})^3-\frac{4\pi}{3}(6400\text{km})^3$$

하지만 이 식은 계산하기가 복잡하므로 다른 방법을 쓰는 게 좋다. 이 경우 오존층의 두께가 매우 얇으므로 아래 왼쪽 그림에서 보듯 윗면과 아랫면의 넓이가 사실상 같다. 따라서 이 오존층을 평면으로 펼치면 아래 오른쪽 그림과 같은 매우 얇은 직육면체로 볼 수 있다(『중학수학 바로 보기』 본문 532쪽에서 원의 넓이를 잘게 자른 피자조각을 붙여서 구하는 것과 본질적으로 동일하다).

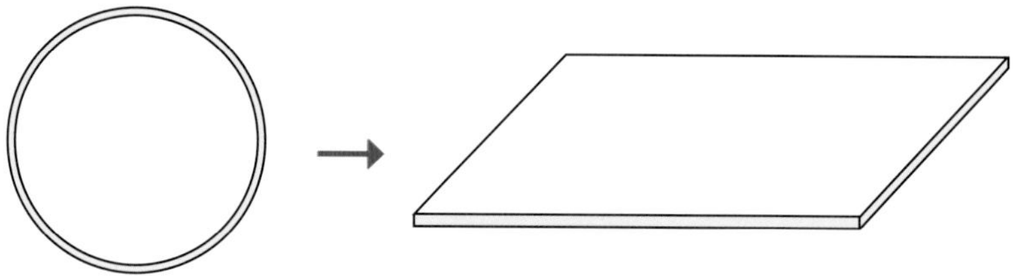

그러면 그 부피는 "밑넓이×높이"이므로 다음과 같이 구해진다. 단 이 계산은 곱셈

이므로 최종 답은 관련된 수들의 유효숫자를 고려하여 유효숫자가 하나인 수로 구한다.

$$\begin{aligned} V &= 4\pi \cdot (6400\text{km})^2 \cdot 3\text{mm} \\ &\fallingdotseq 4 \cdot 3.14 \cdot (6400)^2 \cdot (3 \times 10^{-6})\text{km}^3 \\ &= 4 \cdot 3.14 \cdot (6.4 \times 10^3)^2 \cdot (3 \times 10^{-6})\text{km}^3 \\ &= 1543.3728\text{km}^3 \fallingdotseq 2000\text{km}^3 \end{aligned}$$

위에서는 중간 계산을 필요 이상으로 정확하게 했다. 그러나 최종 답은 유효숫자가 하나인 수이므로, 중간 계산은 대략 유효숫자가 3~4개 정도가 되도록 계산하면 된다.

② 오존의 총 무게(W)는 위에서 구한 부피에 밀도를 곱하면 구해진다. 이 계산도 곱셈이므로 최종 답은 관련된 수들의 유효숫자를 고려하여 유효숫자가 하나인 수로 구한다.

$$\begin{aligned} W &= 4\pi \cdot (6400\text{km})^2 \cdot 3\text{mm} \cdot 2.14\text{kg/m}^3 \\ &\fallingdotseq 1543.3728\text{km}^3 \cdot 2.14 \times (10^3)^3\text{kg/km}^3 \\ &= 3302.817792 \times 10^9\text{kg} \fallingdotseq 3 \times 10^{12}\text{kg} \end{aligned}$$

곧 지표면 위에 있는 오존의 총 무게는 약 3조kg 또는 약 30억 톤이다. 여기의 중간 계산도 유효숫자가 3~4개 정도가 되도록 계산하면 된다.

중학수학 총정리
실전 필수 400제

1판 1쇄 펴냄 2016년 12월 26일
1판 4쇄 펴냄 2023년 5월 25일

지은이 고중숙

주간 김현숙 | **편집** 김주희, 이나연
디자인 이현정, 전미혜
영업·제작 백국현 | **관리** 오유나

펴낸곳 궁리출판 | **펴낸이** 이갑수

등록 1999년 3월 29일 제300-2004-162호
주소 10881 경기도 파주시 회동길 325-12
전화 031-955-9818 | **팩스** 031-955-9848
홈페이지 www.kungree.com
전자우편 kungree@kungree.com
페이스북 /kungreepress | **트위터** @kungreepress
인스타그램 /kungree_press

ISBN 978-89-5820-432-9 03410
ISBN 978-89-5820-433-6 (세트)

책값은 뒤표지에 있습니다.
파본은 구입하신 서점에서 바꾸어 드립니다.